元宇宙的理想与现实
数字科技大成的赋能与治理逻辑

吴 江　贺超城　袁一鸣　陈坤祥 ● 著

科学出版社

北 京

内 容 简 介

　　元宇宙的理想是宏大和美好的，但是现实的发展还面临着漫漫长路，需要我们有更丰富的想象力，不断完善元宇宙这一人类数字文明科技集大成者的赋能与治理逻辑。本书立足于元宇宙发展的理论与实践，从元宇宙的人类叙事、基本构成，到元宇宙的数字产业、数智赋能，再到元宇宙的用户行为、数字治理、数实融合、人智共生，深入浅出地探讨了元宇宙的方方面面，旨在为读者提供一个关于元宇宙的全面视角，揭示其底层逻辑、核心要素及未来前景。

　　本书可以供元宇宙领域的专业人士和研究人员参考，还适合对元宇宙感兴趣的读者阅读，也可以作为本科生和研究生系统了解元宇宙知识的学习读物。

图书在版编目（CIP）数据

　　元宇宙的理想与现实：数字科技大成的赋能与治理逻辑 / 吴江等著. -- 北京：科学出版社，2024.7. -- ISBN 978-7-03-078839-9

Ⅰ. F49

中国国家版本馆CIP数据核字第2024WS0089号

责任编辑：孙力维　杨　凯/责任制作：周　密　魏　谨
责任印制：肖　兴/封面设计：张　凌

科学出版社 出版

北京东黄城根北街16号
邮政编码：100717
http://www.sciencep.com

北京汇瑞嘉合文化发展有限公司印刷
科学出版社发行　各地新华书店经销

*

2024年7月第 一 版　　　开本：787×1092　1/16
2024年7月第一次印刷　　　印张：14
字数：282 000

定价：88.00元
（如有印装质量问题，我社负责调换）

前　言

　　人类要有更丰富的想象力，努力跳出认知局限，人类文明才能有更大的突破。未来已来，元宇宙让我们仿佛看到了人类社会的终极形态，人类近20年的科技进步仿佛是为元宇宙到来而做的铺垫。"元宇宙"这一诞生于1992年科幻小说《雪崩》（*Snow Crash*）中的词语成为2021年的"年度热词"，入选多个机构和智库评选的"2021年度十大网络用语（流行语、热词）"，业界也将2021年视作"元宇宙元年"，诸多企业纷纷布局元宇宙，从纽交所上市的元宇宙第一股Roblox到微软、Facebook、高通，从海尔到英伟达、字节跳动、百度，一大批高科技企业铆足了劲冲进"元宇宙"的广阔天地。进入2024年，元宇宙的热度逐渐降温，慢慢回归理性，人们发现元宇宙的理想与现实之间还存在很大距离，元宇宙赋能人类社会发展与治理之路道阻且长。

　　元宇宙是人类文明发展的一件大事，但元宇宙尚未真正到来，还需要等待更加普适的接入设备，就像智能手机引爆移动互联网一样，只有当人们的基本设备需求被满足之后，元宇宙才会被真正引爆。苹果公司刚刚发布的Vision Pro和马斯克的脑机接口设备都被寄予厚望。本书以科学性的探索方式，提出了对元宇宙的独特认识，并在此基础上探究元宇宙这一人类数字文明科技集大成者的赋能与治理逻辑。

　　本书认为，首先，元宇宙预示着人类历史上叙事方式的革新，它将引领故事讲述的逻辑从现实世界扩展至虚拟空间。在这个新世界里，虚构与现实交织融合，编织出前所未有的故事篇章。

　　其次，元宇宙是数实融合空间。元宇宙区别于传统环境的最显著的特征就是虚拟与现实时空的融合，成为一种数实融合空间。元宇宙不仅呈现数字世界，还强调虚拟和现实的融合，除了现实中的空间会融合到虚拟空间，虚拟空间中的时间也不再完全对应现实空间中的时间，将变得更加多样和多维。

最后，元宇宙是数字文明的未来。元宇宙与数字经济密切相关，元宇宙不是指单一的数字技术，它是各种数字技术的集大成者，是数字经济的重要组成部分。元宇宙将逐渐成为数字社会的进阶形态，促使人类科学和艺术创造力的大爆发，成为推进人类文明迈向更高级文明的核心推动力。

虽然有很多人还不太认可元宇宙，但是我们有必要进一步提高认知。元宇宙并不是伪概念，而是实实在在面向未来的科技，是数字文明科技集大成者。当前，元宇宙的理想和现实之间仍然存在巨大差距，我们还看不清元宇宙未来的赋能和治理之路，就像20世纪90年代的我们看不清互联网一样。所有的新兴科技都需要人们有足够的勇气去思考、去尝试、去实践。当前，元宇宙已经在医疗、制造、教育、文旅等诸多领域有了很多典型的应用，应用场景将进一步拓展。

其中，元宇宙可以促进城乡融合，在乡村振兴战略中发挥重要作用。目前，城市和乡村的资源不平衡，城市比乡村拥有更多医疗、娱乐、社交、教育、工作等方面的资源。为了获得更多的资源，很多人到城市定居，不愿意回到乡村。乡村因为缺乏资源和机会，逐渐空心化。乡村空心化的症结在城乡资源的不平衡，那是不是只要缩小城乡资源的不平衡，使城市和乡村之间的界限变得越来越模糊，城市和乡村在满足人类需求上变得越来越无差异，就会有更多人选择不离开乡村，甚至有更多人从城市回到乡村？其实，很多人都有一个田园梦，他们喜欢乡村的山水、植被、鸟语、花香，喜欢乡村的宁静恬适、悠闲自在，想过"采菊东篱下，悠然见南山"的生活，唯一的障碍就是乡村没有他们已经习惯的生活配套设施。但是，把中国千千万万的农村建设得跟城市一样是不可能的，那么如何快速且经济地解决城乡资源不平衡的问题呢？

元宇宙给我们提供了新的思路。互联网的到来，使得人类社会的连接越来越紧密，人类需求的满足可以从真实空间转移到虚拟空间，数字世界中的空间转移成本可以无限制地减少，甚至接近于零。元宇宙可以消除城市和乡村的时空隔阂，构建城市和乡村数字空间，通过虚实融合，打破时空限制。具体来说，就是将城市的医疗、教育、社交、商业等真实资源进行数字化，将其转变为数字资源，构建城市数字空间，然后利用网络把城市数字空间复制到乡村，形成乡村数字空间。在乡村数字空间中，人们可以通过远程医疗、远程教育、远程办公、远程社交等方式，享受城市的资源。元宇宙可以打破城乡时空隔阂，实现人员的实时互动。

元宇宙实际上是高度数字化的万物互联，数据作为元宇宙的基本生产要素，就像空气一样在我们身边，手机作为连接物理世界、人类世界和信息世界的接口将不再需要。物理世界、人类世界和信息世界将在元宇宙中实现高度统一。在这种统一下，城乡资源不平衡将被极大地消除，居住在乡村也能充分享受现代化大都市的很多资源。简单设想一下元宇宙时代的乡村生活，我们每天都可以呼吸乡村清新的空气，睡到自然醒，不需要为了上班劳累奔波，通过各种人机接口接入元宇宙，就可以身临其境地与身处不同地方的同事进行协同；要学习时，也可以进入教育元宇宙，在个人专属图书馆查看各种资料，与专属教师进行沟通，个性化地开展各种学习；身体不适时，可以进入医疗元宇宙，接入私人医生，远程上传各种身体数据，远程进行诊断，开具药方，无人机远程进行药品配送，很多常见病在家就可以完成就医；想要社交和旅游时，可以进入社交和旅游元宇宙，一起听音乐会，一起看电影，一起聊天，可以去世界各地，甚至各大星系旅游观光。那时，我们或许更愿意住在乡村，享受天人合一的美好生活。

当然，元宇宙的潜力还不止于此，它还可以成为一个全新的文化交流平台，让我们跨越地域和时空的限制，与全世界的人们共同分享和体验不同的文化和艺术。在元宇宙中，我们可以参加虚拟音乐节、艺术展览和电影节，与艺术家进行互动和交流，感受他们的创作灵感和独特视角。此外，元宇宙还具有巨大的商业价值。企业可以在元宇宙中建立自己的虚拟商店，与消费者进行互动和交易。消费者可以在元宇宙中试穿衣服、体验产品，甚至定制自己的专属商品。这种全新的购物体验将为品牌和商家带来更多的商业机会和市场竞争力。

总之，元宇宙是一个充满无限可能的新领域，它将改变我们的生活方式和工作方式，为我们带来更加便利、高效和有趣的生活体验。随着数智技术的不断发展，元宇宙将会在更多领域得到广泛应用，将会与人类社会深度融合，为人类社会的发展和进步做出更大的贡献。

本书致力于深入研究元宇宙的底层逻辑、技术原理以及其在各个领域的应用。通过严谨的学术探讨与案例分析，旨在为读者提供一个全面而深入的元宇宙知识体系，帮助读者理解这一新兴领域的本质和发展趋势。

本书的研究与出版得到了陶成煦、徐雨舒、陈浩东、周昊宇、王译昕、陈佩、黄茜、刘一媛、汪运旭、左任衔、曹喆等各位研究生的大力协助与支持，在此表示由衷的感谢！此外，本书得到了教育部哲学社会科学研究重大课题攻关项目"网络环境下大数据新动能机制研究"（20JZD024）、国家自然科学基金重点项目"网络视角下乡村产业互联网的数智赋能研究"（72232006）和国家重点研发计划项目"乡村文化旅游云服务集成与应用示范"（2019YFB1405600）的资助。

　　由于作者水平有限，书中难免存在不足之处，恳请广大读者批评指正，有任何建议或意见，请联系 jiangw@whu.edu.cn，谢谢。相信我们一起在元宇宙的发展之路上行不辍，未来可期！

吴　江

2024 年 3 月于珞珈山

目　录

第7章　元宇宙的数实融合 ·· 169

第1章
元宇宙的人类叙事

白日依山尽，黄河入海流。
欲穷千里目，更上一层楼。

——王之涣

当今世界，人工智能、物联网、虚拟现实等数字技术给人类社会带来翻天覆地的变化，人类的协作、生产以及生活方式在数字技术与现实世界的融合过程中涌现出更多、更复杂的模式和业态。元宇宙作为数字技术的集大成者，是钱学森1990年提出的"灵境"思想的延伸，自2021年再度火爆以来，受到产业界和学术界的广泛关注。从本质特征来看，元宇宙是一个能够高度模拟真实世界、高度具象化的数实融合空间。同时，借助人工智能等数字技术，元宇宙将成为人类社会的一种全新的叙事方式。

时至今日，对于元宇宙的说法仍然存在多种观点，尚未形成统一的概念，这给我们构想人类社会的终极形态带来了困扰，因此，需要厘清元宇宙的概念内涵，探究其发展本质。本章探究元宇宙的理论渊源，在元宇宙与现代社会的碰撞中寻找其应用场景，并通过寻根溯源，思考元宇宙的哲学本质。对人类社会来说，元宇宙是一种全新的叙事方式，是多种数字技术融合的复杂系统，在元宇宙中，人类将能够更好地处理复杂事务，人类与元宇宙的协同共生将促进人类社会的演化和进步。

1.1   在人类社会中探究元宇宙

1.1.1   认识论下的元宇宙

1. 中国古代的元宇宙意象

中国古代早已有对元宇宙的描述。在《易经》的乾卦卦辞中，"乾，元亨利贞"表明了"元"的含义，解释为：元，始也。《说文解字》进一步解释："元，始也，从一从兀。"也就是说，"元"指万物的起源。《淮南子·天文训》指出："元者，四时之数也"，而"元宇宙者，万物之元也"。庄子也借由"庄周梦蝶"引出一个哲学问题，探讨"作为认识主体的人究竟能不能确切地区分真实和虚幻"。这些观点蕴含了中国古代哲学对宇宙生成和万物生长的思考。

在中国古代哲学中，数字扮演了重要角色，数字被用来象征和解释宇宙的某些方面。例如，道家认为，宇宙万物都源于"道"，而道又生一，一生二，二生三，三生万物，这反映了宇宙从无到有的生成过程。又如，阴阳家提出的五行相生相克理论，将宇宙的生成和运行归因于阴阳两种基本力量的相互作用和五行的相生相克。在这里，"数"可以理解为构成宇宙的基本原理和秩序，它决定了天地的统一性和规律性，也是万物生长、发展、变化的根本原因。以此为基础，元宇宙作为一个由数字技术构建的虚拟世界，其本质也是基于数字的规则和逻辑，通过这些规则和逻辑来模拟现实世界中的各种关系和活动,进而实现虚拟的"万物之元"。在元宇宙中,一切存在和变化都基于数字化的表达和模拟,因此,它也可以被看作一种"数之尽"的体现,即数字技术所能达到的极致表现。

2. 钱学森提出"灵境"思想

1990 年,钱学森在致汪成为的手稿中提到"virtual reality"(虚拟现实),并建议将它翻译为具有浓厚中国味的"灵境"。在他给全国科技名词审定委员会办公室附上的《用"灵境"是实事求是的》短文中,钱学森对这一命名作了具体解释。钱学森表示,"virtual reality"是指用科学技术手段向接受者输送视觉、听觉、触觉、嗅觉等信息,使接受者感到身临其境。他认为,因为这"境"是虚拟的不是实在的,所以用"灵境"表达实事求是。

钱学森对"灵境"技术的关注和重视来源于他对人工智能领域的长期思考。他预见的"灵境"是互联网(包括 5G 网络、6G 网络)、物联网、人工智能、区块链、脑科学、人机交互、社交网络等众多新兴技术的集成化创新及应用。这个概念不仅涉及技术的融合,还强调了思想空间、数字空间与现实空间的集成,从而促进经济发展与社会进步。他认为"灵境"技术能够大大扩展人脑的知觉,使人类进入前所未有的新天地,预示着一个新的历史时代的到来。钱学森强调,这一技术是继计算机技术革命之后的又一项伟大的技术革命,它将引发一系列震撼世界的变革,成为人类历史上的重大事件。

3. 科幻小说对元宇宙的认识

元宇宙(metaverse)的思想源于美国数学家弗诺·文奇(Vernor Vinge)于 1981 年出版的小说《真名实姓》,书中创造性地构建了一个通过脑机接口进入并获得感官体验的虚拟世界,完整呈现了数字世界中有血有肉的虚拟形象,是最早的"赛博朋克派"代表作品。

之后,美国作家威廉·吉布森(William Gibson)1984 年在《神经漫游者》一书中创造出"网络空间"(cyberspace),推动了人类对元宇宙的构想。1991 年,"cyberspace"又催生出"镜像世界"的技术理念,即现实世界中的每一个真实场景都能通过计算机软件投射到人工编写的计算机程序中,并让用户通过计算机显示器与镜像世界互动。同年,耶鲁大学计算机科学教授戴维·盖勒恩特出版《镜像世界:或者当软件将整个宇宙装进鞋盒的那天,将会发生什么?意味着什么?》,书名中的相关概念与元宇宙极其相似。

元宇宙概念的正式提出是在美国科幻作家尼尔·斯蒂芬森于 1992 年创作的小说《雪崩》中,书中描述了人通过"化身"(avatar),在平行于现实的网络世界中进行感知交互的故事，提出了"元宇宙"（metaverse）和"化身"（avatar）两个概念，并首次将两者关联在一起，奠定了元宇宙的时空延展性和人机融生性。书中描写元宇宙的使用体验为"戴上耳机和目镜，找到连接终端，就可以通过虚拟分身的方式进入由计算机模拟的、与真实世界平行的虚拟空间"。

4. 影视领域对元宇宙的无限遐想

影视领域对元宇宙也有无限遐想。电影《异次元骇客》讲述了创造虚拟世界的汉农·富勒突然死亡，其好友兼合伙人道格拉斯·霍尔成为头号嫌疑犯，霍尔为了弄清真相往返于现实世界和虚拟世界的故事。电影《黑客帝国》则描绘了一个人类文明与机器文明共存、现实与虚拟交织的世界。日本动漫作品《刀剑神域》实现了现实世界与虚拟世界的融合，人们可以在虚拟世界中工作、恋爱以及结婚等。电影《超验骇客》则探讨了将人的意识数据化并上传到计算机，在虚拟世界中进行复生的可能性。电影《头号玩家》围绕 VR 游戏，展现了现实人物在虚拟世界中的抉择与思考，被认为是最符合当今人类想象的元宇宙形式。男主角戴上 VR 头盔，就能进入另一个极其逼真的虚拟游戏世界——"绿洲"。

5. 人类对元宇宙这一复杂人工世界的思考

人类社会和自然界虽然复杂，但是都有自己的运转规则，人们一直在探究认识自己和世界的有效途径。诺贝尔经济学奖获得者、图灵奖获得者，人工智能的鼻祖赫伯特·亚历山大·西蒙（Herbert Alexander Simon）认为，人类社会的复杂性不仅体现在系统中元素的多样性和相互关系的复杂性，还表现在元素的适应性上，社会中的个人和组织都是"活"的，能根据环境的变化不断调整。因此，人类社会可称为复杂适应系统[1]。在这种复杂系统中，更关注的是在没有中央控制的情况下，大量简单个体如何进行自我组织、处理信息，甚至进化和协同学习，在这一过程中存在非线性和涌现等复杂性特征[2]。为了用科学的方法解决这些复杂问题，人们普遍采用被称为科学研究第三范式的仿真模拟（第一范式和第二范式分别为归纳和演绎），期望用计算机营造类似真实世界的人工世界，以研究复杂适应系统[3]。仿真模拟方法已经广泛应用于人群疏散、交通疏导、群体事件、突发事件等场景，在人工世界中开展在真实世界中由于条件限制或者伦理等因素无法进行的实验，从而理解并解决复杂问题[4,5]。元宇宙的很大一部分思想其实来源于我们对真实世界中各种复杂系统的认知需求。

2021 年，由中国科学院大气物理研究所牵头的国家重大科技基础设施——地球系统数值模拟装置"寰"（EarthLab）初步建成。这是我国一项重要的科技工程，通过超级计算机进行大规模的数值计算，能够重现地球的过去、模拟地球的现在、预测地球的未来，从而进行有针对性的"地球试验"。这一国家重要科技装置将在碳中和、气候变化等研究中发挥重要作用[6]。这一成就展现了人类利用数字技术对现实进行模拟仿真，以形成对真实世界新的认识。人类一直在不断探索这个世界，探索人类社会和自然界运转的普适规律，但仍有许多未知领域等待我们去解决。

聚焦实践 1.1
"寰"（EarthLab）设施

"寰"（EarthLab）是由中国科学院大气物理研究所牵头的国家重大科技基础设施项目。该项目旨在建立一个模拟地球的系统，能够重现地球的过去、模拟现在并预测未来。它依赖于超级计算机进行大规模数值计算，对研究碳中和、气候变化等领域具有重要意义。系统使用数字化地球模型，结合物理和数学方程，通过超级计算机模拟实验来预测地球不同圈层的变化。

"寰"项目采用了具有中国自主知识产权的数值模拟软件系统，具备高分辨率和全面的动力、物理、化学和生态过程模拟能力。这意味着它能够更精确地模拟地球上的各种复杂过程，为科学研究提供更准确的数据和预测。这种模拟能力使得"寰"项目在地球系统科学研究中具有重要价值。

1.1.2 现象学中的元宇宙

1. 元宇宙发展的现状

元宇宙的发展之路离不开资本的推波助澜。2021 年 3 月，被称为"元宇宙第一股"的 Roblox 正式在美国纽约证券交易所上市。Roblox 是一个集游戏创作和社交互动于一体的平台，通过提供强大的编辑工具和素材，让用户能够尽情创作内容，并在虚拟社区中与伙伴一同体验交流、共同成长[7]。2021年10月28日，马克·扎克伯格宣布Facebook将更名为Meta，业务转向以元宇宙为主的新兴计算，使Meta平台成为一个全新的、更多元化的互联网社交媒体形式。伴随着智能终端的普及，5G网络和区块链等基础设施的完善，以及扩展现实（extended reality，XR）、物联网和云计算等技术的兴起，元宇宙时代正在到来。2021年被认为是全球元宇宙的元年[5]，而2022年是元宇宙从虚构幻想走向实际应用的关键一年。元宇宙不仅仅是资本的逐利梦想，更是集人类数字文明科技"大成"的平台，其应用场景不仅限于社交和游戏，还对制造业、农业、零售业、教育、医疗乃至整个社会都有着深远的意义[6]。

2021年后，"元宇宙"一词在国内外引起了广泛关注，但是也伴随着不少负面舆情和质疑。在网络上，售卖元宇宙课程的帖子随处可见，甚至还出现了一批专门售卖元宇宙课程的网站，一些人通过开设元宇宙课程培训获得了巨额收入，也有人认为元宇宙只是空有未来，没有实际技术支撑其发展。而"炒房团"进军元宇宙的现象也引发了广泛关注，元宇宙中的虚拟土地吸引了众多名人竞相入驻投资，"炒地"金额令人咋舌，元宇宙里的"房价"甚至超过了现实中的房价。

很多企业都在高调宣传元宇宙，2021年12月9日，香港房地产巨头新世界发展集团CEO郑志刚宣布投资元宇宙虚拟世界游戏"The Sandbox"，购入其中最大的数字地块之一，希望打造"创新中心"，展示大湾区新创企业的商业成功，这块虚拟土地的投资金额约为500万美元（约合3200万元人民币）。一些内测游戏也上演了"囤房抢房"的荒诞景象。2021年10月28日，由天下秀开发的元宇宙游戏Honnverse（虹宇宙）开始内测，用户需要提前预约抢购虚拟房产，摇到号才可以进入游戏。内测一开始，就有用户大量囤积"房屋"。虹宇宙世界的"榜一大哥"名下已经有100多套"房屋"。类似的炒作乱象导致人们认为元宇宙只是资本炒作。另外，诸如元宇宙是精神鸦片、元宇宙导致人类没落、元宇宙加剧隐私数据泄露等负面话题也引发了深思。虽然存在不少负面舆情，但是资本市场与舆论热度保持高度一致，同步波动，元宇宙已成为近年来国内外各界追逐的热点之一。

2. 元宇宙发展的天时、地利、人和

元宇宙（metaverse）的兴起被视为人类文明发展的一件重大事件，引发了国内外产业界和学术界的广泛关注和积极探索，其发展具备"天时、地利、人和"三大有利条件。元宇宙的发展得益于天时[7]，传统互联网的发展逐渐遇到瓶颈，红利逐渐消失，人们对虚拟世界的需求无法得到充分满足，期待新的技术和平台

来实现更加沉浸和互动的体验，这为元宇宙的发展提供了市场驱动力。国内外对元宇宙的高度重视为其发展提供了地利，许多国家和地区的政府积极制定支持元宇宙发展的政策，推动相关技术和产业的创新。先进的通信技术、虚拟现实（virtual reality，VR）、增强现实（augmented reality，AR）、区块链等技术的发展为元宇宙的实现提供了坚实的技术基础。各界人士的重视和参与使得元宇宙的发展具备了人和，科技公司、游戏公司、社交媒体平台等纷纷投入巨资和资源，开发元宇宙相关的技术和应用，形成产业链上的广泛合作。学术研究机构和高校也在积极探索元宇宙相关理论与技术问题，推动科学研究和技术突破。尽管元宇宙发展迅速，但目前尚未迎来真正的引爆点，还需要等待具体应用设备的成熟和普及。

1.1.3 本体论上的元宇宙

1. 元宇宙——meta+verse

"元宇宙"的英文"metaverse"由两个词根组成：meta 和 verse。在这个词中，"mcta"源自希腊语，意味着"超越""超级"或"在……之后"，通常用来表示抽象概念中的"超越"或"变化"。而"verse"则来自"universe"，意思是"宇宙"。因此，"metaverse"可以被解释为"超越宇宙"或"在宇宙之后"的概念。这个词通常用来描述虚拟世界，涵盖人们可以在其中交互、工作、娱乐和创造的数字化环境。"宇宙"这个词通常指的是我们所处的现实世界，包括物质、能量、空间和时间的整体。而"元宇宙"或"metaverse"则是对我们所处世界的扩展，它超越了我们目前所处的物质宇宙，是一个虚拟的、数字化的世界。在元宇宙中，人们可以与他人互动、创造、娱乐或工作，就像在现实世界中一样。

元宇宙不仅是一个虚拟的数字空间，还是一个涵盖社交、经济、娱乐、教育等各种元素的数字化生态系统。在这个生态系统中，人们可以创建化身（avatar）、体验沉浸式的虚拟现实、开展商业活动、参与社交互动、进行教育培训等。元宇宙的概念融合了虚拟现实技术、增强现实技术和人工智能，为人们提供了一个更加丰富、多样化的互动体验空间。

与此同时，元宇宙也是一个由各种数字平台和应用组成的整合体，这些数字平台和应用相互连接、互相影响，构建出一个更大、更复杂的数字化世界，为用户提供了无限可能。

2. 元宇宙——大成智慧的发掘路径

元宇宙并不是单一的技术，它是众多数字技术的集大成者，通过集成融合应用，形成大成智慧。那么，什么是大成智慧？大成智慧指的是一种跨学科、综合性的学习、思考、整合和创新能力[8]。人类的科学技术知识和文化艺术精华如此丰富，但要如何在知识的汪洋大海中集其大成，获得"大成智慧"呢？这一直是一个世界性难题，有人把这个难题称为"智慧的涌现"（emergence of intelligence），即经验和知识的获取并不意味着智慧的获取，钱学森曾强调"必集大成，才能得智慧"。

"大成智慧学"与传统的智慧或思维学说有着显著的不同，它以马克思主义哲学的辩证唯物论为理论基础，结合现代信息网络技术，以以人为本的人机协作方式为核心。这种学说注重整合多领域、多学科的知识和方法，形成一种全面、系统的智慧，应对复杂、多变的现实世界。因此，"大成智慧学"不仅适应当前知识迅速增长、信息迅猛传播的时代需求，还代表了一种全新的世界观、方法论和思维方式，是一种将人与机器智能相结合的新型思维体系。

在当前的 Web3.0 时代，计算机和人脑之间的协作变得更加紧密，人类创新要素之间的连接也在不断加强，进一步增强了人类之间的互动。这种连接与互动催生了各种人类集体智慧，形成了多种新业态、新模式和新产业。

人的智慧可以分为性智与量智两类。其中，性智指的是一个人把握全面、定性地预测和判断的能力，它是通过文学艺术等方面的培养和训练形成的。在我国古代，读书人所学的功课包括琴、棋、书、画，这些对一个人的修身养性起着重要作用。性智可以说是形象思维的结果，难以用计算机模拟。量智是通过对问题的分析、计算，并结合科学的训练而形成的智慧，人们对理论的掌握与推导，以及用系统的方法解决问题的能力都属于量智，它是逻辑思维的体现。艺术与科学是人类文明两个十分重要的方面。

目前的互联网模式虽然在促进人类艺术和科学方面起到了重要作用，通过计算机模拟真实世界，生成虚拟世界，在计算方面体现出了巨大的优势，但仍然难以让人的性智得到充分发挥。未来，元宇宙将成为人类迈向数字文明、集各种科技之大成的综合集成平台。在元宇宙中，虚拟世界和真实世界高度融合，充分体现了人类的大成智慧，为人类的性智和量智实现权衡提供了平台[9]。

3. 元宇宙——人类叙事的新方式

人类之所以能够实现长足的发展，其秘诀在于人类擅长想象并相信某些人类叙事，如《圣经》中的《创世纪》等虚构故事，这些故事赋予人类前所未有的能力，使他们能够集结大量人力，灵活地进行合作。到了 21 世纪，新科技可能会让这些人类叙事变得更为强大。为了了解我们的未来，就必须回顾宗教、企业等所创造的故事，看看它们是如何一次次推动社会以及科技的发展。虽然人类认为自己创造了历史，但事实上，人类个体的基本能力自石器时代以来并没有显著提升。相反，人类叙事的共同信念集结了社会资源，推动了历史发展，让我们从石器时代走到了硅时代。元宇宙正在成为人类历史上一种新的叙事方式，创造一个虚实融合的全新理想。

这些虚构的人类叙事，如"永恒真理"和"人类解救"的故事，是对未来进程有始有终的构想。它们的产生动机源于对人类发展前景的希望或恐惧，具有预言性、趋同性、目的性、终极性和统一性。元宇宙不仅能促进人类物质上的再次发展（如各类新兴科技产品诞生），也能满足人类精神上的需求（虚拟世界的全球化）。互联网的出现已经让人们的生活方式发生了巨大改变，人们可以在物理世界和虚拟世界中穿梭。如果人体从真实的费米子物质变成玻色数据信息，那么我们的移动速度将达到光速，地球上的空间距离将不再成为面对面交流的障碍。通过仿真模拟和设计，元宇宙继承了互联网时代的全球化，同时作为更高级的虚拟世界，它具备可编辑开放、数字孪生、仿真模拟、高沉浸度社交和创造性游玩的特征，是互联网世界进化的方向。元宇宙在 2021 年出现，具备成为"新的人类叙事"的潜力，但能否创造人类新文明，还值得期待和观察[10]。

1.2 在元宇宙中改造人类社会

1.2.1 元宇宙的概念本质

为了了解元宇宙的空间本质，我们需要从哲学视角认识我们存在的空间，可以从波普尔的"三个世界"理论切入。波普尔在 1972 年出版的《客观知识：一个进化论的研究》一书中，系统地提出了"三个世界"理论。波普尔把世界划分为三个部分，即"三个世界"，"世界 1"是客观世界或物理世界，包括物质和能量；"世界 2"是主观世界或精神世界，包括意识状态和主观经验；"世界 3"是客观化了的主观世界，包括由各种载体记录并储存起来的知识单元、逻辑框架和理论体系等人类精神产物。先有"世界 1"（物理世界），然后有"世界 2"（心理世界），最后才有"世界 3"（人工世界），"三个世界"相互作用，相互影响[11]。我们可以用波普尔的"三个世界"理论去理解元宇宙推动人类认知和改造世界所需要营造的空间。随着数字技术的快速发展与广泛应用，人类社会进入信息空间（cyberspace）、物理空间（physical space）、社会空间（social space）交叉融通的"三元空间"[12]。"三元空间"又被称为信息 – 物理 – 社会融合系统（CPSS）[13]，这里的 CPSS"三元空间"（又称"三元世界"）在逻辑上与波普尔的"三个世界"有重合之处（图 1.1）。通过理解这些空间的交互与融合，我们可以更好地把握元宇宙的空间本质及其对人类认知和社会发展的影响。

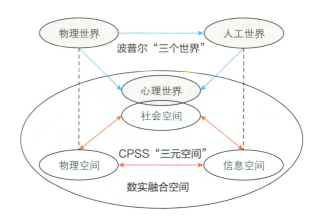

图 1.1   "三元空间"与"三个世界"

元宇宙的概念本质反映了物理、社会、信息"三元世界"的融合以及信息与用户这两大主体的互动[14]。这种"三元世界"的相互融合构成了人类社会的基本结构，通过扩展现实（XR）、仿真模拟、数字孪生、区块链、脑机接口等数字技术创建虚拟空间，用户得以在现实与虚拟空间中穿梭，信息也将在现实与虚拟空间中自由流动。

用户与信息的互动促进了虚实空间的融合，而现实与虚拟空间的相融共生则形成了元宇宙。由此，元宇宙逐渐成为数字社会的进阶形态。我们认为，元宇宙是基于数字技术而构建的一种人类以数字身份参与的虚实融合的"三元世界"数字社会。元宇宙的构建将经历三个阶段，如图 1.2 所示。

（1）虚实孪生

在这个阶段，基于数字孪生和仿真模拟等技术，人们可以在虚拟空间生成现实空间的镜像。现实时空的生产过程和需求结构尚未改变，人们普遍认为现实才有价值，虚拟活动是对现实的模拟，现实与虚拟泾渭分明，是两个平行的空间。

（2）虚实相生

随着计算机仿真模拟技术的持续提升，数字技术不仅将虚拟空间变得更真实，还将改造现实空间的生产过程，现实世界的技术发展促进虚拟世界的建设，虚拟世界的仿真演化与内容生成促进现实世界的经济与文化繁荣，二者实现虚实相生。

（3）虚实融生

当元宇宙发展到成熟阶段，虚拟空间将创造出超现实，并融合真实空间于自身。更多作为模仿对象的现实可能将不复存在，虚拟空间中的仿造物将成为没有现实对应物的摹本。在这个阶段，现实与虚拟实现融合共生，虚拟空间的范围将大于现实空间，更多现实中没有的场景和生活将在虚实空间中存在[15]。

图 1.2　元宇宙构建的三个阶段

1.2.2　元宇宙与仿真模拟

元宇宙的概念本质与仿真模拟有着深厚的联系。1977 年，美国科幻小说作家菲利普·迪克曾在法国的一次演讲中宣称，我们生活在一个计算机模拟的现实中。人所体验到的一切，都是大脑转化出的神经信号。如果使用计算机通过神经末梢向大脑传送一模一样的信号，并对大脑发出的信号做出一模一样的反馈，那么大脑根本无法区分这是真实的身体，还是人为构造的身体。在人类物质文明和精神文明高度发展的基础上，元宇宙在满足人类身体延伸和心灵延伸的双重需求下自然而然地出现了。此外，还有一种观念认为，推动元宇宙诞生的动力，是人类对现状的不满。正因为存在不满，才会产生改变的想法和冲动。在元宇宙这个模拟的世界里，同样有可能继续创造出新的元宇宙，即模拟世界中的模拟世界。因此，元宇宙集成了仿真模拟等数字技术，在仿真人工空间的基础上构建虚实融合的空间，它与仿真模拟有着千丝万缕的联系。

仿真模拟技术与元宇宙可以相互促进、共同发展，仿真模拟技术旨在通过建模和模拟来认识和理解现实世界，这与元宇宙中对现实世界进行虚拟化建模的思想高度一致。在元宇宙的技术支持下，人的创造能力将大大提升，从而形成"大成智慧"。"大成智慧"是一种在广阔的信息空间中形成的网络智慧，可以在元宇宙中实现和增强，并在元宇宙的信息回路中不断迭代与提升。信息回路可以从系统论的角度去理解，即在信息处理、传递和反馈过程中形成的闭合路径。"大成智慧"能够促进科学和文艺的大发展，引发科学革命和文化革命。元宇宙提升人类的创造力，使人类的形象思维和灵感思维得到迅猛发展，从而进一步推动科学进步，如图 1.3 所示。人类创造力的提高将反过来促进元宇宙的发展，形成一个不断循环的反馈机制，推动人类文明的持续演进。

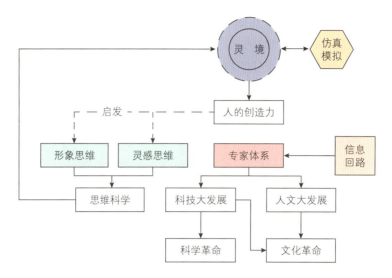

图 1.3　元宇宙与灵境、仿真模拟

元宇宙最显著的特征就是现实时空和虚拟时空的融合[16]。在现实时空中，物理世界、人类世界和信息世界构建了真实的三元世界。在虚拟时空中，各种数字技术构建了一个与现实时空相融合的人工三元世界。真实三元世界中的物联网、互联网、社会网在人工三元世界中得以体现与演化，从孪生到相生，再到融生。社会仿真已经广泛应用于对社会复杂系统的研究中，其核心逻辑是通过对真实世界的目标进行抽象化建立模型，并利用模型进行仿真实验以获得仿真数据集，然后与真实世界中采集的真实数据进行比较。社会仿真的基本框架如图 1.4 所示，下半部分虚线框部分的左侧描述了从现存理论到仿真模型的逻辑，右侧描述了从真实世界到仿真模型的逻辑，而上半部分虚线框表示典型的仿真研究。在元宇宙中进行仿真模拟可以很好地体现仿真模型的虚实融合。右边圆圈表示现实时空，

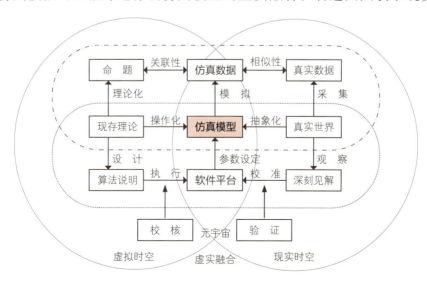

图 1.4　虚实融合的社会仿真基本框架

左边圆圈表示虚拟时空，两个圆圈的交叉部分表示虚实融合。元宇宙的虚实融合特点在仿真模型中得到了充分体现。仿真模型在数字世界中汇总现存社科理论并进行建模，通过仿真模型与真实世界连接，体现了通过元宇宙去认识世界和改造世界的目标。

1. 通过编程的理论实现

如图 1.4 左部所示，理论可以通俗地理解为"关于什么会影响什么以及为什么的一种陈述"。为了通过编程构建仿真软件，首先需要设计并编写详细的计算机算法说明书。仿真研究者必须根据现存理论清楚地分析出各种因素之间的影响关系。然后，根据算法说明书，编写代码以实现一个可以构建仿真环境的可执行软件平台。接着，在该软件平台上，通过设定不同的参数，构建特定的仿真模型。该模型是对现存理论在软件平台上操作的结果。

2. 扎根现实世界的建模

如图 1.4 右部所示。仿真的目的是对真实世界中的问题进行研究，以创建新的理论。因此，对真实世界的观察能够提供有价值的深刻见解，这些见解有助于校准仿真软件平台上的参数设定。最终的仿真模型则是对现实世界问题的一种抽象，它是在软件平台下参数空间中的一种组合参数的程序。

典型的仿真研究是通过设定仿真模型的参数范围，改变参数的设定值以及参数的不同组合，来设计各种仿真实验（又称为计算实验或者虚拟实验），并对仿真模型进行反复运行的过程。仿真获得的数据不仅要与理论命题进行比较分析，还需要与真实世界中的数据进行对比分析。通过这种对比，仿真研究人员能够发现仿真数据与理论的区别和相似点，从而检验理论驱动的假设。同时，从对比分析中还能发现仿真数据与真实数据的区别和相似点，进而对真实世界中的问题进行深入研究。现存的理论是对真实世界问题的抽象，通过分析真实数据与理论命题的异同，可以对真实世界的问题进行研究。仿真模型的分析在这一过程中起到了桥梁作用，连接了真实世界与理论，使得一些不易通过实证研究解决的问题通过仿真进行探讨，这也体现了元宇宙的数实融合思想。

社会仿真模型是现实世界中的实体在计算机上的反映。仿真验证不仅限于系统实现的后期，而是贯穿整个仿真周期的各个环节，包括调研、设计、分析、实现、测试、验收等。社会仿真模型验证的框架如图 1.5 所示，实线表示建模过程，虚线表示验证过程。其中，最关键的环节是操作验证。社会仿真模型验证的哲学问题涉及社会是否能被计算机完全认知，以及仿真验证能否真实诠释社会等[17]。这可以追溯到仿真验证的一般哲学问题。在认知科学领域，模型验证主要存在两种观点，一种是客观主义，认为模型验证不应依赖建模者的主观意愿，通过建立验证框架和定义流程，在流程控制下进行验证，能超越建模者和用户的主观验证。经验主义基于历史数据，从理性主义、经验主义和实证经济学三个哲学视角来审视模型验证。另一种是相对主义，认为模型验证应与建模者的主观意愿相关，需有建模者、用户、编程者等多方参与。并在整个过程中充分考虑人的因素，通过良好的人机交互界面来实现模型验证。

综合考虑，确保仿真模型在所有范围内的绝对有效性是一件非常耗时且几乎不可能完成的任务。在整个验证过程中，需要多次循环和修改模型，且没有通用的模型验证方法，任何模型验证技术必须在特定应用背景下才能适用。

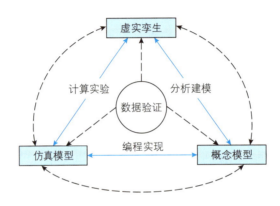

图 1.5　仿真建模以及模型的验证

总的来看，进行社会仿真时，我们需要在模型的简化和模型的真实化之间进行权衡。元宇宙打造的虚实融合空间为利用仿真模型更好地抽象真实世界，并延伸现有理论去认识和改造真实世界提供了非常具有想象力的场所。仿真模型的真实化要求模型要尽可能反映真实世界，这需要更多的参数和公式来描述，并且考虑的情况也会更加复杂；另一方面，建模需要简单化，以便在计算机上实现，并期望用最简单的描述概括真实世界 80% 的情况（即 2/8 原理）。然而，模型越简单，越难以准确反映真实世界。因此，简化和真实化两者存在矛盾。只有在建模中进行权衡，才能使模型既易于实现又不失准确度。

1.2.3　元宇宙与综合集成研讨厅

元宇宙以及相关的"大成智慧"思想与钱学森提炼出的"从定性到定量综合集成法"具有相通之处。它们都是从整体上认识、研究和处理各种开放的复杂系统的思路和方法。重点在于利用信息技术构建综合集成研讨厅，集成仿真模拟、人工智能、灵境以及元宇宙等技术体系，探索认识世界过程中出现的各种新命题。此外，它们还集成了认识世界所产生的知识体系、社会实践所产生的机器体系和依托集群智慧支撑的专家体系，以指导社会实践进一步作用于客观世界，引导社会认识从而改造世界。在这个过程中，"人在回路"的概念得以增强对客观世界的认识和改造。综合集成研讨厅发挥了群集智慧的思想，在群体决策支持系统（GDSS）中得到充分体现[18,19]。通过综合集成，有效的信息组织，保障多个决策者可以共同进行思想和信息的交流，避免个体决策的片面和独断，从而进行决策优化，找到可行的优化方案[20]。

如图 1.6 所示，在综合集成研讨厅中，仿真模拟是综合集成的机器体系的重要组成部分，扮演着建模、仿真和优化的关键角色。然而，仿真的关键在于真实性，即需要确保仿真模型能够真实地反映真实世界。因此，对仿真模型进行确认和验证至关重要。在系统的综合集成方法论设计中，通过分析模型输出的结果，对模型进行调整和参数设置，从而实现对模型的确认。在此基础上，利用综合集成研讨厅中专家的理论与经验知识，对仿真模型输出的结果进行验证，通过更大的决策闭环，即将对仿真模型输出的结果进行分析后所得到的结论与建议提供给决策部门，进行更高层面的仿真模型验证。这样的确认和验证的闭环过程，利用了专家的群集智慧，使得仿真模型更贴近真实世界的反映。元宇宙的出现正是利用具象化的仿真模型更好地帮助人类认识世界并改造世界。

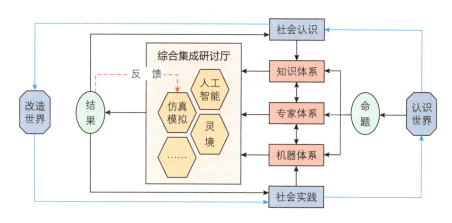

图 1.6　综合集成研讨厅与仿真模拟

1.2.4　在元宇宙中以仿真模拟为路径改造人类社会

要实现元宇宙的"类乌托邦"理想状态需要面临诸多挑战。特别是从用户、信息、技术的统一视角来看[21]。一方面，用户在元宇宙中以数字身份存在，因此他们对于身份认同感和角色代入感有着更强烈的需求。另一方面，随着信息生产力和传播力的提升，元宇宙中信息的数量和多样性将大大增加。这可能会导致信息过载、虚假信息、信息茧房等问题。在元宇宙中，个人信息空间与整个信息生态密切连接，因此，保护用户个人隐私和数据安全至关重要。尽管元宇宙中可能出现新的挑战和混乱，但作为真实世界和仿真世界的高度融合体，它也将提供更高效的感知和实验平台来应对社会复杂性。

1. 综合运用集成研讨厅思想

元宇宙作为一个具象化的数实融合空间，通过有效解决仿真模拟的"仿什么"来设定问题，"怎么仿"来具体操作，"仿得真"来对仿真模型进行验证，"真有用"来认识世界和改造世界。元宇宙的仿真虚实环境与真实世界环境紧密结合，为专家提供更多解决问题的资源，并进一步增强专家之间的全感知交互。在综合集成研讨厅体系中，专家群体的动态复杂性和群体智慧得以进一步被释放。基于元宇宙环境，人类与专家能够开展更加有效的深层次对话，自主修正认识世界的思维模式，实现将个体层次上随机无序的知识在整体层次上涌现为充满链接的有序结构，并通过"灵境"中的信息回路创造"大成智慧"。

2. 突破数据驱动的科学第四范式

随着冯·诺依曼提出现代电子计算机架构，以及电子计算机在科学实验模拟仿真中的普及，人们可以通过模拟仿真推演越来越多的复杂现象，如模拟核试验和天气预报等。随着计算机仿真逐渐取代传统实验，仿真成为科研的常规方法，即第三范式：计算科学。伴随数据的爆炸性增长，计算机不仅能够进行模拟仿真，还能通过数据分析总结出新的理论，这标志着数据密集型科学发现成为第四范式。不同于第三范式，第四范式通过大量已知数据计算得出未知理论，而不是先提出理论再验证。元宇宙视域下，机器与算法在映射真实世界中产生了大量数据，并在认知世界的虚拟环境中产生了大量模拟数据。数据的体量、结构、形式都发生了巨大变化，仿真模拟有可能突破第四范式，通过融合理论、方法、实例、模拟数据、大规模实际数据和用户小数据构建仿真模型[22]，最终实现数据驱动的群集智慧科学涌现。科学因此将变得有生命，能够自组织并自我进化。

3. 优化仿真模型认识和改造世界

仿真模拟的终极目标是为了认识和改造世界。通过对物理世界进行数学建模，并在计算机上进行表达和呈现，仿真模拟可以对世界的复杂性进行分析和预测，并辅助优化决策，其效果直接关系到模型对世界的解释能力。元宇宙作为人类数字科技之集大成者，体现了虚实融合和人机融合等重要特性。随着仿真构建的人工世界与真实物理世界的界限逐渐消失，计算机中的仿真将解释和解决更多社会复杂性问题。同时，人类与机器之间的智慧界限也在逐渐消失，人工智能、仿真模拟、虚拟现实、机器学习等技术将不断协同进化，技术与群体智能之间的交互将触及更深层次。在元宇宙和即将到来的数字文明中，仿真模型将在教育、医疗、办公、制造、交通、金融等社会领域，不断逼近真实世界中的现实实体，并且人在决策中的形象和灵感思维将通过仿真模拟等技术构建的虚拟环境发挥更充分的作用，最终促使人类认识和改造世界的水平大大提高。由此，仿真模拟及其所蕴含的复杂性思想终将改变世界。

在元宇宙以仿真模拟为路径来改造人类社会的过程中，面对社会复杂性，仍存在不少亟待突破的问题。其中，最主要的问题在于学术界对"仿什么""怎么仿""仿得真""真有用"这四个基本问题的理解还不够清晰。并且，社会复杂性导致对相关优化模型无法进行解析求解，而仿真模拟此时成为一条可行之路。关键在于要解决模型"优得好"问题。在人类面对复杂不确定环境的决策需求下，解决社会复杂性问题的研究范式也亟待寻求更大的突破。为此，社会复杂性问题的解决需要综合利用社会空间、物理空间和信息空间，即三元空间中的各种信息。同时，为了更系统地应对各种复杂性挑战，有必要构建一个与三元空间平行的人工空间，也就是元宇宙空间，基于数据驱动在计算机上对三元空间进行复杂系统仿真建模。计算机构建的智能主体在人工空间是具有生命的，能够自组织、自适应并不断进化。在元宇宙的人工空间中能够进行真实三元空间中不适宜开展的、具有高度复杂性的预测与演化等计算实验，并对各种社会经济政策的实施进行全生命周期的优化控制。

本章小结

"元宇宙的人类叙事"将我们带入了一个跨越古今的宏大议题，从中国古代对元宇宙的认知到现代科技发展中的元宇宙概念，再到科幻作品和影视对元宇宙的深刻构想，全面展现了人类对这个复杂而神秘概念的探索与想象。元宇宙是人类对于自身、世界和未来的一次重要思考。随着这个领域的不断深入和探索，我们将更加深入地理解和认识自己，进一步开拓人类的认知边界，探索人类社会和科技发展的新可能。本章，我们了解了社会各界对元宇宙的看法以及元宇宙作用于改造人类社会的逻辑理路，下一章，我们将分析元宇宙的构成，以形成对其更加深入的认识。

参考文献

［ 1 ］司马贺 . 人工科学 : 复杂性面面观 [M]. 武夷山 , 译 . 上海科技教育出版社 , 2004.

［ 2 ］王志鹏 , 张江 . 复杂系统中的因果涌现研究综述 [J]. 北京师范大学学报 (自然科学版), 2023, 59(5): 725-733.

［ 3 ］任之光 , 李金 , 赵海川 , 等 . 大数据驱动的管理决策 : 研究范式与发展领域 [J]. 管理科学学报 , 2023, 26(8): 152-158.

［ 4 ］张敬南 , 张镠钟 . 实验教学中虚拟仿真技术应用的研究 [J]. 实验技术与管理 , 2013, 30(12): 101-104.

［ 5 ］辛海霞 . 从技术概念到研究议题 : 元宇宙图书馆走向何种未来 [J]. 图书与情报 , 2021(6): 90-95.

［ 6 ］郭全中 , 魏滢欣 , 冷一鸣 . 元宇宙发展综述 [J]. 传媒 , 2022(14): 9-11.

［ 7 ］宋明炜 . 当我们在谈论元宇宙的时候 , 我们没有在谈论什么？ [J]. 上海文化 , 2022(4): 98-101.

［ 8 ］雷环捷 . 元宇宙概念的社会建构透视 [J]. 理论导刊 , 2023(12): 96-102.

［ 9 ］吴江 , 陈浩东 , 贺超城 . 元宇宙 : 智慧图书馆的数实融合空间 [J]. 中国图书馆学报 , 2022, 48(6): 16-26.

［10］胡天麒 , 张冲 . 数据库时代电影本体元叙事的衰落及其超越 : 当下多元宇宙科幻电影中的元现代主义 [J]. 电影评介 , 2023(19): 33-39.

［11］K R Popper. Objective knowledge: An evolutionary approach[M]. Oxford: Clarendon Press, 1972.

［12］李纲 , 刘学太 , 巴志超 . 三元世界理论再认知及其与国家安全情报空间 [J]. 图书与情报 , 2022(1): 14-23.

［13］熊刚 . 社会物理信息系统 (CPSS) 及其典型应用 [J]. 自动化博览 , 2018, 35(8): 54-58.

［14］方凌智 , 刘明真 , 赵星 . 超越现实和虚拟 : 空间视角下的元宇宙治理 [J]. 图书馆论坛 , 2023, 43(10): 108-116.

［15］吴江 , 曹喆 , 陈佩 , 等 . 元宇宙视域下的用户信息行为 : 框架与展望 [J]. 信息资源管理学报 , 2022, 12(1): 4-20.

［16］吴江 . 元宇宙中的用户与信息 : 今生与未来 [J]. 语言战略研究 , 2022, 7(2): 8-9.

［17］王子才 . 关于仿真理论的探讨 [J]. 系统仿真学报 , 2000(6): 604-608.

［18］陈晓红 , 周艳菊 . 基于层次模型法的互联网环境下的群体决策支持系统 [J]. 中国管理科学 , 2001(6): 50-58.

［19］肖人彬 , 罗云峰 , 费奇 . 决策支持系统发展的新阶段 [J]. 系统工程理论与实践 , 1999(1): 48-51, 120.

［20］谭俊峰 , 张朋柱 , 黄丽宁 . 综合集成研讨厅中的研讨信息组织模型 [J]. 系统工程理论与实践 , 2005(1): 86-92, 99.

［21］孟凡坤 , 李文钊 . 与复杂社会 "连接" 起来 : 元宇宙对城市治理的变革性效应 [J]. 电子政务 , 2023(11): 116-128.

［22］陈国青 , 张瑾 , 王聪 , 等 . "大数据 – 小数据" 问题 : 以小见大的洞察 [J]. 管理世界 , 2021, 37(2): 203-213, 14.

第2章
元宇宙的基本构成

横看成岭侧成峰，　远近高低各不同。
不识庐山真面目，　只缘身在此山中。

——苏　轼

　　元宇宙正逐渐渗透到我们的日常生活之中，引领社会、经济、科技等多方面的巨大变革。它不仅是一个新的技术概念，更是一种对数字时代下人类社会形态的深刻反思和重新定义。在元宇宙的世界里，现实与虚拟世界的界限变得模糊，人与技术的关系变得更加紧密。为了更好地理解元宇宙，本章从理念、空间、技术、系统等多个角度对元宇宙的基本构成进行深入剖析，同时围绕图书馆这一应用场景，提供对元宇宙与人类社会融合的深刻认识。

2.1　元宇宙的理念构成

　　元宇宙包含三维、三体、三元、三基，并通过四化得以实现。其中，三维是指具有三个独立维度的空间。元宇宙是三维化的互联网，在传统互联网的人类在时间、空间的交互中还加入了感知维度，包含视、听、触、嗅、味、想六种感知；三体指的是在元宇宙虚实交互的环境下进行交互活动的主体，虚拟人、机器人依靠 AI（artifical intelligence，人工智能）引擎实现与自然人一起共生，共同在元宇宙中创造丰富的数字文明[1]；三元指物理世界、人类世界、信息世界这三元世界的高度融合，其中，物理世界由客观存在的自然力和物理规律构成，人类世界是人类各种社会活动与人类智慧的总和，信息世界则以比特为单位要素跨越时间和空间的限制，极大扩展了人类的生活范围与思想边界[2]；三基则是指生产要素、生产关系和生产力，在元宇宙中，生产要素将包括各种数据、人力、算法，由此生产关系更加突出人机协同，使生产力得到极大提升；四化包括数字产业化、产业数字化、治理数字化和数据价值化。上述构成要素相互协调与配合，共同维系着元宇宙的运转，如图2.1所示。

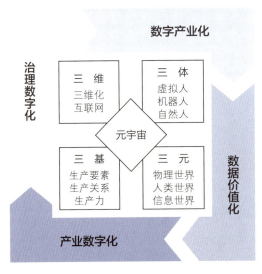

图 2.1　元宇宙基本构成

2.2 元宇宙的空间构成

元宇宙是物理、人类、信息三元世界的融合，以及信息、用户两大主体的互动场景[3]。三元世界构成了现实空间，通过扩展现实、仿真模拟、数字孪生、区块链、脑机接口等数字技术创建虚拟空间，用户在现实与虚拟空间中穿梭，信息在现实与虚拟空间中流动，用户与信息的互动促进了虚实空间的融合，现实与虚拟空间的相融共生形成了元宇宙。从元宇宙的空间构成来看，可将其分为4种空间。

（1）纯数字化空间

在这个形态中，人类社会关系网络被数字化，现实社会身份映射到虚拟身份。利用人工智能和自动化数字技术，如元胞自动机算法，创造虚拟数字人。这种形态的元宇宙与现实世界形成了一种平行关系，人的沉浸式体验相对较弱，但与现实世界的联系更加明显。

（2）数字孪生空间

这个形态侧重于将人类生产活动和物质世界数字化，与现实世界紧密相连。数字孪生技术通过改变生产形式，提升了生产效率和交互性。这种形态的元宇宙在工业和制造业领域尤为突出，形成了所谓的"工业元宇宙"。

（3）虚实互构空间

在这个形态中，虚拟世界的活动主体与现实世界的人类主体通过互动相互建构。人类主体和虚拟实体能够达到一种统一的状态，现实世界的人类行动和虚拟世界的主体行为之间存在一致的关联性。这种形态的元宇宙扩展了人类主体的现实体验感，使得虚实主体之间行为的即时性得到贯通。

（4）虚实融合空间

在这个形态中，元宇宙不仅仅是数字孪生世界和纯数字化虚拟世界的简单叠加，而是通过整合现实世界的多个领域，形成了与人类社会存在高水平映射关系的虚拟世界。这种形态的元宇宙满足了人类社会性活动必需的主体性、交互性、高沉浸感等高端要求，实现了现实世界全场域的数字化映射和功能性的双向沟通。

这4种空间形态代表了技术与现实世界互动的不同层面和深度，展示了元宇宙空间构成的多样性和复杂性，以及其与现实世界互动的不断深化。

2.3　元宇宙的技术构成

元宇宙基于扩展现实和数字孪生技术生成虚拟世界，并提供沉浸式体验。同时，通过区块链技术搭建经济体系，实现虚拟世界与现实世界在经济系统、社交系统、身份系统上的密切融合[4]。元宇宙并不是单一的数字技术，而是一个庞大的技术体系，可分为 5 个层面，如图 2.2 所示。

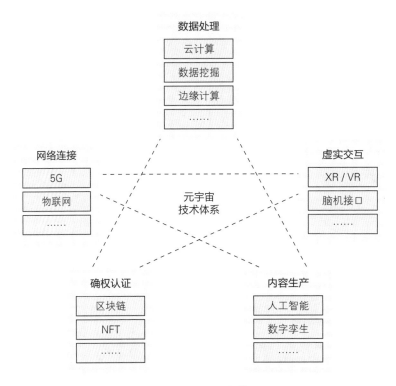

图 2.2　元宇宙技术体系图

1. 网络连接层面

第五代移动通信（简称 5G）网络环境与物联网技术是网络连接的基础，其高速率、低时延、低能耗与支持大规模设备连接等特征为网络连接提供了有力保障。元宇宙的沉浸感、低延迟、随时随地等特征对移动通信网络提出了较高要求。在高性能移动通信网络的加持下，元宇宙将使用户获得实时、流畅的体验，实现虚拟世界与现实世界的同步互动。不过，随着元宇宙的不断发展，其对移动通信网络的要求越来越高。在未来，第六代移动通信（6G）将在很大程度上加固元宇宙的数字底座，助力实现现实世界与虚拟世界的深度融合。

物联网即"万物相连的互联网"，是将各种信息传感设备与网络结合起来形成的一个巨大网络，能够实现人、机、物的互联互通。物联网的基本特征可概括为整体感知、可靠传输和智能处理。

（1）整体感知

利用射频识别、二维码、智能传感器等感知设备获取物体的各类信息，包括位置、状态、温度、湿度等。

（2）可靠传输

通过高效可靠的网络，将物体的信息实时、准确地传送到指定的目的地，以便信息交流和分享。

（3）智能处理

使用各种智能技术，对感知和传送到的数据、信息进行分析处理，实现监测与控制的智能化。

物联网的关键要素之一是设备能够接入互联网实现信息的交互。此外，无线模块在连接物联网感知层和网络层方面发挥着关键作用，作为物联网智能终端联网和定位的核心组成部分，无线模块属于底层硬件环节，具备不可替代的地位。对元宇宙而言，要实现强智能、低时延和高度科技化的环境，无线模块的稳定性、高速性、安全性、智能化至关重要。同时，无线模块还需要具备较高的性价比，以确保其在元宇宙技术体系中的广泛应用和可持续发展。

2. 数据处理层面

云计算是元宇宙的基本保障之一，具有动态分配算力的云计算技术是其重要组成部分。云计算采用分布式计算的方法，通过网络将大型数据处理任务分解成无数个小程序，然后由多台服务器组成的系统进行处理和分析，最终将结果返回给用户[5]。云计算技术可以在短时间内处理数以万计的数据，为用户提供强大的网络服务。此外，边缘计算是以云计算为核心，以现代通信网络为途径，以海量智能终端为前沿的新型计算模型[6]。其将计算任务分解为小巧易于管理的子任务，分散到边缘节点进行处理。这种模型不仅为用户提供流畅优质的体验，还能够有效处理元宇宙中产生的海量数据。更为重要的是，元宇宙对网络传输的要求越来越高，需要更大带宽、更低时延、更广覆盖，边缘计算技术在满足这些要求方面具有重要意义，可以确保所有用户获得同样流畅的体验。

数据挖掘是指通过算法从大量数据中搜索隐藏信息。元宇宙要实现虚拟世界与现实世界的连贯交互，需要大量传感器和智能终端等物联网技术来实时收集和解决数据，因此，数据处理能力在元宇宙显得十分重要。数据挖掘技术能够从海量数据中提取有价值的信息。在元宇宙庞大的数据生态中，这些技术支持对各种数据进行实时处理和分析。

3. 确权认证层面

区块链技术与非同质化代币（non-fungible token，NFT）体系能够保障元宇宙用户的权益。所有的数据、交易和履约都记录在分布式账本上，每个非同质化代币都映射着特定区块链上的唯一序列号，不可篡改、不可分割，也不能互相替代。这种去中心化和去信任化的特点使得用户的虚拟权益得到保障，身份得到认证，用户创造的资产能够在虚拟与现实空间中流通，保证元宇宙经济系统的长期运转。

区块链实质上是由许多区块组成的链条。每个区块中都保存了一定的信息，并按照各自产生的时间顺序连接成链条。这个链条被保存在所有服务器中，只要整个系统中有一台服务器可以工作，整条区块链就是安全的。相比于传统的网络，区块链具有两大核心特点：数据难以篡改和去中心化。基于这两个特点，区块链所记录的信息更加真实可靠，可以帮助解决人们互不信任的问题[7]。作为元宇宙的重要组成部分，区块链的重要性体现在：第一，利用区块链确权属性解决元宇宙中用户的身份问题，让用户在元宇宙中的数字身份是独一无二的；第二，区块链"去中心化价值流转"的特征可以为元宇宙提供与网络虚拟空间无缝契合的支付和清算系统；第三，区块链网络本身公开透明的特性可以大幅抑制元宇宙经济系统中可能存在的非法行为。

非同质化代币（NFT）是用于表示数字资产的唯一加密货币令牌，可以进行买卖。NFT具有永久性和不变性的价值主张，具有不可分割、独一无二、不可替代、不可复制的特点，因此，NFT本质上是一种对真实性的证明[8,9]。NFT的出现实现了元宇宙虚拟物品的资产化，使NFT成为数据内容的资产性实体，从而实现数据内容的价值流转。

4. 虚实交互层面

元宇宙依托于强有力的虚实交互界面，扩展现实（XR）技术与脑机接口（brain computer interface，BCI）使用户与信息在虚拟与现实空间之间的沟通成为可能。扩展现实技术是增强现实（AR）、虚拟现实（VR）、混合现实（mixed reality，MR）等多种技术的统称，通过将真实与虚拟相结合，打造人机交互的虚拟环境。

XR技术通过融合AR、VR、MR的视觉交互技术，为用户带来虚拟世界与现实世界之间无缝转换的"沉浸感"。如果将元宇宙比喻成现实世界在虚拟世界的投影，那么XR就是将虚拟世界映射到现实场景的通道。"元宇宙"是XR的内容世界，XR是"元宇宙"连接真实世界的窗口。

脑机接口（BCI）是在人类大脑和外部设备之间建立的一种信息通信通道，使大脑与计算机或其他外部设备相连接，达到不借助身体肌肉和神经即可控制外部世界的目的。通过 BCI，可以读取大脑电信号，实现对大脑信息的读取、输出、复制和下载，也可以反向地输入、上传和修改，从而实现大脑的意识活动与外部设备的直接交互。相比只能提供视听的个人计算机、手机等传统介质，以及尚在探索中的 VR 和 AR 设备，BCI 带给元宇宙用户的体验将是革命性的。利用脑机接口，用户在元宇宙中可以通过意识进行操作，摆脱预设动作的枷锁，从而随心所欲地与虚拟世界进行交互[10]。

5. 内容生产层面

人工智能通过算法训练能够做到根据用户的行为与反馈实时生产信息内容，不仅大大提高了内容生产效率，还能通过大量优质信息的产生维护元宇宙的信息生态。通过人工智能，元宇宙能够生成不重复的海量内容，实现自发有机生长。同时，人工智能还可以有组织地呈现元宇宙的内容给用户，并对其中的海量内容进行审查，保证元宇宙的信息安全。

数字孪生则是以数字化方式创建物理实体的虚拟模型，并模拟其在现实中的行为，通过多种技术手段为其增加或扩展新能力，发挥连接现实空间和虚拟空间的桥梁和纽带作用[11]。

2.4 元宇宙的系统构成

元宇宙平台是一个多系统的集成，包括数字身份系统、数字交易系统、虚实融合系统等，这些系统共同支撑着元宇宙中多种多样的功能实现。

1. 数字身份系统

数字身份是一个复合概念，通常由多个元素组成，包括用户名、密码、邮箱、手机号码等[12]。在元宇宙中，数字身份系统还包括用户的虚拟形象、个人资料、社交关系、交易记录等。这些信息以去中心化的方式存储在区块链上，保证了用户数据的自主权和安全性。

数字身份系统通常与区块链技术紧密结合。区块链技术为数字身份提供了去中心化、安全可信的验证和授权管理机制。用户的数字身份信息被存储在区块链上，使得用户对自己的身份拥有完全的控制权，可以自主决定何时、何地、以何种方式展示自己的身份信息[13]。在元宇宙中，用户的数字身份需要进行验证和授权才能进行各种操作。这个过程通常由智能合约来实现。当用户需要验证自己的身份时，智能合约将检查用户提供的凭证是否与存储在区块链上的信息匹配。如果匹配成功，用户将被授权进行相应的操作。这种机制确保了只有经过验证的用户才能进行某些操作，从而提高了元宇宙的安全性和可信度。

数字身份系统还可以实现与现实世界的映射。用户可以使用现实生活中的身份证或其他证件来绑定自己的数字身份，以便在元宇宙中获取一些与现实世界相关的服务和应用。同时，元宇宙中的数字身份也可以映射到现实世界中，例如在虚拟世界中的社交关系、交易记录等可以与现实生活中的社交网络、信用记录等相互映射和交互。这种映射机制为用户提供了更多样化的体验和更便捷的服务。

在元宇宙中，用户可以使用数字身份登录游戏平台，无须再次注册账号和密码；用户可以在社交平台使用数字身份与其他用户互动；用户还可以使用数字身份在虚拟商店购物，并使用数字资产进行交易等。

2. 数字交易系统

数字交易系统是一个复杂而精密的系统，由多个组件和模块组成，包括交易平台、区块链技术、智能合约、数字资产存储等。这些组件相互协作，共同实现数字资产的交易和转移。数字交易系统的交易平台是用户进行数字资产交易的主要界面[14]。它提供了用户界面和交互方式，使用户能够方便地进行资产查询、交易下单、交易确认等操作。数字交易系统基于区块链技术实现去中心化和安全可信的交易。区块链技术提供了分布式账本和加密算法，确保了交易的不可篡改性和安全性。智能合约是数字交易系统的核心组成部分，是一段自动执行的计算机程序，当预设的条件被满足时，智能合约会自动执行合约条款。在数字交易系统中，智能合约用于处理交易和转移操作，确保交易的公正性和自动化执行。数字交易系统还提供数字资产存储功能，确保用户资产的安全性和可追溯性。数字资产存储通常采用分布式存储技术，将数据存储在多个节点上，防止数据被篡改或丢失。

数字交易系统的去中心化特性是其核心优势之一。传统的交易系统通常依赖于中心化的机构或平台，这种中心化结构容易导致信任问题和单点故障。而数字交易系统采用区块链技术和智能合约，实现了去中心化的交易方式。用户可以直接与其他用户进行交易，无须依赖任何中心化的机构或第三方信任机构。这种去中心化的数字交易系统提高了交易的自主权、安全性和可靠性[15]。

数字交易系统具有严格的安全机制，包括多层防御和多重加密等措施，确保了交易过程的安全性和可信度。同时，数字交易系统采用了高效的交易处理机制，可以快速处理大量的交易和转移操作。这种高效性得益于分布式账本技术和智能合约的自动化执行,减少了交易过程中的延迟和拥堵问题。此外,数字交易系统支持多种数字资产的交易和转移[16]。用户还可以根据自己的需求创建新的数字资产。这种多样性使得数字交易系统具有广泛的应用场景和巨大的发展空间。数字交易系统还具有高度可扩展性,可以随着应用场景的不断扩大和技术的发展进行扩展和升级。这种可扩展性使得数字交易系统能够适应不断变化的市场需求和技术进步。

在元宇宙中,用户可以使用数字交易系统在虚拟商店购物,并使用虚拟货币进行支付;在社交平台上,用户可以通过数字交易系统赠送虚拟礼物;用户还可以使用数字交易系统进行虚拟资产的买卖等。这些应用场景为用户提供了更加丰富和便捷的交易体验。此外,数字交易系统还可以与其他虚拟世界中的系统集成,形成一个更加完善和互联的元宇宙生态圈。

3. 虚实融合系统

元宇宙的虚实融合系统是指通过技术手段将虚拟世界与现实世界相互融合、相互交互的系统。它是元宇宙的重要组成部分,也是连接虚拟与现实的重要桥梁。

虚实融合系统主要采用虚拟现实技术、增强现实技术、物联网技术和人工智能技术等多种技术手段。其中,虚拟现实技术能够让用户身临其境地感受虚拟世界;增强现实技术可以将虚拟元素与现实世界相结合,使用户能够在现实世界中看到并感知虚拟元素的存在;物联网技术可以将各种设备和传感器等连接在一起,实现信息的共享和协同;人工智能技术则对大量数据进行处理和分析,提供更加智能化的服务[17]。

虚实融合系统的主要特性包括高度逼真的体验、虚实交互、信息共享与协同、智能化的服务等。它能为用户带来更加真实、沉浸式的体验,打破现实与虚拟的界限,使用户能够在现实世界中与虚拟元素互动,实现更加丰富的互动体验。同时,虚实融合系统还能提高城市管理的效率和质量,优化交通布局和调度方案,提高公共安全防范能力,提升商业运营的效率和质量等。

虚实融合系统的应用领域广泛,包括但不限于娱乐、智慧城市、智慧交通和教育等[18]。在娱乐领域,虚实融合系统让游戏玩家更加身临其境地体验游戏中的场景和角色,提高游戏的沉浸感和趣味性;在智慧城市领域,虚实融合系统通过实时监测和数据分析,提高城市管理的效率和质量;在智慧交通领域,虚实融合系统通过实时显示交通路况信息,方便用户选择最佳路线;在教育领域,虚实融合系统为学生提供更加生动、形象的教学体验,从而提高学生的兴趣和学习效果。

4. 内容创作系统

内容创作系统是元宇宙生态的重要组成部分，它由多个组件和模块组成，包括创作平台、虚拟工具、内容管理、发布与分发等。这些组件相互协作，共同实现数字内容的创建、管理和传播。内容创作系统的创作平台是用户进行内容创作的主要界面。它提供了用户界面和交互方式，使用户能够方便地进行内容创作、编辑和预览操作。创作平台基于先进的虚拟工具和技术，提供了丰富的创作功能，满足用户对内容创作的多样化需求。

虚拟工具是内容创作系统的重要组成部分，为用户提供了多样化的创作手段。3D 建模工具允许用户创建复杂的三维物体和场景，动画制作工具帮助用户制作生动的虚拟角色和动作，音频编辑工具则支持用户录制和编辑声音效果和音乐。这些虚拟工具通常具有强大的功能和高效的操作界面，能够满足专业创作者和普通用户的不同需求。通过使用虚拟工具，用户可以自由发挥创意，创建各种类型的虚拟内容，从虚拟物品和场景，到复杂的交互式体验和故事。

内容管理是内容创作系统的关键模块，它负责对创作的内容进行组织和存储。内容管理模块通常采用分布式存储技术，将数据存储在多个节点上，确保内容的安全性和可追溯性。用户可以通过内容管理模块对创作的内容进行分类、标签和检索，方便后续的查找和使用。内容管理模块还提供版本控制功能，记录内容的修改历史和版本变化，确保用户可以随时回溯和恢复到之前的版本。此外，内容管理模块还支持内容的共享和协作，用户可以将创作的内容分享给其他用户，共同进行编辑和完善。

发布与分发是内容创作系统的重要环节，它将创作的内容推向更广泛的受众。发布与分发模块负责将内容发布到不同的平台和渠道，如虚拟世界、社交媒体、虚拟商店等。通过发布与分发模块，用户可以将创作的内容展示给其他用户，获取反馈和认可。发布与分发模块通常支持多种格式和协议，确保内容能够在不同平台上无缝展示和使用。此外，发布与分发模块还提供数据分析功能，帮助用户了解内容的传播效果和用户反馈，优化创作和发布策略。

在元宇宙中，用户可以使用内容创作系统创建虚拟物品、场景和故事，丰富虚拟世界的内容和体验；用户可以在社交平台上使用内容创作系统创作和分享虚拟礼物、表情包和短视频，增强社交互动的趣味性和多样性；用户还可以使用内容创作系统进行虚拟商品的设计和制作，在虚拟商店中进行销售和展示。这些应用场景为用户提供了更加丰富和便捷的创作体验。同时，内容创作系统还可以与其他虚拟世界中的系统进行集成，形成一个更加完善和互联的元宇宙生态圈。

2.5 图书馆元宇宙的构成

为了让读者对元宇宙的基本构成有更深刻的认识，我们以图书馆这一文化机构为例，探讨其在元宇宙中的构成。图书馆是人类社会活动的产物，必然随着人类社会活动的变化而演变。在当前新的技术环境下，图书馆势必拥抱元宇宙的发展趋势。

元宇宙是一个数实融合的空间，诞生了区别于单一现实空间与数字空间的"人—技术"交融的文化，元宇宙中的生产内容将完全以数字产品的形式呈现，如图 2.3 所示。元宇宙的出现将推动数字图书馆实现向智慧图书馆的跨越。随着未来图书馆与元宇宙的结合，图书馆将在现实空间和数字空间的融合、人与技术交融的文化、数实融合的场景、跨时代的数字产品，以及自然人、数字人、机器人用户协同行为等方面迎来机遇与挑战。

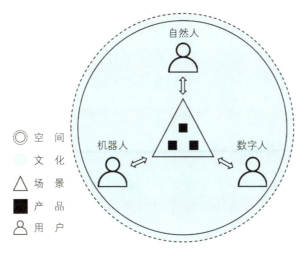

图 2.3 图书馆元宇宙的构成

2.5.1 图书馆元宇宙空间

在信息技术的发展下，空间与时间密不可分，是物质客观存在的一种形式。物理空间、社会空间和信息空间相互交织，共同构成现实空间[19]。其中，物理空间由客观存在的自然力和物理规律构成，社会空间则是人类社会活动与智慧的综合体。除此之外，通过扩展现实、仿真模拟、数字孪生、区块链、脑机接口等数字技术，还创建了虚拟空间。

元宇宙是现实空间与虚拟空间相融共生的产物。其构建过程包含孪生阶段、相生阶段、融生阶段。在孪生阶段，现实空间与虚拟空间处于平行状态。在相生阶段，现实空间与虚拟空间相交。而在融生阶段，虚拟空间的范围大于现实空间，并在现实空间的基础上实现可持续性的自我运行。在这一过程中，虚拟空间代表数字世界，现实空间代表真实世界，二者的融合形成了元宇宙最为显著的特征，即数字融合。

从"共享空间""学习空间""创客空间"到如今备受热议的"智慧空间"，空间概念一直备受图书馆界的关注。智慧空间是通过数字技术，将传统图书馆的实体空间与元宇宙的虚拟空间进行融合，构建了人与技术交融的智慧化数实融合空间。元宇宙的技术发展为构建图书馆智慧空间提供了巨大可能性。第一，未来 6G 网络将实现数据在数实空间之间的流动，物联网技术将连接数实空间中的各个元素；第二，云计算为智慧空间提供了算力支持，数据挖掘将实现信息价值的转化；第三，非同质化代币将成为智慧空间连接数实空间中资产的桥梁；第四，扩展现实和脑机接口技术将提升智慧空间的沉浸式体验；第五，通过专业生产、用户生产和人工智能生产，智慧空间的资源将不断得到创造[20]。然而，在智慧空间的构建过程中有三个主要问题值得注意。首先是数据风险，因为元宇宙下图书馆智慧空间汇聚了海量敏感数据，必须进行有效管理以确保数据安全；其次是产权风险，用户生成内容在数实空间中的应用与改编极易引发产权纠纷，需要明晰的确权规则；最后是治理风险，元宇宙下图书馆智慧空间的"去中心化"特性使得现有的中心化治理体系不再适用，需要建立新的治理体系。

2.5.2　图书馆元宇宙文化

文化是人类在长期的社会活动过程中形成的社会现象。广义上，文化是人类在社会历史发展过程中创造的物质财富和精神财富的总和；狭义上，文化是精神生产能力和精神产品，如自然科学、技术科学、社会意识形态等。此外，文化并不是一成不变的，任何时代的技术发展都会产生特定的"文化构成"，每一种社会文化现象都有其依托的"技术基础"[21]。

元宇宙是大数据、互联网、人工智能、区块链、云计算等新兴信息技术发展的产物，其所形成的数实融合空间必然携带独有的文化特质，并对现有社会文化产生影响。第一，元宇宙带来了一种前所未有的生活方式，人类在元宇宙中的工作、学习和娱乐等活动将诞生新的数字文明；第二，在元宇宙中，人类在现实空间中的社会标签将不复存在，取而代之的是更为平等的社会关系；第三，元宇宙将大大降低创作门槛，极大地促进社会文化创作活动的繁荣。

图书馆作为人类社会活动的产物，其文化具有"社会历史性"。其中，技术的发展与应用已成为图书馆文化变迁的重要驱动力。图书馆的文化特质主要包括"书 - 人 - 馆"文化和"数字 - 人 - 资源"文化，前者是基于图书馆实体空间的现实文化，后者则是基于图书馆数字空间的虚拟文化[22]。借助元宇宙，图书馆实体空间与图书馆数字空间将实现融合，从而彻底改变。这一改变并不是实体空间文化与数字空间文化的简单相加，而是对两者的兼收并蓄与批判继承。从物质文化来看，元宇宙下的图书馆将成为实体空间物质文化与数字空间物质文化的符号与载体，并肩负起保存一切人类文化遗产的使命。然而，如何真正体现实体空间物质文化与数字空间物质文化的有机融合还有待讨论。从制度文化来看，元宇宙下的图书馆文化建设需要制度保障。未来，应构建元宇宙下图书馆建设的制度体系，推进元宇宙下图书馆文化的制度化。从精神文化来看，元宇宙下的图书馆必须依附于各种数字技术，人与技术之间的关系将变得尤为紧密。因此，如何避免人被技术裹挟，充分体现人文精神，将是元宇宙下图书馆文化建设的核心问题。

2.5.3　图书馆元宇宙场景

场景原指戏剧、影视等作品中的场面，或泛指特定情景。本质上，场景是人与周围景物关系的总和[23]。2014 年，美国罗伯特·斯考伯和谢尔·伊斯雷尔在《即将到来的场景时代》[24]一书中首次提出"场景"概念。他们预言未来 25 年互联网将迈入场景时代，大数据、移动设备、社交媒体、传感器和定位系统是场景时代的五大要素。

元宇宙作为数字技术的集大成者，或将正式宣告场景时代的真正到来。元宇宙这一数实融合空间内部的场景同样将实现数实融合，并颠覆以往人们对现有场景的认知。第一，在元宇宙下，场景更多涉及人与非人行动者间的行为模式与互动途径，数字虚拟人将帮助用户完成一系列服务和反馈；第二，元宇宙中的场景不同于单一化、同质化的现实场景，将随用户需求变得多样化、个性化；第三，开放、自由、沉浸的元宇宙数实融合场景将实现所有资源的整合与调配，使用户能够轻松获得所需服务[25]。

元宇宙下图书馆数实融合空间中的场景将对现有图书馆场景进行重塑，并极大提高服务效率。第一，利用扩展现实、脑机接口、云计算、边缘计算等技术，使用户能够置身于可视化的图书馆资源之中，获取所需资源；第二，利用数字孪生技术，使馆员在图书馆虚拟场景中对用户进行帮助，实现馆员"随叫随到"；第三，利用数字孪生技术创建图书馆实体空间场景的虚拟映射，并融入各类实用工具，使用户能够在虚拟场景中进行沉浸式学习、创作与研究；第四，用户在图书馆虚拟场景中能够实时发布学习、创作与研究过程中的心得、观点或作品；第五，元宇宙下的图书馆场景将不再受到实体空间的限制，用户之间可以随意互动；第六，元宇宙下的图书馆场景将依据用户需要进行任意变换，并通过分析用户行为数据推送个性化服务等[26]。

2.5.4　图书馆元宇宙产品

产品是指在市场上流通并能够满足人们需求的东西，既可以是有形的物品，也可以是无形的服务，甚至是二者的组合。社会数字化转型使得数字产品应运而生。狭义的数字产品指软件、电子图书、数字影像等知识产品；广义的数字产品泛指一切能够数字化的知识产品[27]。

元宇宙作为多项数字技术的综合集成应用，其数实融合场景里的经济活动包括数字产品的创造、交换和消费等。元宇宙中的数字产品有别于现实空间里的产品。第一，数字产品以海量数字化的知识和信息为主要生产要素，其边际成本几乎可以忽略不计；第二，元宇宙中的每个人都能成为数字产品的生产者；第三，数字产品在流通上没有中间环节，生产能够直接连接消费；第四，数字产品从生产到使用过程中所产生的任何数据都将被记录。

在图书馆实体空间里，产品主要指基于馆藏提供的各种文献信息资源。在图书馆数字空间里，产品则是指数字化的信息资源。图书馆是人类社会的知识中心，其产品本质上属于知识产品。在元宇宙，图书馆产品将在多个方面展现出独特的特点。在生产方面，生产原料既包括图书馆实体空间的产品，也包括图书馆数字空间的产品。生产工具则是元宇宙涵盖的各类数字技术。在呈现方式上，元宇宙下的图书馆产品将不再仅限于纸质文献中的文字与图片，或视频与音频等。借助元宇宙技术，这些产品中的知识内涵将被充分提取与表达，并以更生动、鲜活、立体的方式呈现，让使用者获得身临其境的体验，真正体悟图书馆产品中的知识内核。同时，元宇宙下的图书馆产品将能够敏锐地捕捉用户的需求，以更为自主的方式出现在使用者身边不再像实体空间产品那样"束之高阁"，也不再像数字空间产品那样"置若罔闻"。在使用方面，使用者可以通过元宇宙技术随时进入图书馆产品的"仓库"，通过"动作""语言"，甚至是"想法"即时获取和利用图书馆产品。然而，元宇宙下图书馆产品的生产也面临一些重要问题，生产的优先级该如何确定？产品是否会缺乏特色而出现同质化现象？参与产品打造的主体是哪些？如何对产品进行质量评估？这些问题都需要进一步思考与探究。

2.5.5　图书馆元宇宙用户

用户是自然人的某一类需求的集合，也可以说是有一类需求的自然人，并随着场景的变化而变化[28]。用户这一概念常常出现在商业领域。如今，在创新领域以及信息通信技术领域也越来越多地被提及。在这些领域中，用户主要指某一服务、产品或技术的使用者。

　　在元宇宙这一数实融合空间中，用户将实现自然人、数字人和机器人的融合，并展现出独有的特征。第一，在元宇宙中，用户可以获得高度的数字身份认同；第二，在元宇宙庞大的内容生态中，用户期望能够满足个性化的信息需求；第三，在元宇宙这一开放的创作平台中，用户的表达欲望将被充分释放；第四，用户创造的数字资产在元宇宙中能够脱离平台的束缚自由流通；第五，扩展现实与脑机接口等技术带来的全感官体验成为对用户的根本吸引力[29]。

　　不管图书馆未来形态如何变化，"服务用户"始终是图书馆的首要任务。在元宇宙，用户将穿梭于独特的图书馆场景，感受别样的图书馆产品。因此，元宇宙下的图书馆用户体验将会有极大改变。如何更好地服务用户是图书馆应用元宇宙技术过程中应当考虑的核心问题。基于此，图书馆界应重点关注以下几个方面。第一，社会群体之间以及群体内部的需求存在巨大差异，需要精准把握不同用户的需求；第二，对元宇宙下的图书馆用户心理进行动态监测有助于理解用户信息行为；第三，用户将与图书馆及其他用户互动、分享，并共同参与元宇宙下图书馆的建设，因此，用户的社交关系和信息行为值得深入研究；第四，元宇宙下的图书馆用户将在互动与参与中创造自身的价值，需要充分发挥用户价值的效用；第五，元宇宙下图书馆的最大魅力在于数实融合的沉浸式体验，用户体验设计应该成为研究的重要主题。

本章小结

　　元宇宙的基本构成包括理念、空间、技术以及系统四大层面，理念构成包括三维、三体、三元、三基以及四化。空间由纯数字化空间、数字孪生空间、虚实互构空间、虚实协同空间组成。技术方面包含网络连接、数据处理、确权认证、虚实交互以及内容生产五大方面。系统方面包括数字身份、数字交易以及虚实融合。本章深入探讨了元宇宙的基本构成，揭示了元宇宙作为一种新兴的数实融合空间的复杂性和多元性，并以图书馆元宇宙为例，探讨了其具体内容构成。下一章，我们将从产业视角分析元宇宙的舆情态势与发展趋势。

参考文献

［ 1 ］尤可可，沈阳，陶炜 . 价值链理论视域中的虚拟人价值体系研究 [J]. 武汉大学学报 (哲学社会科学版), 2023, 76(3):111-121.

［ 2 ］王红卫，李珏，刘建国，等 . 人机融合复杂社会系统研究 [J]. 中国管理科学 , 2023, 31(7):1-21.

［ 3 ］陈莉，杨雨欣 . 元宇宙智慧图书馆内涵、技术与实现路径 [J]. 图书情报工作 , 2023, 67(12):29-38.

［ 4 ］方巍，伏宇翔 . 元宇宙：概念、技术及应用研究综述 [J]. 南京信息工程大学学报 , 2024, 16(01):30-45.

［ 5 ］陆文星，李光智 . 云计算下基于优先级和带宽约束的任务调度策略 [J]. 中国管理科学 , 2016, 24(S1):68-73.

［ 6 ］王晓飞 . 智慧边缘计算：万物互联到万物赋能的桥梁 [J]. 人民论坛·学术前沿 , 2020(09):6-17, 77.

［ 7 ］胡秀群，邵玉枫 . 基于区块链技术的知识产权证券化风险管理分析 [J]. 科技管理研究 , 2023, 43(23):204-212.

［ 8 ］李想，施勇勤 . 非同质化代币技术与版权生态系统有机衔接研究 [J]. 出版发行研究 , 2022(6):65-70.

［ 9 ］吴若航，储节旺 . 元宇宙视域下的阅读服务模式构建研究 [J]. 图书与情报 , 2023(1):129-137.

［10］张学义，潘平平，庄桂山 . 脑机融合技术的哲学审思 [J]. 科学技术哲学研究 , 2020, 37(6):76-82.

［11］姚伟，周鹏，于会伶，等 . 从数字孪生到知识孪生：赋能虚拟社区成员感知收益促进知识转化 [J]. 情报理论与 实践 , 2022, 45(9):67-74, 82.

［12］李伦，孙玉莹 . 话语·权力·呈现：数字身份的生成逻辑 [J]. 湖南师范大学社会科学学报 , 2023, 52(6):32-38.

［13］党生翠 . 数字身份管理：内涵、意义与未来走向 [J]. 中国行政管理 , 2023(1):60-64.

［14］王宇琼，龚维进 . 另类交易系统交易制度的研究与启示：基于信息效率的视角 [J]. 湖南大学学报 (社会科学版), 2020, 34(1):67-74.

［15］严振亚 . 基于区块链技术的共享经济新模式 [J]. 社会科学研究 , 2020(1):94-101.

［16］武长海 . 论互联网背景下金融风险的衍变、特征与金融危机 [J]. 中国政法大学学报 , 2017(6):55-74, 159.

［17］向玉琼，谢新水 . 数字孪生城市治理：变革、困境与对策 [J]. 电子政务 , 2021(10):69-80.

［18］夏德元 . 虚实融合社会的内容生成逻辑与人类自身再生产 [J]. 南京社会科学 , 2023(7):94-104.

［19］李纲，刘学太，巴志超 . 三元世界理论再认知及其与国家安全情报空间 [J]. 图书与情报 , 2022(1):14-23.

［20］吴江，陈浩东，贺超城 . 元宇宙：智慧图书馆的数实融合空间 [J]. 中国图书馆学报 , 2022, 48(6):16-26.

［21］R Debray.Qu'est-ce que la médiologie?[M].Paris:Editions Gallimard, 1999.

［22］柯平 . 智慧图书馆是一种新文化吗？：智慧图书馆热中的冷思考 [J]. 图书馆理论与实践 , 2022(5):1-8.

［23］郜书锴 . 场景理论：开启移动传播的新思维 [J]. 新闻界 , 2015(17):44-48, 58.

［24］斯考伯，伊斯雷尔 . 即将到来的场景时代 [M]. 赵乾坤，周宝曜，译 . 北京联合出版公司 , 2014.

［25］喻国明，陈雪娇 . 元宇宙：未来媒体的集成模式 [J]. 编辑之友 , 2022(2):5-12.

［26］郭亚军，李帅，张鑫迪，等 . 元宇宙赋能虚拟图书馆：理念、技术、场景与发展策略 [J]. 图书馆建设 , 2022(6): 1-15.

［27］马旭东 . 网络外部性、技术外溢与数字产品创新保护研究 [J]. 软科学 , 2013, 27(9):73-78.

［28］俞军 . 俞军产品方法论 [M]. 北京：中信出版社 , 2019.

［29］吴江，曹喆，陈佩，等 . 元宇宙视域下的用户信息行为：框架与展望 [J]. 信息资源管理学报 , 2022, 12(1):4-20.

第3章
元宇宙的数字产业

云销雨霁，彩彻区明。
落霞与孤鹜齐飞，秋水共长天一色。

——王　勃

元宇宙数字产业包括基于元宇宙技术的数字产业，以及虚拟现实、增强现实、人工智能和区块链等技术产业。通过集成融合数字技术，元宇宙创造、传播文化产品和创意内容，助力工业、商业和农业生产，元宇宙数字产业的发展也将进一步推动数字技术的进步，为人们提供全新的文化体验、商业机会与生产工具。本章从探讨元宇宙数字产业中有关人工智能生成内容（artificial intelligence generated content，AIGC）方面的舆情态势出发，继而阐释元宇宙数字产业的体系构成，并在此基础上探究元宇宙数字产业在理想与现实上的差距，深入分析元宇宙数字产业的发展趋势，以期为促进元宇宙数字产业的蓬勃发展提供参考。

3.1 元宇宙数字产业舆情分析

元宇宙数字产业是一个充满机遇和挑战的领域，涵盖了广泛的数字技术和应用场景，对全球数字经济的发展具有重要意义。然而，社会大众对其的评价褒贬不一。为此，基于引爆点理论，我们剖析了元宇宙数字产业中非常重要的人工智能生成内容（AIGC）方面的舆情特征及其演化模式，从而把握大众关注焦点，帮助合理制定其发展策略，以期推动人机和谐。

3.1.1 AIGC产业浪潮

随着技术的不断迭代，人工智能正在经历从人类创造性活动的辅助性工具向一个独立的创造性实体的角色转变。人工智能生成内容（AIGC），是指继专业生产内容（professional generated content，PGC）和用户生产内容（user generated content，UGC）之后，利用人工智能技术自主生成数字内容的新型内容生产方式。随着元宇宙和 Web3.0 的走热，下一代网络空间的繁荣也对数字内容生产的规模、形式和交互性提出了更高的要求[1]。AIGC 正是依托人工智能技术的自生性和涌现性特征，可以突破人脑在内容产能上的束缚，实现以十分之一的成本和百倍千倍的生产速度，创造出具有独创性和价值性的内容，有效填补数字世界内容供给缺口[2]。尤其自 2022 年以来，AIGC 入选 Science 十大重大科学突破事件，在实现全球科技创新转变和产业创新发展上取得了不凡成绩。人工智能内容生产的重心已然从文本转向图像，甚至是多模态的复杂场景创作[3]，更在世界范围内悄然引导着一场深刻的变革，以新技术、新理念全面融入文化[4]、娱乐[5]、销售[6]等各个产业，使得这一概念再次进入大众视野[7]。

早在 20 世纪 60 年代，已经有学者尝试利用人工智能完成编曲、写作等内容创作，但受限于当时的科技水平，AIGC 仅限于小范围实验，其创作成果在完整性、可读性方面也不尽如人意[8]。但人工智能始终是全球竞相争夺的科技制高点，大数据时代更好的模型、更多的数据和更高的算力为 AIGC 技术能力的迭代升级和实际场景的扩展应用提供了强力的支撑和全新的可能性。在科技创新上，一系列扩散模型（diffusion model）[9]，包括 GLIDE[10]、DALLE2[11]、Imagen[12] 等的发布带来了人工智能场景感知能力的显著提升，使得人工智能内容步入 "Text-to-Image"（文本生成图像）的新阶段[13]。而在产业应用上，AI 绘图工具 Midjourney 创作的艺术作品《太空歌剧院》获得美国科罗纳州博览会艺术创作比赛一等奖，拉开了 AIGC 全球热潮的序幕。与此同时，AI 数字虚拟人也逐渐拓展到虚拟主播、虚拟歌手、虚拟偶像、虚拟员工等诸多领域，"数字小编"更成为全国两会、冬奥会、冬残奥会等重大活动的创新表达，为其报道传播深度赋能[14]。

AIGC 将在未来十年颠覆现有内容生产模式，在元宇宙环境中将与 UGC、PGC 等一起支撑社会和技术的融合发展。Gartner 同样将 AIGC 列为 2022 年五大影响力技术之一，预测到 2025 年生成式 AI 创造的数据可占到所有已生产数据的10%，当下该比例不足 1%。AIGC 俨然已经成为人工智能领域的新兴技术趋势，受到全社会各界的持续高度关注，并逐渐渗透到社会生活的方方面面，为经济产业带来新的增长曲线和发展空间。然而，目前对于 AIGC 的研究主要关注人工智能技术模型的演进[15, 16]，以及从概念内涵、应用场景[17, 18]、政策治理[19, 20]、人机关系[21, 22] 等定性视角展开讨论，缺乏从定量视角利用大规模网络舆情数据解读 AIGC 社会关注度特征及演化规律，探讨 AIGC 浪潮背后的促进因素。故有必要构建 AIGC 网络舆情传播分析模型，通过观察 AIGC 引起的网络舆情态势及其变迁，更加精确地揭示 AIGC 走红背后的内容、用户、情感特征，从而引导 AIGC 理性讨论与健康发展。

3.1.2　AIGC舆情分析模型

互联网的高速发展进一步提升了舆情传播对经济社会发展的影响能力，舆情如何导致经济、社会或政治后果，已经成为交叉学科领域的重要研究问题[23]。微博等新网络媒体平台实际上已经成为观察社会微观层次个人决策如何发展成为宏观层次社会现象的重要途径[24]。尤其是微博，作为国内社会关注的焦点平台，汇聚了政府、企业、机构、媒体和个人用户，具有更强的开放性和实时性，影响面更广。使用者的异质性更强，能够在一定程度上反映社会心态。目前，已有学者验证了微博舆情与社会投资、股市行情等的关联性[25, 26]。AIGC 微博网络舆情的传播特征在很大程度上反映了各领域用户对这一新理念的社会认同度，同时透露出其产业现状与发展潜力。因此，可以从定量视角利用大规模网络舆情数据解读 AIGC 的社会关注度特征，掌握这一社会流行潮的发展脉络，为 AIGC 未来产业发展提供建议。

引爆点理论常被用于探究社会上各种潮流的出现，该理论认为，人们的思想、观点、行为以及产品的流行具有与传染病暴发相同的特点，能够在短期内迅速传播并受到大众追捧[27]。同时，该理论指出，所有社会流行潮的引爆均遵循三大黄金法则，即附着力因素法则、个别人物法则和环境威力法则，分别关注流行事物本身的特性、信息传播活动中的关键人物以及流行事物所处社会环境，从而能够对应传播内容、传播者和传播环境三大要素，对各类社会风潮引爆的内在机制和传播现状进行分析[28]。面对势不可挡的 AIGC 浪潮，我们融合引爆点理论，基于附着力因素、个别人物、环境威力三大法则，构建 AIGC 网络舆情传播分析模型。通过分析舆情传播的内容主题演进、多角色用户传播网络特征及情感环境变化，定量刻画 AIGC 引爆的本身特性、关键人物以及社会环境，揭示 AIGC 引起的网络舆情态势及其变迁，探讨 AIGC 现象级走红背后的导火索。这样不仅为流行事物的舆情传播研究开拓了新的理论视角，还使 AIGC 相关学术研究当前的定性讨论，为合理看待 AIGC 产业现状与发展潜力，合理制定相关发展决策，引导大众理性讨论相关话题，创建人机和谐未来提供借鉴。

基于引爆点理论，把握附着力因素法则的核心在于对传播内容的把控和包装。具有前瞻性、多样性和争议性的博文主题内容能够体现信息本身的附着力，从而更能吸引大众参与讨论，保证其传播效果[29]。个别人物法则则强调信息传播过程中不可或缺的传播主体，认为被社会广泛认同的个体所发表的言论更容易被公众所接受，并引起更多群体的自发推广和营销，提高传播效果。因此，各类微博用户在传播网络中的中心性地位将决定其影响范围的广度和深度[30]。

本章从内容、用户、情感三个维度对 AIGC 流行潮的传播特征进行全面刻画，进行基于内容维度的主题演化分析、基于用户维度的舆情传播网络分析和基于情感维度的情感演化分析，进而揭示 AIGC 网络舆情热潮的传播规律与演化趋势。分析模型如图 3.1 所示。

1. 基于内容维度的主题演化分析

BERT 模型是谷歌公司在 2018 年提出的一种基于深度学习的语言表示模型[31]，该模型凭借 Transformer 优越的特征提取能力和 Fine-tunning 强大的迁移学习能力，获取了更为丰富的语义特征，在众多自然语言处理（natural language processing，NLP）任务中表现出色，包括主题抽取、文本分类和语义研究等[32]。如图 3.2 所示，我们利用这一模型对 AIGC 相关的原创微博文本进行动态主题建模。首先，对预处理后的微博文本数据集按月进行时序切片处理。然后，利用 Python

程序读取全部微博文本分词，构建需要的语料库与词典。在此基础上，采用自编码器将拼接向量映射到低维潜在空间，获得每个微博文本对应的32维向量表示。接着利用K-means进行主题聚类，获取AIGC原创博文的主题–主题词分布。最后，基于主题模型生成不同时期的AIGC主题词共现图谱，进行可视化展现和分析，以揭示在不同阶段AIGC相关主题的演进过程及公众关注焦点的变化过程，总结AIGC舆情发展变化规律。

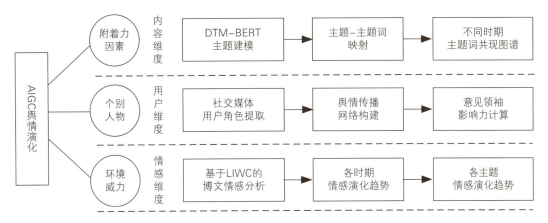

图3.1　基于引爆点理论的AIGC网络舆情传播分析模型

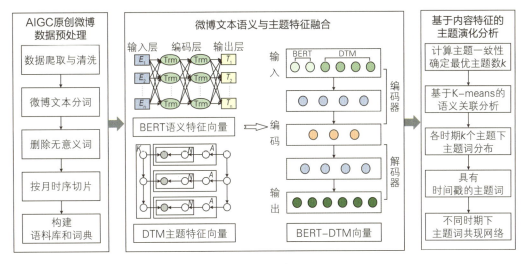

图3.2　基于内容维度的AIGC微博舆情主题演化分析

2. 基于用户维度的舆情传播网络分析

我们运用社会网络分析方法，以用户为节点、以用户间的转发关系为边、以用户间转发微博的数量为边权重，构建AIGC微博舆情传播网络。根据微博用户的认证类型和粉丝数，提取8类用户角色（普通用户、知名博主、企业公司、电视媒体、内容机构、政府单位、明星艺人、校园组织），并通过节点颜色加以区分。

接下来，从整体网络结构测量和个体角色位置识别两个角度分析 AIGC 微博舆情传播网络特征，通过这种分析，识别出 AIGC 舆论风潮传播中的关键意见领袖及其用户角色，量化其传播影响力[33]。

3. 基于情感维度的情感演化分析

LIWC 文本分析工具依靠一组内置的心理学词典和文本处理模块，能够对输入文本的情感、认知和结构成分进行自动评估[34]。该工具广泛应用于文本情感分析[35]，并在对政治话语[36]、口译文本[37]、推特评论[38]等的情感水平测量中表现出良好效果，证明了其有效性和稳健性。

本章引入 LIWC 文本分析工具对 AIGC 微博文本特征进行提取，以积极情感词频和消极情感词频分别作为句子的积极和消极情感得分，若积极情感得分高于消极情感得分，则判定该句为积极情感倾向，反之则为消极情感倾向，若二者相等，则表现出中性情感。同时计算某段时期内所有博文的积极和消极情感得分均值，作为该段时期下 AIGC 微博舆情的积极和消极情感得分。通过这些分析，寻求公众情感随时序变化的演变特征和原因，并关注舆情主题与情感演变之间的联系[39]。此方法有助于预测和引领 AIGC 舆情演化中公众情感的趋势，提供针对性策略，引导用户理性看待 AIGC 热潮，促进 AIGC 积极情感的扩散。

3.1.3　AIGC舆情模型实证检验

基于前述的引爆点理论"三黄金法则"构建 AIGC 网络舆情传播分析模型，从而对人工智能新风潮背后的促进因素进行探析。从附着力因素法则出发，基于内容特征分析 AIGC 微博舆情主题演化，结合主题词共现图谱揭示 AIGC 舆情发展变化规律；从个别人物法则出发，基于用户特征分析 AIGC 舆情传播网络的结构特征和节点属性，识别舆论风潮传播中关键用户的角色位置，量化其传播影响力；从环境威力法则出发，基于情感特征分析 AIGC 网络舆情信息环境[40]，通过 LIWC 对微博文本的情感倾向与得分进行计算，并结合时序和主题探究其情感演化特征。

1. 数据获取

本章首先通过国内外前沿报告和文献检索，获取描述 AIGC 概念内涵和主要应用领域的相关词汇[41]，并通过德菲尔法专家咨询[42]，最终归纳选取了 9 个检索关键词，即 AIGC、AI 生成、人工智能生成、AI 创作、人工智能创作、AI 虚拟人、AI 绘画、AI 写作。基于这些关键词，从新浪微博抓取了 2021 年 11 月 1 日—2022 年 11 月 20 日近一年的微博数据，并对获取的博文进行去重、清洗，最终得到有效微博文本数据共 61446 条，其中原创微博共 38069 条。

如图 3.3 所示，微博平台上有关 AIGC 相关话题的讨论在 2021 年 11 月—2022 年 5 月期间处于稳定且低迷的状态，大多受元宇宙相关话题的带动，缺乏领域内的热点话题，用户转发和扩散不足。直至 2022 下半年，随着 Stable Diffusion 的开源应用，文本生成图像的 AIGC 应用逐渐为大众所熟知，AIGC 相关原创微博数和转发微博数都开始成倍增长[43]。特别是在 2022 年 8 月，AIGC 绘画作品《太空歌剧院》获得美国艺术创作比赛一等奖，掀起了全网对 AI 绘画的讨论热潮。此后，AIGC 的"含科量"和"资本含量"得到认可，国内外相继发布 AIGC 研究报告，百度、Google 等科技巨头加速布局，AIGC 独角兽企业受到资本青睐[44]。这些因素使得 AIGC 在 2022 年 10 月达到前所未有的公众关注度，虽然在 2022 年 11 月转发微博数有所回落，但原创微博数依然保持在较高水平，显示出社会大众对这一新兴领域的极大热情。

图 3.3 2021 年 11 月—2022 年 11 月 AIGC 相关微博数

2. 内容维度分析：基于 BERT-DTM 的 AIGC 微博主题演化分析

我们首先采用主题一致性（coherence value，CV）指标来衡量同一主题内的特征词语义是否连贯，从而确定最优的 AIGC 微博主题数量[45]。因此，设置 k 值等于 2 ~ 20，计算不同主题数下的 CV 值。结果表明，当主题数为 6 个时，BERT-DTM 模型的困惑度值最高，大于 6 时则波动下降。因此，设定主题数为 6。根据设定主题数得到 BERT-DTM 模型的聚类结果在 UMAP 算法后的二维投影如图 3.4 所示。可以看出同一主题内的凝聚性和一致性较好，6 个不同主题之间的边界清晰、间距适当，验证了 BERT-DTM 模型在 AIGC 微博文本主题聚类中具有优良性能。

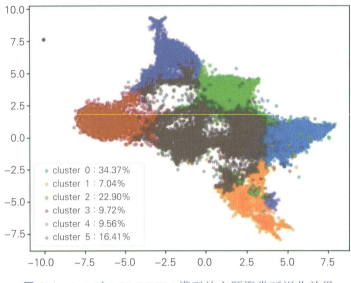

图 3.4 k=6 时 BERT-DTM 模型的主题聚类可视化效果

在利用 BERT-DTM 模型进行 AIGC 原创微博主题聚类识别的基础上，通过计算各时期内每个主题下微博文本中各个主题词的词频，并进行降序排列，得到 top15 的高频主题词分布，见表 3.1。最终总结得到 6 个主题（topic1：技术进展，topic2：活动营销，topic3：数字艺术，topic4：市场投资，topic5：虚拟主播，topic6：前景展望）。

表 3.1 各个子时期内主题 – 主题词映射（部分）

主 题	主题词（time=1）	主题词（time=10）
topic1 技术进展	AI、生成、视频、字体、绘画、语音、智能、手写板、微博、电脑、人工智能、创作、功能、喜欢、网页	AI、绘画、生成、视频、人工智能、MIDJOURNEY、图片、柳智敏、STABLEDIFFUSION、创作、微博、真的、感觉、关键词、艺术
topic2 活动营销	AI、视频、工作、作品、链接、人工智能、网页、活动、设计、公司、文化、实验室、微博、上海、有限公司	龚俊、AI、VOGUEFILM、王凯、视频、SIMON、品牌、虚拟、角色、GJ、工作、解锁、微博、周大福、KCAKE
topic3 数字艺术	AI、人类、人工智能、自动、世界、创作、宇宙、生活、艺术、作品、现在、技术、真的、方式、这种	AI、绘画、人类、创作、作品、未来、人工智能、世界、时代、现在、真的、觉得、生成、艺术、需要
topic4 市场投资	宇宙、技术、公司、AI、数字、虚拟、游戏、发展、世界、平台、内容、科技、VR、现实、产品	宇宙、数字、技术、AI、公司、科技、企业、应用、发展、场景、智能、人工智能、机器人、创新、产业
topic5 虚拟主播	AI、虚拟、手语、数字、主播、视频、技术、虚拟人、宇宙、央视、新闻、智能、偶像、夜熙、形象	AI、虚拟、虚拟人、原告、陪伴、伴侣、用户、未来、现实、视频、被告、软件、恋爱、功能、幸福
topic6 前景展望	AI、人工智能、学习、技术、数据、生成、智能、模型、宇宙、视频、进行、研究、数字、算法、科技	AI、智能、技术、人工智能、生成、学习、视频、数据、论文、进行、实现、研究、设计、平台、系统

根据文档 – 主题映射得到每条博文所属主题，并计算了各主题下 AIGC 原创微博文本的数量分布，如图 3.5 所示。2021 年 11 月—2022 年 11 月各主题下微

博数量演化趋势如图 3.6 所示。此外，利用 Gephi 绘制了不同阶段的微博主题词共现网络，如图 3.7 所示。

整体而言，topic1（技术进展）、topic3（数字艺术）和 topic6（前景展望）的总体热度明显高于其他主题，而 topic4（市场投资）和 topic5（虚拟主播）的

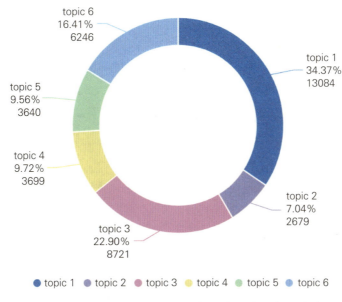

图 3.5 各个主题下 AIGC 原创微博文本的数量分布

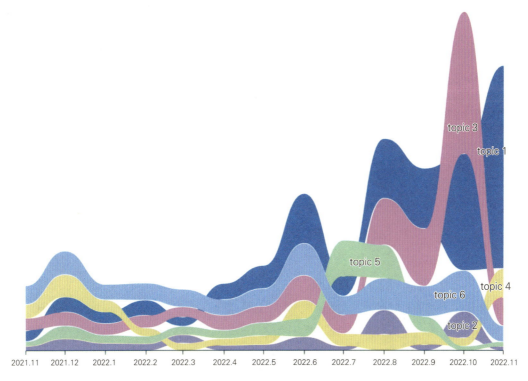

图 3.6 AIGC 各主题下微博数量演化图

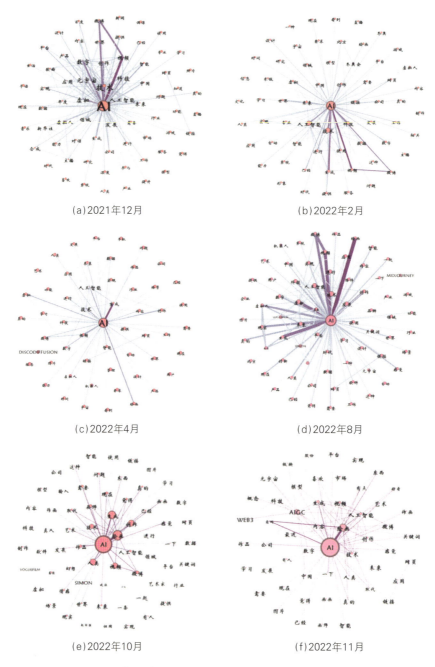

(a) 2021年12月   (b) 2022年2月

(c) 2022年4月   (d) 2022年8月

(e) 2022年10月   (f) 2022年11月

图 3.7   各时期 AIGC 微博主题词共现网络（部分）

热度一般，topic2（活动营销）则明显热度较低。近年来，深度学习算法在大模型和多模态两个方向上不断突破，尤其是 GPT-3、ChatGPT[46] 等开创性技术模型的出现和开源极大提升了行业整体人工智能算法的学习能力，成为 AIGC 发展的"加速度"。目前，AIGC 仍处于初级阶段，在版权认定、信息安全和用户信任等方面存在诸多风险，这也是市场投资话题关注度相对较低，仍处于观望状态的原因之一[47]。

　　具体而言，进一步分析 6 个主题随时间（月份）变化的演化情况。2021 年 11 月—2022 年 3 月，各话题热度均稳定居低，topic4（市场投资）甚至出现下降趋势，而 topic6（前景展望）在此期间处于主导地位。2021 年以来，元宇宙热潮下各行业领域积极探索 Web3.0 时代的全新生产力工具，带动了以 AI 技术为依托的虚拟内容生成的陆续涌现，但由于缺乏突破式创新，AIGC 相关话题热度并不高，市场投资热情也有所下降[48]。如图 3.7（a）所示，2021 年 12 月，"元宇宙""应用""发展""未来"等前景展望相关主题词依旧高频存在，同时存在由"虚拟人""新华社""主播""视频"等组成的关于 AI 虚拟主播的小集群。此时，央视新闻的首个"AI 手语主播"在冬奥会公开亮相，成为大众认识并了解 AIGC 价值的契机[49]。而如图 3.7（b）所示，2022 年 2 月，随着 AI 图像生成技术模型 Disco Diffusion 的面世，"平台""技术""关键词""艺术""创作"等技术模型和数字艺术相关主题词热度开始攀升，初步预告了 2022 年下半年 AIGC 热潮的全面引爆。

　　2022 年 4 月—2022 年 11 月，AIGC 相关主题热度的走势可以分为攀升型、回落型和稳定型三种类型。

　　对于攀升型，topic1（技术进展）和 topic3（数字艺术）热度增长明显。2022 年 4 月以来，随着 Disco Diffusion 热度的持续、AI 绘画工具 DALL-E 2 的开放测试、Midjourney 的上线使用，以及 Imagen、Parti、Stable Diffusion、NovelAI 等的陆续出现，各类 AIGC 技术模型和应用工具迎来了爆发期[50]。尤其是 2022 年 8 月，Midjourney 创作的作品《太空歌剧院》获奖，再次彰显了 AIGC 强大的场景感知力和丰富的创作可能性，使得相关话题不断发酵，公众参与内容创作的热情持续高涨。如图 3.7（c）、图 3.7（d）所示，"Disco Diffusion""Midjourney""绘画""作品""艺术"等 AIGC 技术模型和数字艺术相关主题词在此期间被频频提及。

　　对于回落型，topic5（虚拟主播）在 2022 年 7 月迎来高峰，但很快重回低迷状态。这可能与虚拟偶像洛天依十周年纪念日有关，使得"虚拟人"形象再次受到大众关注，但随着热点事件的结束，其热度也逐渐消退。

　　此外，topic2（活动营销）、topic4（市场投资）和 topic6（前景展望）均属于稳定型。国泰君安的调研结果显示，当前 60% 的用户从未在 AI 绘画相关方面付费，AI 设计的商业化潜力尚待发掘。目前，AI 数字商业的产业链规模仍处于扩张期，各类不确定性要素使得有关 AIGC 的商业化讨论处于保守期，但 2022 年 11 月 topic4（市场投资）的讨论热度已经有所回升，AIGC 产业发展和消费潜力释放未来可期。如图 3.7（e）、图 3.7（f）所示，已经出现"Simon 龚俊""赵丽颖""VOGUEFLIM""代言人"等活动营销主题词聚集而成的子群,以及"市场""公司""板块""股份"等市场投资领域的高频主题词。

对于 AIGC 的前景展望,虽然波动较小,但相对热度一直处于较高水平,2022 年 8 月世界人工智能大会的召开以及 9 月百度"十大科技前沿发明"的发布,使得大众愈发关注 AIGC 领域,并产生多样憧憬。如图 3.7(f)所示,"AIGC"这一专有词汇已经被大众接受和广泛应用,"WEB3"也再次受到关注,未来如何将诸多遐想变为现实,推动 AIGC 健康发展,还需专业人士的引导。

3. 用户维度分析:融合用户角色的 AIGC 舆情传播网络分析

为了探究 AIGC 舆情传播网络特征并识别其中更具影响力的用户,明确各类型用户在 AIGC 舆情传播过程中扮演的角色及其位置,本章首先依托微博平台规范的用户认证体系(V 认证),通过爬取用户认证类型、认证原因和描述信息等数据,将微博用户分成 8 类,见表 3.2。

表 3.2　微博用户分类说明表

序　号	用户类别	分类说明	用户举例
1	普通用户	微博上受关注度低的普通用户	嗡嗡设计学院、荣耀方飞
2	知名博主	微博上受关注度比较高的个人用户,拥有 10 万及以上粉丝量	Simon_阿文、英国那些事儿
3	企业公司	合法注册的各类营利性组织、企业、个体工商户等企业机构用户	百度 App、讯飞听见
4	电视媒体	电视电台、报纸杂志、媒体网站等媒体机构用户	央视新闻、VogueFilm
5	内容机构	出版社、文化公司等以发布各类内容为主的机构用户	人民网研究院、元宇宙研究院 Metaverse
6	政府单位	广电、市政、税务等政府部门及相关机构用户	中关村科学城、文明通州
7	明星艺人	从事演艺事业,具有较高知名度的个人用户	龚俊 Simon、卡布叻_周深
8	校园组织	学校、校友会等校园及附属机构用户	香港浸会大学、湖南第一师范学院团委

统计被转发博文的博主,即转发源博主和转发这些博文的博主中各用户类型的占比,如图 3.8 所示。可以发现,被转发博文的博主类型更具多样性,但主要为普通用户和知名博主,分别占比 46.07% 和 36.34%,而在转发博主中,普通用户占比高达 97.35%。在 AIGC 走红后,各类应用尤其是 AI 绘画应用逐渐为大众所熟知,普通用户参与创作的热情高涨。垂直领域内,尤其是数字艺术领域的知名博主纷纷发表意见,促进了 AIGC 的传播,但各类机构用户参与度较低,官方媒体和政府单位等角色尚未积极介入并发挥引导作用。因此,在 AIGC 舆情信息的扩散过程中,应警惕因缺乏统一认知和权威认证而导致的 AIGC 在大众传播过程中的概念扭曲和滥用。

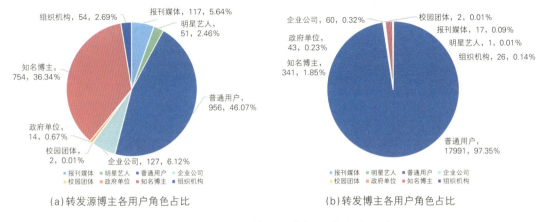

图 3.8 AIGC 微博舆情传播网络节点组成

基于爬取到的 AIGC 转发微博，删除其中已经注销的用户数据，并根据得到的微博转发关系进行整理，用节点表示单个微博用户，用边表示用户之间的转发关系，构建 AIGC 舆情传播网络。最终共得到 20220 个用户节点和 20010 条边，其中作为转发源的用户节点有 2075 个，利用 Gephi 对网络指标进行计算，见表 3.3。可以发现传播网络的模块化系数 > 0.44，验证了该网络在一定程度上达到模块化，同时，其他各类网络指标的值相对较低。

表 3.3 AIGC 舆情传播网络指标

网络指标	平均度	网络直径	图密度	模块化系数	平均路径长度	平均聚类系数
计算结果	0.99	7	0.001	0.927	1.685	0.002

为了更加细致地探究 AIGC 舆情传播网络的高影响力节点，并识别该热点事件中的意见领袖，我们计算了网络中各个节点的出度、入度及中心性指标，得到 AIGC 微博舆情传播网络 top15 关键用户节点，见表 3.4。具体来说，中心性为该节点的度中心性、接近中心性和中介中心性之和，中心性值越大，说明该节点在传播网络中的位置越核心、影响力越大。

表 3.4 AIGC 微博舆情传播网络 top15 关键用户节点中心性指标测量结果

博主类型	节 点	入 度	出 度	中心性
知名博主	Simon_阿文	6	1125	0.056220
普通用户	juggernaut0837	1	857	0.042487
电视媒体	VogueFilm	0	705	0.034868
普通用户	ai 人工智能隔空喊话 bot	0	588	0.029082
企业公司	讯飞听见	0	587	0.029032
知名博主	英国那些事儿	0	478	0.023641
普通用户	Sail_lin	1	425	0.021069
普通用户	叶瑟风绿	0	412	0.020377
明星艺人	龚俊 Simon	0	409	0.020228
普通用户	YT_西德 sidneysora	0	392	0.019388

博主类型	节 点	入 度	出 度	中心性
企业公司	百度 APP	1	374	0.018597
电视媒体	西部决策	0	337	0.016667
企业公司	百度输入法	0	325	0.016074
知名博主	游戏圈资讯君	0	303	0.014986
知名博主	大祭尸	0	257	0.012711

其次，由于网络中弱联系较多，为了优化可视化效果和识别更有传播影响力的用户节点，利用 Gephi 筛选出连出度大于 3，即所发布的博文能够触达 3 个以上用户的博主，优化后的 AIGC 舆情传播网络包含 425 个节点和 105 条边，如图 3.9 所示。其中，节点颜色代表用户的角色类型；边权重代表被连接用户转发微博的数量；节点标签即用户昵称，标签大小与节点的连出度相关，连出度越大表示用户的传播影响力越大。

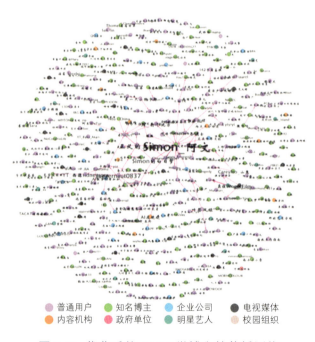

图 3.9　优化后的 AIGC 微博舆情传播网络

4. 情感维度分析：基于 LIWC 的 AIGC 微博情感演化分析

利用 LIWC 文本分析工具提取 AIGC 微博文本中积极情感词和消极情感词分布，可以帮助我们判断微博文本的情感倾向。在不同主题下，AIGC 微博情感分布会有所不同，如图 3.10 所示。可以发现，topic1（技术进展）下中性情感文本占比最大，topic2（活动营销）下积极情感文本占比最大，而 topic3（数字艺术）下消极情感倾向博文明显多于其他主题。

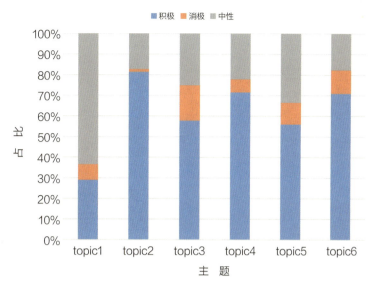

图 3.10　不同主题下 AIGC 微博情感百分比

图 3.11 展示了 2021 年 11 月—2022 年 11 月 AIGC 微博情感演化趋势，整体而言，AIGC 微博主题情感呈现出明显的积极情感倾向，反映了大众对这一新兴技术产业的高度期待和憧憬。具体而言，AIGC 新技术的突破和新工具的发布是抬高用户期待值的关键，继续在关键技术研发上加大投入势在必行。同时应当关注大众对人机关系的思考，始终明确人类是技术的服务主体，AIGC 作为创作辅助工具旨在协助提高人类创作效率[51]。随着各款大热 AI 绘画工具在 2022 年 4 月的发布，公众的积极情绪迅速上升，积极情感倾向和中性情感倾向博文数量快速增长。2022 年 8 月，Midjourney 创作作品《太空歌剧院》的获奖再度抬升了公众对 AIGC 的期望，积极情绪达到高峰。然而，也带来了有关 AI 能否取代人类创意性工作的探讨，尤其是在艺术设计领域引发了广泛的争议。在这一背景

图 3.11　不同时期内 AIGC 微博情感演化分析

下，2022 年 10 月期间消极博文数量显著增长，微博消极情感得分达到顶峰。这些情感演化趋势反映了公众对 AIGC 技术发展的持续关注和情感波动，同时也凸显了在技术发展和社会接受之间存在的一些挑战与争议。

3.1.4 AIGC舆情实证结果讨论

AIGC 正逐渐成为数字内容创新发展的新引擎，不断推动虚实共生趋势下内容创作的范式转变，其带来的降本增效数字内容生产过程的创新，为元宇宙领域的生产方式和消费模式带来颠覆性影响，有助于下一代网络空间的繁荣与发展。面对 AIGC 热潮的来临，本章基于引爆点理论的附着力因素法则、个别人物法则和环境威力法则，构建了 AIGC 微博网络舆情传播分析模型。通过利用机器学习和社会网络分析等方法，从内容、用户、情感三个维度全面刻画了 AIGC 热潮下的舆情演化规律和社会关注度特征。

在内容维度上，根据附着力因素法则，AIGC 话题具有多样性，涵盖技术支撑、应用扩展和商业变现的整个价值实现链条。这种多样性使得 AIGC 在用户中获得了更多的信心和期望，促进了 AIGC 的现象级走红。大数据时代，AIGC 的发展受益于更好的模型、更多的数据和更高的算力，这些因素为 AIGC 的迭代升级提供了强力的支撑和全新的可能性。近年来，计算机视觉领域继自然语言处理（NLP）之后，成为 AI 大模型的重要发展方向。AI 绘画在数字艺术领域崭露头角，吸引了大众的目光[52]。

在用户维度上，根据个别人物法则，少数科技型企业如"百度""讯飞"等扮演着"内行"的角色，依托自身的突破性成果，率先发布 AIGC 相关技术进展信息，在 AIGC 舆情传播中掌握一定话语权。而领域内知名博主则扮演"联系员"的角色，这些博主通过科普和解读 AIGC 相关信息和工具，促进了信息的扩散。部分明星艺人和电视媒体则作为"推销员"，虽然他们的主要活动仍集中在电影宣传领域，但他们的影响力带动了 AI 话题的出圈，帮助 AIGC 被更广泛的公众接受。三种类型的"个别人物"共同发力，使得 AIGC 舆情传播网络不断扩大，AIGC 热潮被引爆。

在情感维度上，根据环境威力法则，AIGC 话题营造了一个积极情感的传播环境，不仅引起了大众的共鸣，还激发了更多人参与到 AIGC 的体验与建设中，无形中为 AIGC 热潮的不断升温助力。AIGC"技术进展"话题下的内容多为科普介绍类文章，着重于新技术的客观性和真实性描述，这些内容的发布不断提升用户的期待值，极大地促进了用户的积极情绪。"活动营销"话题则多为品牌和艺人主导，主要表现为粉丝的跟随和支持行为，呈现出惊喜、期待等积极态度。

总体而言，对于内容附着力，AIGC 全链条价值实现已成为热点话题，大众信心得到提升，引发全民参与；对于个别人物，多类型用户参与其中，尤其是领域内知名博主的大力宣传，使 AIGC 话题迅速扩散；同时在积极情感环境的影响下，公众对 AIGC 的憧憬和期待将感染更多的用户，使 AIGC 被更广泛接纳。未来 AIGC 将在技术能力和产业应用上继续进化，推动人工智能创作内容向更有创造力和想象力的方向发展，辅助实现智能创意决策与迭代。面对新一轮人工智能创新大潮，可以继续从舆情角度扩展研究，综合利用专利数据、投研报告、舆情数据等，从技术成熟度、资本投入度、社会关注度多角度刻画 AIGC 产业发展特征，并与以往典型风口产业的演化规律进行对比，从而为理性讨论 AIGC 的发展路径与前景提供参考。

3.2 元宇宙数字产业的体系构成

元宇宙数字产业是一个跨越多种技术领域的庞大产业，其发展离不开元宇宙技术体系的支撑，每种技术能力在元宇宙数字产业的发展过程中都起到了独特的作用，构成了数字产业的基础与支撑。

3.2.1 Web3.0——元宇宙的基础底座

当前我们正处于 Web2.0 向 Web3.0 过渡的阶段，而元宇宙被认为是实现 Web3.0 构想的下一代互联网。Web 2.0 是以社交网页为主的信息传播新形式，用户之间可相互沟通和分享资讯。人们对 Web3.0 的构想则是一个相对去中心化的，以用户个人数字身份、数字资产和数据完全回归个人为前提的自动化、智能化的新互联网世界。

实质上，Web3.0 将互联网转化为一个分布式数据库，通过实现网络、存储与计算的去中心化，未来还可实现跨浏览器、超 App 或直接 Dapp 的内容投递和请求机制。不仅如此，Web3.0 还可以在此基础上利用人工智能、云计算、算法加密等技术，创造跨越国界的虚拟世界。

随着 Web 技术的持续演进，元宇宙将得到强有力的推动。Web 的发展将促使元宇宙变得更加开放和互联，吸引更多用户和内容创作者参与其中。通过 Web 平台，元宇宙可以更容易地实现跨设备、跨平台的无缝体验，让用户在虚拟世界的不同设备间自由穿梭。此外，Web 技术的创新也将助力元宇宙在交互性、沉浸感和社交性方面取得突破，为用户带来更丰富的体验。

3.2.2 区块链/NFT——元宇宙的信任支撑

区块链和非同质化代币（NFT）技术作为元宇宙中构建信任体系的重要支撑，正逐渐成为数字世界的新基石。在元宇宙中，安全和信任是用户交互、资产交易和内容创作不可或缺的元素。区块链通过其去中心化的特性，确保了数据的不易篡改性和透明度，为元宇宙中的各种应用提供了技术保障。NFT 则通过为数字资产确权，使虚拟世界中的物品和资产具有唯一性和可验证性，从而为用户之间的交易和创作分享提供了安全保障。可以说，区块链和 NFT 的结合为元宇宙的信任机制提供了新的可能性。

1. 区块链

区块链这个概念源自 2008 年，当时"中本聪"在《比特币：一种点对点式的电子现金系统》中提出了一种基于加密技术的电子现金系统的构架理念。本质上，区块链是一个去中心化的分布式账本数据库。区块链技术结合了密码学、经济学和社会学，通过对每个区块中的信息进行加密，确保存储在区块中的数据不可伪造和篡改，并且无须任何第三方机构的审核，以去中心化和去信任的方式实现多方共同维护。

首先，区块链为元宇宙提供身份标识。其防篡改和可追溯性使得区块链天生具备"防复制"的特点。在元宇宙中，身份验证除了依赖传统的身份认证体系，未来很有可能会接入区块链的身份认证体系。这意味着，即使不依赖传统的身份认证方法，也可以确认用户身份，并确保身份不被复制或盗用。

其次，区块链为元宇宙提供去中心化的支撑。元宇宙需要建立在不被中心化主体控制的服务器上，而是将所有数据都以去中心化的方式进行分布式存储、计算和网络传输。区块链的去中心化技术结合一些新兴的分布式存储、计算和网络传输技术，使得元宇宙中的数据和资产均属于个人。同时，区块链是去中心化且公开透明的，通过智能合约预先编写规则，保证代码没有黑箱操作，并确保没有人能篡改规则。

再次，区块链为元宇宙提供资产支持。对元宇宙而言，可信的资产价值是非常重要的组成部分。区块链技术能够高效赋能元宇宙中的资产管理，为资产数字化提供了可能性，其不可篡改、不可分割的特质意味着任何相关数据的更改都会体现在区块链上，成为清晰可查的一部分。

2. NFT

NFT 是一种数字化的"所有权凭证"，仅在区块链系统中发行和使用，用来代表所拥有的某种资产或权益。与比特币等传统区块链货币不同,比特币理论上可以被无限分割,且每个比特币是完全等价、可互换的,属于同质化资产。但是,每一枚 NFT 代币都是独一无二的,非同质化的,不可分割、不可替代。NFT 的这种特性可以用来标注数字资产,如视频、声音、图像、文字,甚至是游戏中的某一件装备等。当用户为自己的作品创建 NFT 时,即表示拥有该作品的著作权和所有权;当用户出售作品 NFT 时,即表示将作品的所有权转让。每一次转让都会留下不可抹除的记录,且用户可以从中获得分成。如图 3.12 所示,在元宇宙中,NFT 将成为连接物理世界资产和数字世界资产的桥梁,打破所有权限制对艺术创作的束缚,促使艺术创造实现大繁荣。

图 3.12 连接虚拟和现实的通证——NFT

3.2.3 VR/AR技术——元宇宙的具象体验

VR(虚拟现实)和 AR(增强现实)技术,作为元宇宙具象体验的核心,正引领数字世界与现实世界的融合。在元宇宙中,用户可以通过 VR 和 AR 技术,获得沉浸式的虚拟体验。VR 技术能够创造一个完全虚拟的环境,让用户完全沉浸在一个全新的世界中,体验前所未有的场景和活动。AR 技术则通过在现实世界中叠加虚拟元素,使虚拟与现实相互融合,为用户提供增强版的现实体验。

1. VR

VR 技术是 20 世纪发展起来的一项全新实用技术,涵盖计算机、电子信息和仿真技术,其基本实现方式是通过计算机模拟虚拟环境,从而给人以环境沉浸感。随着社会的发展,各行各业对 VR 技术的需求日益旺盛。VR 技术也取得了巨大进步,逐步成为一个新的科学技术领域。

VR 技术模拟的环境真实性与现实世界难辨真假,让人有种身临其境的感觉。同时,虚拟现实具有人类大部分的感知功能,如听觉、视觉、触觉等感知系统。此外,VR 技术具有超强的仿真系统,实现了真正的人机交互,使人在操作过程中可以随意操作并得到环境最真实的反馈。

正是由于 VR 技术具备的存在性、多感知性和交互性等特征,使其受到许多人的喜爱。如图 3.13 所示,一些公司如 Meta、索尼、HTC 等也推出了消费级的 VR 眼镜。同时,市面上还有其他种类的 VR 产品,包括 VR 笔、触控背心、VR 手套等。

图 3.13 VR 眼镜与 VR 手套

2. AR

AR 技术是一种将虚拟信息与真实世界巧妙融合的技术，它将计算机生成的文字、图像、三维模型、音乐、视频等虚拟信息模拟仿真后，应用到真实世界中，使两种信息互相补充，实现对真实世界的"增强"，从而提供超越现实的感官体验。AR 技术是数字世界和现实世界的无缝接口，可以以头盔、手机、眼镜、裸眼等形式存在，并将多图层叠加于现实环境中。相比 VR 设备，AR 设备具有质量轻、便携性好的优点。

2020 年，无接触社交和经济成为发展主流。在这种背景下，AR 技术作为无接触新业态的赋能手段，有望在医疗、教育、工业、娱乐、社交、营销、零售、电商等企业级和消费级应用领域中加速落地。在企业端，AR 技术已在钢铁、能源、汽车、家电、工程机械等多个工业细分领域实现了应用，助力员工技能培训、专家远程指导、数字化质检、客服售后支持等环节。

3.2.4 DeFi/DAO——去中心化金融与自治组织

DeFi（去中心化金融）和 DAO（去中心化自治组织）是区块链技术的重要组成部分，它们在元宇宙的构建中发挥关键作用。DeFi 通过去中心化的方式，为元宇宙中的金融活动提供了新的解决方案，使用户能够在没有中介的情况下进行资产交易、借贷和投资。不仅降低了金融服务的门槛，还为用户提供了更加透明和安全的金融体验。DAO 则通过区块链技术实现了组织的去中心化治理，使元宇宙中的社区和项目能够以更加民主和透明的方式进行决策和管理。用户可以通过持有代币来参与投票，共同决定组织的方向和决策。DeFi 和 DAO 的结合，为元宇宙的金融和治理体系提供了新的可能性，推动了元宇宙生态的可持续发展。

1. DeFi

DeFi 指的是利用密码学货币或区块链技术，解决传统金融系统中的各种金融应用问题。传统金融体系（由银行、金融机构等组成）通常由中心化的数据库系统构成，存在着大量中介和高额手续费。而 DeFi 则将封闭的金融系统转变为基于开源协议的开放金融经济，更加方便、中介更少、更透明。由于这些新的金融协议都是通过智能合约实现的，它们具备可编程性和互操作性。

DeFi 是一场让用户无须依赖中心化实体即可使用诸如借贷和交易等金融服务的运动。这些金融服务由去中心化应用（Dapp）提供，而大部分应用部署在以太坊平台上。DeFi 不是单个产品或公司，而是一系列替代银行、保险、债券和货币市场等机构的产品和服务。DeFi Dapp 允许用户将它们提供的服务组合起来，开启更多可能性。由于其可组合性，DeFi 通常被称为"货币乐高"（money LEGO）。为了使用 DeFi Dapp，用户通常需要将抵押品锁定在智能合约中。DeFi Dapp 中锁定抵押品的累计价值通常被称为"锁定总价值"。根据 DeFi Pulse 的数据，2019 年初的锁定总价值约为 2.75 亿美元，而在 2020 年 2 月，该价值已高达 12 亿美元。锁定总价值的快速增长标志着 DeFi 生态系统的快速发展。

2. DAO

DAO 是由区块链上的智能合约代码协调运转的组织，是一种虚拟实体，它存在的目的是运行一款产品（通常是一个区块链协议），其拥有一组特定的成员或股东（通证持有者），多数成员按规则决策以修改产品参数与代码、处置实体的资金等，实现参与式自治。换言之，DAO 是基于智能合约的组织。

作为一种基于区块链的组织结构形式，DAO 能够通过一些公开公正的规则，在不受干预和管理的前提下自主运行。它没有中心化的权力，其治理和运营都是由自执行智能合约中编写的规则决定的，并且对每个人都是透明的。DAO 还向其社区发行代币，提供"所有权"和参与决策的权利（类似于传统商业世界中的股东）。由 DAO 中的代码编写的规则无法更改，并且将按预期运行，直到社区（代币持有者）通过设定的流程投票更改它们。

DAO 对元宇宙的意义深远且广泛。首先，DAO 为元宇宙构建了一个去中心化、透明且高度自动化的组织结构，打破了传统组织形式的限制，使得元宇宙的决策和治理更加高效、民主和灵活。其次，DAO 通过智能合约等技术手段，确保了元宇宙运行的稳定性和安全性，为元宇宙提供了可靠的技术保障。此外，DAO 促进了元宇宙社区的凝聚力和合作，通过代币激励机制等方式，激发了社区成员的参与热情和创造力。最后，DAO 的发展为元宇宙带来了新的经济模型和商业模式，推动了元宇宙的创新和持续发展。

3.2.5 脑机接口/数字孪生——完全沉浸的元宇宙入口

脑机接口（BCI）和数字孪生（digital twin）技术，作为元宇宙中实现完全沉浸式体验的关键入口，正逐渐改变着我们对虚拟世界的认知和交互方式。脑机接口技术通过直接连接人脑和计算机系统，使用户能够通过思维来控制虚拟环境中的物体和事件，从而实现无物理介质的直接交互。数字孪生技术则通过创建一个虚拟的、动态的、实时的数字模型，与现实世界中的实体相对应，为用户提供了一个高度逼真的虚拟副本。用户可以通过脑机接口技术与数字孪生模型进行交互。这两种技术的结合使用户能够在一个高度真实和互动的虚拟世界中进行探索和体验。

1. 脑机接口

BCI是一种前沿技术，通过在大脑与外部设备之间建立直接连接，实现大脑信号与外部世界的交互。这种接口能够解码大脑产生的神经信号，将其转化为机器可执行的指令，使得人类能够用思维控制外部设备，如假肢、机器人等，或者将外部信息如声音、图像等直接传达给大脑。在元宇宙中，作为一个融合现实与虚拟的世界，需要一种高效、自然的交互方式，而脑机接口正好能够满足这一需求。通过脑机接口，用户可以直接用思维控制自己在元宇宙中的行动，无须烦琐的手动操作，从而极大地提升用户体验。同时，脑机接口还能够实现虚拟感知，让用户通过大脑直接感知元宇宙中的信息，如虚拟环境的气味、触感等，为用户提供更加沉浸式的体验。

对元宇宙而言，脑机接口的意义在于推动其向更加智能化、自然化的方向发展。随着脑机接口技术的不断进步，元宇宙中的交互方式将变得更加多样、自然和高效，用户将能够更深入地沉浸于虚拟世界中。此外，脑机接口还有望为元宇宙带来新的商业模式和应用场景。例如，通过脑机接口，用户可以更便捷地与其他用户进行沟通和交流，从而推动元宇宙中的社交和商业活动。同时，脑机接口还可以应用于元宇宙的教育、医疗等领域，为用户提供更加个性化和高效的服务。总之，作为一种前沿技术，脑机接口将为元宇宙带来革命性的变革和发展机遇。

2. 数字孪生

数字孪生是针对物理世界中的物体，通过数字化的手段构建一个在数字世界中一模一样的实体，借此来实现对物理实体的了解、分析和优化。具体而言，数字孪生的实质是建立现实世界物理系统的虚拟数字镜像，贯穿于物理系统的全生命周期，并随着物理系统的动态演化而更新。

数字孪生是普遍适用的理论技术体系，可在众多领域广泛应用，包括产品设计、产品制造、医学分析、工程建设等。在国内，工程建设领域是应用最深入的领域，尤其是智能制造领域关注度最高、研究最热。早在美国国防部提出将数字孪生技术用于航空航天飞行器的健康维护与保障时，就标志着该技术的重要性。通过在数字空间建立真实飞机的模型，并通过传感器实现与飞机真实状态的完全同步，可以在每次飞行后及时分析评估是否需要维修，能否承受下次的任务载荷等。

随着信息技术的不断发展，数字孪生在理论层面和应用层面均取得了显著成果。它与产业技术的深度融合推动了相关产业数字化、网络化和智能化的发展进程，成为产业转型升级的强大推动力。数字孪生对元宇宙的意义在于，它提供了一种强大的技术手段，通过构建虚拟世界的精确映射，即数字孪生体，实现物理世界与虚拟世界的无缝衔接。这种技术能够模拟和预测物理世界的各种行为和趋势，为元宇宙的构建提供精准的数据支持和智能决策依据。同时，数字孪生还能够促进元宇宙中的资源共享和优化配置，提高整体运行效率。

3.3　元宇宙数字产业的理想与现实

元宇宙数字产业中的接入技术是用户开启元宇宙体验的入口，其优劣直接影响元宇宙的应用效果。就当前可实现的技术产品而言，虚拟现实（VR）眼镜既能满足虚拟现实技术需求，又能满足人机交互设备需求。相比于增强现实（AR）和混合现实（MR），VR 的发展更加成熟，使用通道基本打通，具备一定用户基础，是元宇宙向公众普及与推广的重要突破口。数据显示，2021 年，VR 眼镜的出货量达千万台，而 AR 眼镜的出货量仅有数十万台[53]，这在一定程度上说明 VR 眼镜作为一种消费级技术产品，是联结用户共同推进元宇宙发展的可行途径。2024 年，苹果公司的 Vision Pro 横空出世，让接入与融合数字世界的理想又向前迈进了一大步，但现实与理想依然存在不小的差距。

元宇宙数字产业的发展需要结合技术产品和用户反馈两方面的信息，通过消费级技术产品打破用户与元宇宙之间的壁垒，根据用户的产品使用反馈，挖掘既有技术产品的优缺点，并通过产品优化反哺元宇宙数字产业的健康发展。作为一种用户信息反馈行为，用户评论动态地反映了用户对产品的实际感知，能够体现其对产品属性的认知与偏好。通过分析 VR 产品的在线评论，使用户的感知信息映射出产品的实际技术实现情况，对于精准识别 VR 产品的创新优化方案至关重要，也有望推动 VR 产品不断满足元宇宙技术需求。

我们通过系统性文献梳理，提炼元宇宙技术需求，再以 VR 产品为切入点，运用文本挖掘方法从用户评论中识别用户对技术的感知，然后对标元宇宙技术需求，找出元宇宙的现实和理想之间的差距，并结合产品客观属性提出优化建议，以促进元宇宙技术实现，如图 3.14 所示。本研究聚焦于如何通过用户反馈来优化 VR 产品以满足元宇宙技术需求这一问题，试图弥补元宇宙视域下技术与用户互动研究的空白，为元宇宙技术实现提供新的研究视角。

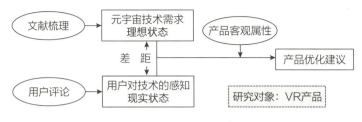

图 3.14　研究思路

聚焦实践 *3.1*
Apple Vision Pro

　　苹果公司的 Vision Pro 是一款混合现实（MR）设备，标志着计算技术的新时代。这款设备结合了显示、芯片和交互领域的核心技术，为用户提供全新的 3D 交互体验。Vision Pro 的突破性设计包括将 2300 万像素置于两个显示屏中的超高分辨率显示系统，以及采用独特双芯片设计的定制 Apple 芯片。这些特性为用户带来了身临其境的即时体验。

　　Vision Pro 的一个重要特点是它的空间操作系统 vision OS，这是全球首个空间操作系统，能够将数字内容融入真实世界。Vision Pro 开启了空间计算新时代，为用户带来全新的交互方式，例如通过眼睛、双手和语音来控制设备。

　　从技术角度来看，Vision Pro 在光学显示上的技术突破备受关注。它使用了两块 4K 清晰度的 Micro OLED 屏，通过玉晶光电的 3P Pancake 方案，提供了难以置信的锐度和清晰度。这种显示效果使得视频或图片具有真实现场感，模糊了虚拟世界和现实世界的边界。

　　在用户体验方面，Vision Pro 的质量和舒适性也受到了关注。它的质量约为 450 克（不含电池包），戴在头上时虽然能感受到一点重量，但并不会有压迫感。Vision Pro 接触头部的部分由特制的布料构成，舒适感胜过其他 VR 设备。Vision Pro 还考虑到了近视用户的需要，可以测量视力并为体验者现场配制专用镜片，直接放在 Vision Pro 眼罩内，这样就可以不戴眼镜直接佩戴 Vision Pro。

　　总体而言，Vision Pro 代表了 MR 行业的重大进步，它的技术和用户体验为行业树立了新的标准。从它的身上可以看到元宇宙普适接入设备的身影，它的出现更是为元宇宙产业发展打了一剂强心针。

3.3.1 元宇宙的技术需求与用户技术感知

1. 元宇宙的技术需求

元宇宙是信息化发展的新阶段[54]，其构建与应用依赖强大的软硬件技术支持。只有当网络及计算、虚实对象连接、建模与管理等技术达到一定的成熟度时，才能满足元宇宙在技术层面的要求。因此，明确元宇宙的技术需求是对现有技术提出优化方案的首要步骤。

尽管有一系列研究聚焦于元宇宙技术开发，但从实际出发探讨元宇宙技术实现的研究尚少。技术使用、价值创造、结构调整和金融基础是元宇宙数字化转型的 4 个主要问题[55]，而基础设施、设备、内容和平台是元宇宙技术体系的重要构成[56]。Dionisio 等人针对由当前一系列分立的虚拟社区向元宇宙转化的核心要素展开论述，认为真实性、泛在性、互操作性和可拓展性是具备可行性的元宇宙的 4 大关键特征[57]；Zhang 提出沉浸感打造、互动数字化、情景服务化和服务价值化是元宇宙建构的 4 大方向[58]。同时，VR 技术能够带给用户即时、亲密、强交互性的沉浸体验[59, 60]。元宇宙技术需求主要包含以下 4 个维度。

（1）沉浸体验

沉浸体验指通过 VR 眼镜等技术设备获得高度逼真、代入感极强的沉浸式体验。虚拟现实通过打造仿真世界，利用机器强化人的感知系统和行为系统[61]，将用户带入虚拟环境之中。

（2）易接入性

易接入性指提供多个数字设备接口和数据连接方式。手机、耳机或平板电脑等外部移动设备可通过数据线连接 VR 眼镜等，实现数据和功能的串联；多种连接方式如 Wi-Fi、蓝牙，以及内置电池则可避免插电束缚，实现随时随地接入。

（3）互操作性

互操作性指联动多个用户单元，实现多人实时交互，将虚拟互动与现实人际关系相结合；同时，克服耗电等移动障碍，规避技术设备自身的物理局限，为用户移动使用提供更多可能性。

（4）可扩展性

可扩展性指设备的软硬件配置具备充足的能量和渠道，为产品功能的拓展与延伸提供可持续的技术支持。例如，VR 眼镜的系统可迭代升级，产品性能和功能可优化，外接配置（如手柄、音箱、耳机、屏幕等）可选择等。

2. 用户对技术的感知

元宇宙技术需求能够指引相关技术的发展方向，而用户对技术的感知则成为技术产品改进优化的主要依据。与单纯采用数据挖掘技术或心理学建模相比，通过分析用户评论中包含相对真实态度与意见信息的方式，更为有效地获取用户观点[62]。

从研究目标来看，有些研究结合了文本挖掘、领域本体构建和心理学建模等方法，提出了基于在线评论的用户需求挖掘模型，并使用实证数据进行验证，为用户需求分析提供了方法参考[63]。另外，一些研究聚焦于特定用户群体，例如，通过归类和判别不同智能手机用户的需求偏好，对消费者群组进行比较分析[64]，从而为企业有效识别细分客户群体提供实践方面的启示。此外，还有学者通过分析消费者的潜在需求，为产品的研发和生产提供建议[65]，以支持企业在产品创新方面做出科学决策。

从研究方法来看，主题分析和情感分类等自然语言处理技术是分析在线评论的基础。随着网络评论的快速增长和评论内容的日益多样化，不同粒度的观点挖掘研究不断涌现，包括文档级[66]、方面级[67]、句子级[68]等随着研究的深入，越来越多的研究开始采用多领域方法的结合，例如，使用时间序列分析方法来分析需求变化趋势[69]，利用 KANO 模型对商品属性进行分类[70]，以及借助自我呈现理论展开用户画像研究[71]等。这表明，用户评论相关的研究已经形成了较为成熟的研究体系，综合运用不同的理论和方法来创新应用场景已经成为必要之举。

近年来，用户对产品的感知挖掘成为备受关注的研究方向，在众多细分领域中都有相关应用。例如，通过对图书馆在线评论的分析，能够了解用户对图书馆形象的感知，从而为图书馆建设提出改进建议[72]。类似地，本章综合运用主题聚类与情感分析方法，通过分析在线评论来获取用户对产品技术的感知。然后，将 VR 产品的属性特征与元宇宙技术需求相连接，从细微之处窥见更大的发展趋势，从消费级产品出发为元宇宙的技术实现提供参考借鉴。

3.3.2　元宇宙用户感知研究过程

1. 研究数据

基于京东的商品分类体系，我们选取"数码→智能设备→ VR 眼镜"分类下的商品信息和用户评论作为研究对象。首先，利用八爪鱼采集器获取综合排序下商品列表中前 100 页的商品信息，然后根据商品唯一编号进行去重，得到了 3901 条数据。其次，筛选价格在 989 元以上的非配件类商品，以确保分析对象为具备

VR 功能体验的产品，并且保证评论数量在 1000 条及以上，以保证评论的可分析性。为了使品牌之间可比较，筛选商品数量在 5 件以上的品牌，最终得到 64 件商品。最后，通过商品详情页链接获取商品介绍、规格和包装等客观属性信息，同时获取了前 100 页的用户评论数据，进行去重处理并剔除少于 10 个字符的文本，得到 36 720 条评论。针对客观属性信息，进行了缺失值填补和标准化处理，然后通过描述性统计初步呈现 VR 产品的客观属性特征，为后续的解释工作奠定了基础。

2. 研究过程

本章的技术路线如图 3.15 所示。

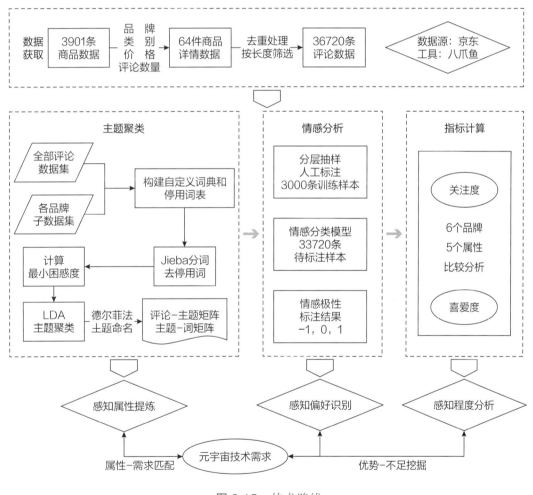

图 3.15　技术路线

获取所需数据后，首先，进行数据预处理，然后，借助 LDA 模型对评论文本进行主题聚类，提炼出用户评论所涉及商品的感知属性及其对应的关键词，作为用户的技术感知与元宇宙技术需求之间匹配的依据。运用 BERT 情感分类模型对评论在各感知属性上的情感进行极性标注，获取用户对各感知属性的偏好，作为判断元宇宙技术需求在 VR 产品上是否被满足的依据。最后，通过计算关注度和喜爱度，从两个维度分析用户对 VR 技术的感知程度。由此实现对用户的技术感知的挖掘，对标元宇宙技术需求找到不足，进而为 VR 产品的技术优化提出建议。

（1）感知属性提炼

采用 LDA 模型可实现感知属性提炼[73]。首先，通过观察评论文本特征构建自定义词典和停用词表。然后，经过 Jieba 分词、去停用词等自然语言处理步骤后，计算困惑度得到适宜的主题聚类数量。在此基础上，运用 LDA 模型进行主题识别，得到若干主题聚类及其对应的关键词。接下来，根据德尔菲法，选择 5 名具备相关知识背景的研究人员，针对各主题聚类的命名进行三轮意见征集与反馈。最终达成一致，得到产品的感知属性名称。

（2）感知偏好识别

采用 BERT 语言模型可实现感知偏好识别[74]，相比传统用于自然语言处理任务的循环神经网络和长短期记忆网络等，BERT 拥有更强大的文本编码能力，能更高效地利用图形处理器等高性能设备完成大规模训练工作[75]。经过微调后，BERT 模型可以适应下游自然语言处理任务。基于此，本章构建情感分类模型，实现评论文本的多标签多分类任务，如图 3.16 所示。

BERT 模型有字符级别和句子级别两种输出形式，本章采用后者，认为 [CLS] 向量能够代表整个句子的语义，因此将输入层的评论文本转化为对应的短文本向量表示。接着，将生成的 [CLS] 向量输入全连接层，并采用 Tanh 激活函数，将学习到的分布式特征表示映射到样本标注空间。为防止过拟合，在训练过程中加入 Dropout 层，在更新参数时随机丢弃 20% 的输入神经元。最后，在情感预测层采用 Softmax 激活函数映射，将特征向量通过全连接方式输出为情感预测三分类结果（分类规则见表 3.5）。模型采用多分类的交叉熵作为损失函数，优化目标是最小化训练样本预测输出值和实际样本值的交叉熵，交叉熵损失函数见公式（3.1）。

表 3.5　情感分类规则

情感倾向	含　义
−1	负向情感（不满意、消极）
0	中性情感（未显露出情感倾向）
1	正向情感（满意、积极）

$$损失函数 = -\frac{1}{N}\sum_{i}\sum_{c=1}^{M} y_{ic} \log p_{ic} \tag{3.1}$$

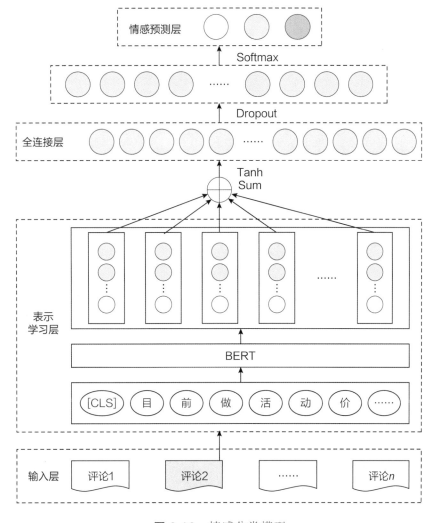

图 3.16 情感分类模型

其中，M 为类别个数；N 为样本总数；$p=[p_{i1}, \cdots, p_{v2}]$ 是一个概率分布，每个元素 p 表示样本属于第 c 类的概率；$y=[y_{i1}, \cdots, y_{v2}]$ 是样本标签的 One-Hot 表示，当样本属于类别 c 时 $y=1$，否则 $y=0$。情感预测层输出针对每一条评论的情感预测结果。

（3）感知程度分析

用户对感知属性的关注度能够反映用户对各属性感知的强烈程度，用户对感知属性的喜爱度则进一步体现出用户在各属性上的情感倾向，对产品优化升级具有重要参考价值。因此，本章综合关注度与喜爱度两个指标深入挖掘用户对 VR 产品的感知程度。

假设主题聚类得到 N 个感知属性，用 $S=\{S_n \mid n=1, 2, \cdots, N\}$ 表示属性集合。基于 VR 产品用户评论中各属性的出现频率定义关注度，即在用户评论中某一属性 S_n 的出现频率越高，则用户对该属性的关注度越高。考察 K 条评论中各属性的分布情况，令总评论集合为 $C=\{c_k \mid k=1, 2, 3, \cdots, K\}$。已知总评论集合 C 中有 I_n 条评论提到了属性 S_n，则属性 S_n 的评论集合为 $C_{S_n}=\{C_{S_n} \mid i_n=1, 2, \cdots, I_n\}$。

基于此，用户对 VR 产品各个属性的关注度见公式（3.2）。

$$A_{S_n} = \frac{I_n}{K} \tag{3.2}$$

类似地，基于用户在感知属性上的情感倾向定义喜爱度，即提及属性 S_n 的评论集合情感得分越高，表示用户的正向情感越强烈，用户对该属性的喜爱度越高，反之则越低。基于情感分析结果，假设提到属性 S_n 的第 I_n 条评论对应的情感值为 $e_{S_n i_n} \in \{-1, 0, 1\}$，则用户对属性 S_n 的喜爱度用该属性的平均情感得分表示，见公式（3.3）。

$$E_{S_n} = \frac{1}{k} \sum_{i_n=1}^{I_n} e_{S_n i_n} \tag{3.3}$$

3.3.3 元宇宙的用户感知结果分析

1. 感知属性的内容分析

经过 LDA 主题聚类，得到全部商品及各品牌商品的评论 – 主题与主题 -Top10 关键词的映射结果，见表 3.6。为了更清晰地比较不同品牌下产品评论的主题聚类结果，利用"共同关键词"和"特有关键词"表示各品牌在不同聚类下共同包含和各自独有的关键词。观察结果发现，用户主要感知到产品的 5 方面属性，即视听体验、功能、使用感受、品控和营销，这些感知属性在各品牌之间存在一定异同。

（1）视听体验

视听体验是用户使用 VR 产品时最直接的感受，主要包括画面清晰、音效生动、临场感强等方面。这种极致的视听体验实际上是元宇宙高沉浸度在人体感官上的直观映射。爱奇艺 VR 和 NOLO 这两个品牌的用户对视听体验有所感知。爱奇艺 VR 凭借其丰富的影视资源，能够为用户提供多样化的 VR 电影体验；而 NOLO 则是与华为合作开发配套产品，其技术支持非常可靠，有助于建立品牌口碑并推广产品。

（2）功　能

功能是从技术视角对 VR 产品的进一步认识，包括硬件设备的支持性、组件性能的优劣、资源的丰富性等。完善的功能体系是构成产品竞争力的核心要素，也是元宇宙技术实现的前提和基础。评论中包含功能这一主题的商品集中在HTC、华为和PICO三个品牌。HTC旗下的VR产品在定位精准性方面受到用户关注；华为的产品评论多聚焦于设备连接和近视可用方面；而PICO产品的串流体验则被用户更广泛地感知。实际上，随着VR产品用户规模的不断扩大，华为和PICO均推出了具有近视可用功能的产品，这既体现出VR产品功能的日益丰富，也反映出品牌的人性化设计理念。

表 3.6　主题聚类结果

品　牌	主　题	共同关键词	特有关键词
全　部	使用感受	操作、简单、舒服	清晰、上手、做工、舒适、佩戴、眼镜、外观
	功　能	游戏、体验	手柄、PICO、串流、支持、电脑、设备、定位、STEAM
	品　控	客服、体验	打卡、游戏、活动、很快、下单、包装、物流、第二天、耐心
	视听体验	体验、清晰、电影院	游戏、电影、好玩、玩游戏、视频、第一次、身临其境
HTC	功　能	游戏、体验	安装、手柄、定位、操作、简单、定位器、清晰、舒服
	品　控	体验、客服	包装、很快、质量、HTC、好评、值得、价格、公司
HTC VIVE	品　控	体验、客服	包装、游戏、配件、技术人员、解决、商家、无线、服务态度
	使用感受	操作、舒服、简单	安装、技术、清晰、想象、科技、质量、HTC
华　为	功　能	游戏、体验	收集、电影、研究、视频、连接、3D、资源
	品　控	体验、客服	华为、包装、价格、物流、值得、支持、很快、下单
	使用感受	操作、简单、舒服	清晰、上手、近视、做工、华为、舒适、科技
爱奇艺 VR	营　销	游戏、体验、电影、好玩、打卡、活动	爱奇艺、奇遇、第一次、会员
	使用感受	操作、简单、舒服	手柄、佩戴、上手、舒适、游戏、外观、做工
	视听体验	体验、电影院、清晰	电影、影院、震撼、值得、3D、质量、爱奇艺
NOLO	视听体验	体验、清晰、电影院	电影、游戏、眼镜、华为、手机、视频、玩游戏
	品　控	体验、客服	游戏、性价比、第一次、STEAM、值得、孩子、手柄、推荐
	使用感受	操作、简单、舒服	清晰、质量、上手、做工、舒适、外观、包装
PICO	营　销	游戏、打卡、活动、体验、好玩、电影	运动、入手、180、值得
	功　能	体验、游戏	PICO、串流、MEO3、支持、国产、手柄、视频、电影
	品　控	客服、体验	很快、下单
	使用感受	操作、简单、舒服	迫不及待、第二天、游戏、包装、物流、耐心、清晰、上手、游戏、眼镜、手柄、佩戴、舒适

（3）使用感受

使用感受主要指用户对于产品外形的美观性、操作的简便性、体验的舒适度等方面的评价，是用户在体验VR产品之后给出的生动反馈，能够为元宇宙的技术普及与应用提供重要参考。从除HTC以外的5个品牌的产品评论中，均可识别出这一主题。可以发现，操作简单和佩戴舒适是出现频率较高的关键词。特别地，HTC VIVE 和华为的评论还体现出用户对产品科技感的感知。从关键词中不难看出，用户对 VR 产品的使用反馈整体较为积极。

（4）品　控

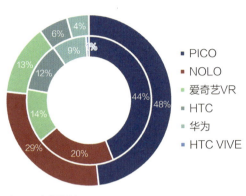

内环：全部评论
外环：包含"性价比"的评论

图 3.17　6 个品牌的评论数量

本章将品控定义为商家或平台对产品质量的控制，包括产品包装的完整性、物流客服的高效性和售后服务的完备性等。除爱奇艺 VR 以外，其他品牌的 VR 产品的品控特征均受到较多用户的关注，特别地，NOLO 的性价比在各品牌之中表现突出。在全部评论和包含"性价比"一词的评论中，各品牌的占比情况如图 3.17 所示，其中，NOLO 的占比分别为 20% 和 29%，可见其在该属性上的特征更值得注意。

（5）营　销

营销是商家通过设计一系列产品推广策略以吸引用户关注、提升用户黏性，进而获取长期盈利的一种手段。相较于其他品牌，爱奇艺 VR 和 PICO 在营销方面更胜一筹，例如，爱奇艺推出了 180 天的打卡活动，提升了用户参与感，而 PICO 刚通过赠送会员权限和内容资源增加了用户体验虚拟现实世界的机会，这些多样化的营销手段有助于品牌争取更广阔的市场空间。

2. 感知属性的情感分析

采用基于 BERT 的情感分类模型进一步展开情感分析。通过分层抽样方法得到包含 3000 条评论的子数据集，对其在上述 5 个感知属性上分别标注情感极性。例如，对于评论文本"目前做活动价格给力，用了几天，空间感很好，画质清晰，体验很不错，运行速度也很快，眼镜的外形超酷，颜值杠杠的"，在功能、使用感受、营销、视听体验 4 个属性上标注为 +1，在品控方面未表露出情感倾向，则标注为 0。由于用户评论存在显著的中性、正向情感多于负向情感的现象，在选取样本时需要进行比例把控，在各属性上将三类评论（正向、中性、负向）的比例控制在约 2:1:3，以避免训练时出现样本不均衡导致的欠拟合或过拟合问题。将标注后的评论数据按照 2:1 的比例随机分为训练集和验证集，得到产品评论在 5 个属性上的情感值，模型的准确率、召回率与 F1 值见表 3.7。

表 3.7　5 个感知属性的结果

属　　性	准确率	召回率	F1 值
功　能	0.806	0.772	0.780
品　控	0.884	0.869	0.871
使用感受	0.815	0.805	0.788
营　销	0.832	0.851	0.829
视听体验	0.827	0.789	0.783

全部用户评论的情感分布见表 3.8，正向评论数显著高于中性评论和负向评论，说明用户对技术的感知具有明显的情感倾向。其中，用户对营销属性的感知较为特殊，感知程度较弱且情感强度相对低，具体体现为包含该属性的评论数量少且中性评论占比相对高。

表 3.8　5 个感知属性的用户评论情感分布

属　　性	正向评论数（条）	中性评论数（条）	负向评论数（条）	评论数占比（％）
功　能	12400	664	2078	41.3
品　控	14594	410	859	43.2
使用感受	15387	874	1106	47.3
营　销	2056	2632	90	13.1
视听体验	19014	322	697	54.6

3. 感知属性的程度分析

用户对产品技术的感知程度可以通过关注度和喜爱度两个指标来反映，计算得到 5 个感知属性的关注度和喜爱度指标水平，如图 3.18 所示。视听体验是用户关注最多并且认可度最高的属性，在 20033 条提及该属性的文本中，有 19014 条文本（约 94.9%）表达了正向情感。相比之下，营销则是用户关注较少并且情感强度较弱的属性，评论数量极少（4778 条，约 13.1%），其中，正向评论和负向评论分别仅占 43% 和 1.9%。另外，尽管 VR 产品的功能属性受到较多关注，关

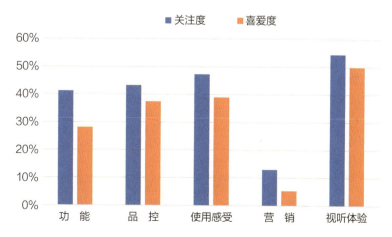

图 3.18　用户对 VR 产品在 5 个感知属性上的关注度与喜爱度

注度达到 41.2%，但喜爱度却仅有 28.1%，说明用户对产品的功能属性需求尚未得到充分满足，这或将是未来产品优化的着力点之一。

从各品牌在 5 个感知属性上的关注度与喜爱度来看，如图 3.19 所示，整体上喜爱度和关注度呈正相关关系。爱奇艺 VR 在所有品牌中表现突出，特别是在视听体验方面，其关注度和喜爱度分别高达 73.4% 和 71.9%，这得益于爱奇艺丰富的影视资源，能够为用户提供类似影院般的临场感，为用户带来极致的感官体验。相比之下，HTC VIVE 在品控和营销两个属性上表现较好，其关注度和喜爱度均位于 6 个品牌之首，但在其他 3 个属性上的指标水平则相对较低。

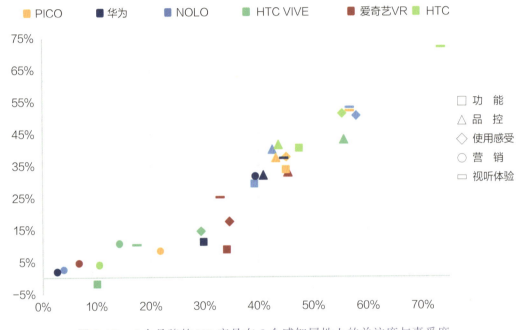

图 3.19　6 个品牌的 VR 产品在 5 个感知属性上的关注度与喜爱度

由于品控和营销主要关注产品的销售后期，例如物流、售后服务，以及平台和商家的促销活动等，与产品客观属性相关度不高。因此，在后续讨论中，将重点关注 VR 产品在功能、使用感受和视听体验三个主要属性上的用户感知特征。进一步对 6 个品牌的产品在这三个感知属性上的评论内容展开细粒度分析，通过词频统计比较用户对产品技术感知细节的异同。鉴于 HTC VIVE 品牌下可分析的评论数量过少，缺乏代表性，故不对其进行分析。

各个品牌的用户普遍认为，功能是三个属性中感知程度均较弱的，具体表现为关注度不高并且喜爱度较低。目前，大多数 VR 产品主要用于游戏领域，这与产品客观属性中 92.2% 的适用人群为"游戏达人"相符，考虑到 98.4% 的适用场景为"卧室 / 客厅 / 浴室 / 书房"，可以得出产品应用的多样性有很大提升空间。

具体到各个品牌，PICO 的串流技术受到用户的关注，体现出其对游戏体验的重视；华为及其合作品牌 NOLO 的近视可用功能则为近视人群提供了优质的 VR 体验，反映出其对具有特殊需求用户的体贴化设计；HTC 的定位精准性得到用户相对强烈的反馈，但评论褒贬不一；爱奇艺 VR 则以其独特的内容资源优势赢得用户青睐。

在使用感受方面，各品牌的关注度和喜爱度均相对较高，正向评价多来自于操作简单、做工精致、体验舒适等因素。同时，也有少数负面评论，主要集中在漏光、头盔重、电池盖难拆卸、连接麻烦等问题，尽管评论在一定程度上受到用户个人素质的影响，但这些反馈也有助于产品质量的提升。事实上，交互设计和外观做工是技术产品开发过程中相对容易的环节，技术壁垒较低，更需要以用户为中心的理念。研究结果显示，当前的 VR 产品在这方面表现良好，值得肯定。然而，相比之下，在更为关键的功能属性指标上，仍需通过技术攻关进一步优化用户体验。

视听体验是除 HTC 外，各品牌关注度和喜爱度均最高的属性，许多用户肯定了画质清晰、沉浸感强等方面的表现。对用户而言，VR 产品带来的感官刺激往往更加直接和独特，虚拟与现实交错引发的视听变化容易赢得用户好感，因此，开发者可能倾向于优化这一技术细节以激励用户使用 VR 产品，这也为用户适应元宇宙环境奠定了良好的基础。然而，应当注意的是，有用户对画面模糊、颗粒感强等问题表示不满，特别是在 HTC 品牌的用户评论中，尽管该品牌以高品质著称，但其高价格和高产品定位并未完全满足用户的期望，这从侧面反映出降低技术开发成本和消费门槛的必要性。

3.3.4 元宇宙理想与现实的差距

用户能够感知到产品的技术优缺点，这在用户评论中表现为正向情感与负向情感。正向评论数多于负向评论数，说明用户对产品优势的感知更为敏感，并予以积极响应；负向评论的存在，以及关注度与喜爱度之间的差异，也在一定程度上反映出用户实际感知与期望之间的差距，有助于发现产品的劣势并制定改进方案。因此，本章将用户感知特征在 VR 产品上的具体表现称为感知属性的优劣性，一个感知属性可以兼具优势和劣势。其中，激发用户正向情感、提升产品关注度和喜爱度的表现称为属性的优势，引发用户负向情感、降低喜爱度与关注度的表现称为属性的劣势。

将沉浸体验、易接入性、互操作性和可扩展性 4 大需求维度与 VR 产品的功能、使用感受和视听体验三大属性相连接。基于主题聚类得到的主题及其对应的关键词，将各感知属性匹配到不同维度上；根据情感分类得到的情感倾向，判断感知属性在不同维度上的优劣表现；由此得到三个感知属性在 4 个技术需求维度上的 8 种优劣表现，如图 3.20 所示。元宇宙技术需求是从整体角度对产品技术提出的要求和指导，4 个需求维度与 3 个感知属性并非一一对应。例如，功能属性包括

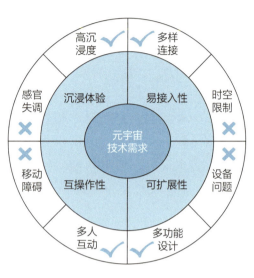

屏幕材质、双眼分辨率、手柄、USB、蓝牙、Wi-Fi、电池等多个技术参数，该属性可以对应多个维度需求。不同技术参数在不同维度上也会表现出不同的优劣性。例如，高分辨率在沉浸体验维度上表现为高沉浸度的优势，而无内置电池带来的插线必要性在易接入性维度上表现为时空限制的劣势。

图 3.20 元宇宙技术需求及感知属性的优劣表现

用户对产品技术的感知是技术实现的直接反映，明晰产品技术实现与元宇宙技术需求的差距，并结合产品的客观属性分析原因，有助于为优化 VR 产品、加速元宇宙构建提供有益参考。

1. 从沉浸体验来看

高沉浸度是虚实共生的基础，相关技术缺乏导致的感官失调会使用户将元宇宙世界拒之门外。研究结果显示，目前大部分品牌的 VR 产品均能为用户提供良好的视听体验，诸如"非常赞，身临其境的感觉，很震撼"等评论充分反映出现有产品在画质、音效等方面表现出色。实际上，目前市面上超半数的 VR 产品分辨率已达到 3664×1920 像素及以上，近八成产品的延迟率小于等于 20ms，约四分之一产品的视场角超过 110°，接近通常情况下人眼视角的 124°，技术参数的不断提升正带来更高沉浸度的 VR 体验。诚然，现有产品中仍存在纱窗效应、边缘模糊等问题，有待进一步解决。用户也提出了对 8K 分辨率的期望，可见为用户提供极度沉浸的元宇宙体验仍有很大提升空间。值得注意的是，HTC 和 HTC VIVE 在视听体验方面的表现较差，尽管其产品推介标语是"超越经典，全面沉浸"，并且推出了像素为 4896×2448 的高分辨率 VR 头显，但其视听体验未达到用户对高价商品的预期，从而形成落差，导致用户的负面情感较多。

2. 从易接入性来看

多样化的连接方式可以方便用户随时随地接入，而相关技术的不成熟会使进入元宇宙的过程受到时空限制。用户对这一维度的感知较弱，仅有部分评论提到

了连接设备的操作简便性和连接方式的多样性。目前，VR 产品的连接方式包括蓝牙、Wi-Fi、USB、网线等，这些都是用户日常使用电子设备常用的接口，因此并不会显著影响用户体验。同时，仍有一些负面评论，例如"挂着一个线转几圈就好像脐带缠脖一样""有时连接时断时续"，这些评论反映出用户对于减少附属物和提升连接流畅性的需求，这不仅对 VR 产品的设计提出了要求，也为配套技术和基础设施的同步优化提供了新的方向。若要构建虚拟空间与实体空间交织的新型栖居环境，每时每刻在虚实之间穿梭将是亟须克服的关键技术挑战。

3. 从互操作性来看

多人互动将极大地扩展元宇宙的应用场景，而使用 VR 产品过程中的移动障碍需要极力克服。尽管现有产品已支持部分联机游戏，并能带给用户良好体验，评论如"跟朋友联机玩游戏太开心了"等充分体现了多人实时互动的愉悦感，但空间不足和电池耗电过快等局限性为互操作性的真正实现造成了阻碍。由于 VR 体验需要一定幅度的动作，极有可能在公共场合造成不便，即便在私人空间中，也存在在体验过程中破坏身边物品的风险。因此，目前绝大多数 VR 产品仍局限于室内场景。从能源支持的角度来看，超过三分之二的产品采用内置电池，这为用户自由移动提供了可能，但电池耗电过快使 VR 体验不可持续，也是引发用户负面情绪的重要原因之一。要真正实现互操作性，仍需进一步探索和改进。

4. 从可扩展性来看

多功能设计是元宇宙在多场景多领域应用的前提，但设备尚存的种种问题抑制了可扩展性的实现。事实上，用户对于技术的感知存在一定局限性，往往滞后于技术的实际发展，评论中反映的内容仅是基于产品现有属性形成的观点和态度，难以对潜在的技术需求提供启发。尽管如此，用户在体验操作时仍然能够发现产品在实际应用中存在的短板，例如，有用户对"不支持 mkv 格式""对格式支持得少"等问题表达出不满。未来的 VR 产品只有适应多格式、跨平台、设备之间的自由转换，才能在更广泛的意义上实现可扩展，使元宇宙真正渗透到人们生产生活的方方面面。

3.3.5 从VR产品看元宇宙技术实现

基于元宇宙技术需求，以 VR 产品为突破口，利用 LDA 主题模型和基于 BERT 的情感分类模型，可以从用户评论中挖掘用户的技术感知现状，并与元宇宙技术需求进行对比。针对 VR 产品技术优化及元宇宙的技术实现有如下参考建议：

（1）提升系统流畅度，增强产品视听技术模块

作为一种感官延伸类型的产品，VR眼镜的优质视听体验是用户对产品最基本的期待之一。评论中反映出的卡顿、头晕、纱窗效应等问题不容忽视。应坚持优化服务系统，增强网络稳定性，提高屏幕清晰度和双眼分辨率，利用技术手段增强感官体验，从而提升用户的沉浸感。

（2）减少配件连接的束缚，提升产品兼容性

针对用户反馈的手机型号不适用、电脑配置不兼容、Steam串联出错、有线缠绕等连接性问题，应当及时调整，提供多类型的接口，方便随时随地接入。元宇宙技术要求易接入性，即摆脱人群与时空的限制，以适应更多元化的发展要求。

（3）建设VR社区服务，增强用户间的互动性

针对用户反馈的产品内载资源少、可玩性低的问题，品牌方应积极探索新的形式，如互动游戏、多人影院等，以促进用户之间的沟通和交流。同时，品牌方应加强内容服务，完善内容生态，构建完善的产品生态系统。

（4）改变服务方式，尝试扩展性服务

随着用户规模扩大和其技术感知能力的提升，产品迭代升级成为VR产品开发过程中的重要环节。产品型号适配与功能版本的可延展性是满足元宇宙可扩展性技术需求的具体体现。应改变强制性或固定不变的服务方式，尝试运行系统可优化、外接设备可转换、内载配置可升级的扩展性服务。

（5）降低技术开发成本，提供高性价比的产品与服务

消费级VR产品应坚持普适性、广泛性的产品定位，不能盲目追求产品设计的高级或技术细节的尖端，过高的技术投入会抬高产品的生产成本和销售价格，进而提高用户对产品的期待。如果最终导致用户的理想预期与实际感受不符，那么新技术的普及应用将受到极大阻碍。

实际上，VR产品作为元宇宙初级阶段的核心技术载体之一，虽然为用户打开了虚实相融的世界之门，但远不足以支持全部的元宇宙技术体系。一方面，作为接入技术的一种形式，在轻量化和续航等方面，需要AR作为补充。而脑机接口技术则是有机生命形式的脑或神经系统与具有处理或计算能力的设备之间直接进行信息交换的连接通路，各种接入方式应相辅相成。另一方面，元宇宙的技术实现依赖于现实世界、接入访问终端、基础支撑平台和虚拟世界的融会贯通，这需要政策、技术、社会等多个层面的协同，从而形成健康有序的元宇宙生态。

3.4 元宇宙数字产业的发展趋势

1. 元宇宙六大板块的布局走向

元宇宙的构建是一个庞大而复杂的系统化工程，我们可以按照价值传导机制，以体验升级为终点，倒推实现这种体验所必备的要素，进而分拆出元宇宙研究框架的六大组件。首先是提供元宇宙体验的硬件入口，包括 VR、AR、MR 和脑机接口等技术。其次是支持元宇宙平稳运行的基础设施，如 5G 网络、算力与算法、云计算和边缘计算等。再次是底层技术，包括引擎、开发工具、数字孪生和区块链等技术。然后是元宇宙中的人工智能，其在元宇宙时代将成为重要的生产要素。最后是呈现出百花齐放的内容，以及在元宇宙生态繁荣过程中涌现的大量提供技术与服务的合作方。按照这个框架，我们可以跟踪当前海内外科技公司的元宇宙布局动向，以判定各巨头在元宇宙建设中的优劣势环节。硬件入口直接决定了用户规模，内容则是抢夺用户注意力的关键，基础设施及底层技术影响着元宇宙世界的运行稳定性，而人工智能则在元宇宙时代扮演着重要的角色。

随着真实物理世界和虚拟数字世界的不断融合，元宇宙将成为每个企业必备的一种新型基础设施。我们以首个提出并专注于企业元宇宙的微软公司为例，目前微软在硬件入口、底层技术以及内容这三大组件方向上均着力布局。

（1）硬件入口

HoloLens 继承了 Kinect 技术，专注于生产力工具。微软先后推出了 HoloLens 和 HoloLens 2，其中 HoloLens 2 相对于一代在 CPU 性能上有显著提升，并且可以很好地与微软 Azure 和 Dynamics 365 等远程方案结合使用。

（2）底层技术

微软的企业元宇宙技术堆栈，通过数字孪生、混合现实和元宇宙应用程序（数字技术基础设施的新层次）实现物理世界和数字世界的真实融合。微软的企业元宇宙技术堆栈非常完善，从物理世界到元宇宙的各个层次均有涉及。同时，微软将通过 Microsoft Mesh、Azure 云、Dynamics 365、Windows Holographic、MRTK 开发工具等一系列工具/平台，帮助企业客户实现数字世界与现实世界的融合。2021 年 3 月，微软推出 Microsoft Mesh，一个具有 3D 化身和其他 XR 功能的虚拟平台，可利用 Azure 云平台促进远程参与者通过 HoloLens 2 和其他设备共享协作体验。Dynamics 365 帮助企业客户拥有唯一的智能业务应用程序产品组合，帮助企业提供卓越的运营并创造更富吸引力的客户体验。

（3）内　容

微软积极拥抱元宇宙，并计划将 Xbox 游戏平台纳入元宇宙。微软作为全球三大游戏机制造商之一，同时也是 PC 游戏市场的重要参与者，旗下多款游戏如《光晕》《我的世界》《模拟飞行》，在探索元宇宙方面走在前沿。与 Facebook 专注于社交元宇宙的布局思路不同，微软率先提出并专注于企业元宇宙这一方向。微软计划将旗下聊天和会议应用 Microsoft Teams 打造成元宇宙的一部分，把混合现实会议平台 Microsoft Mesh 融入 Microsoft Teams 中。通过这一整合，微软的元宇宙从企业级出发，借助一系列整合虚拟环境的新应用，让用户在互通的虚拟世界中生活、工作和娱乐，将数字世界与现实物理世界结合在一起。

2. 元宇宙的投资方向

从产业发展来看，元宇宙的投资可分为三个阶段：概念阶段、商业模式显现阶段和盈利阶段。概念阶段的元宇宙是一个远期愿景，技术和产品都处于早期阶段，产品形态初级，商业模式大多尚未打通，市场上概念横行，实际业绩寥寥，各个玩家都在此阶段试图寻找合适的商业模式方向。商业模式显现阶段在前一阶段的探索和试验基础上，逐步出现较为成熟和可持续的商业模式，这些模式能够吸引大量用户，解决某些需求痛点，或具有较强的业务壁垒。盈利阶段的商业模式较为成熟，行业更加注重可持续发展和盈利能力。

从元宇宙的投资方向来看，可分为四大板块，如图 3.21 所示。

（1）前端硬件

前端硬件作为元宇宙的第一入口，需要配套的内容相互促进发展，主要以 VR 游戏、链游等元宇宙初级内容形态为主。

（2）底层架构

新内容和场景的制作、生产、运行和交互依赖底层架构的大力升级，包括游戏引擎、工具集成平台等。

（3）后端基建

底层架构的升级带动数据处理能力的大幅提升，后端基建，如 5G 网络、云计算、边缘计算等技术开始发挥更大的作用，人工智能开始在数据分析、用户交互等方面发挥关键作用。

（4）内容场景

元宇宙的内容和场景的变数最大，不断创新，元宇宙催生出超越当下预期的新内容、新场景和新业态，重塑内容产业的规模与竞争格局。

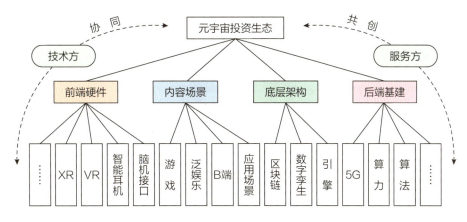

图 3.21　元宇宙投资生态

尽管元宇宙能否代表下一代互联网在业界尚存争议，但在金融市场已经成为时下追逐的热点。值得关注的是，在中国 A 股的元宇宙指数成分股中，游戏和消费电子占据了半壁江山，而美国的元宇宙 ETF（roundhill ball metaverse ETF，以 VR 和 AR 为主题的基金）则把算力、云计算和游戏平台作为投资核心。中国投资者着眼于元宇宙的沉浸感体验，希望尽快推动元宇宙直接面向消费者的业务落地；而美国投资者则押注于长线的系统性建设，认为开放性底层设施的构筑会自然带来应用的爆发。当前投资者往往聚焦于技术的阶段性发展，而相对低估了贯穿元宇宙建设全周期的法律制度的重要性。

本章小结

本章主要从 AICG 舆情分析、体系构成、理想与现实以及发展趋势四个方面对元宇宙的数字产业进行了深入的阐述。AIGC 是元宇宙数字产业中的重要组成部分，当前大众对其的关注涵盖技术进展、活动营销、数字艺术、市场投资、虚拟主播和前景展望 6 大主题，并呈现出不同的演化趋势，而对于人机相竞的担忧是当前亟须解决的问题。元宇宙数字产业由 Web3.0、区块链 /NFT、VR/AR 技术、Defi/DAO 以及脑机接口 / 数字孪生所构成。然而，产业发展的现实同理想之间存在差距，主要体现在相关产品无法较好满足用户需求。我们可以清晰地看到元宇宙数字产业的发展脉络和未来趋势，这一领域不仅充满了无限的可能性和机遇，也面临着诸多挑战和问题。未来，我们需要持续关注技术创新市场动态以及用户需求的变化，不断推动元宇宙数字产业的健康快速发展。下一章，我们将探究在元宇宙产业发展的背景下，其对人类社会是如何进行数智赋能的。

参考文献

［ 1 ］刘炜 , 付雅明 . 祛魅元宇宙 [J]. 数字图书馆论坛 , 2022(7):2-7.

［ 2 ］Yuheng Wu, Yi Mou, Zhipeng Li, et al. Investigating American and Chinese subjects' explicit and implicit perceptions of AI-Generated artistic work[J/OL]. Computers in Human Behavior, 2020, 104: 106186.

［ 3 ］Jing Zhong, Dacheng Tao. Empowering things with intelligence: a survey of the progress, challenges, and opportunities in artificial intelligence of things[J]. IEEE Internet of Things Journal, 2020, 8(10): 7789-7817.

［ 4 ］S Kim, B Kim. A decision-making model for adopting AI-generated news articles: preliminary results[J/OL]. Sustainability, 2020, 12(18): 1-14.

［ 5 ］R Louie, A Coenen, C Z Huang, et al. Novice-AI music co-creation via AI-steering tools for deep generative models[C/OL]//Proceedings of the 2020 Chi Conference on Human Factors in Computing Systems (chi' 20). New York: Assoc Computing Machinery, 2020: 610[2022-10-28].

［ 6 ］C Campbell, K Plangger, S Sands, et al. Preparing for an era of deepfakes and AI-generated ads: A framework for understanding responses to manipulated advertising[J/OL]. Journal of Advertising, 2022, 51(1): 22-38.

［ 7 ］N Aldausari, A Sowmya, N Marcus, et al. Video generative adversarial networks: a review[J]. ACM Computing Surveys (CSUR), 2022, 55(2): 1-25.

［ 8 ］匡俊 . 论人工智能创作物著作权法保护 [J]. 中国出版 , 2020(18):63-67.

［ 9 ］J Ho, A Jain, P Abbeel. Denoising diffusion probabilistic models[J]. Advances in Neural Information Processing Systems, 2020, 33: 6840-6851.

［ 10 ］A Nichol, P Dhariwal, A Ramesh, et al. Glide: towards photorealistic image generation and editing with text-guided diffusion models[J]. arXiv preprint arXiv:2112.10741, 2021.

［ 11 ］A Ramesh, P Dhariwal, A Nichol, et al. Hierarchical text-conditional image generation with clip latents[J]. arXiv preprint arXiv:2204.06125, 2022.

［ 12 ］C Saharia, W Chan, S Saxena, et al. Photorealistic Text-to-Image Diffusion Models with Deep Language Understanding[J]. arXiv preprint arXiv:2205.11487, 2022.

［ 13 ］J Devlin, M W Chang, K Lee, et al. Bert: Pre-training of deep bidirectional transformers for language understanding [J]. arXiv preprint arXiv:181004805, 2018.

［ 14 ］梅夏英 , 曹建峰 . 从信息互联到价值互联 : 元宇宙中知识经济的模式变革与治理重构 [J]. 图书与情报 , 2021(06): 69-74.

［ 15 ］Yilun Xu, Ziming Liu, M Tegmark, et al. Poisson Flow Generative Models[J]. arXiv preprint arXiv:2209.11178, 2022.

［ 16 ］郭全中 , 张金熠 . AI+ 人文 : AIGC 的发展与趋势 [J]. 新闻爱好者 , 2023(3): 8-14.

［ 17 ］M Röder, A Both, A Hinneburg. Exploring the space of topic coherence measures[C]//Proceedings of the eighth ACM international conference on Web search and data mining. 2015: 399-408.

［ 18 ］许雪晨 , 田侃 , 李文军 . 新一代人工智能技术 (AIGC): 发展演进、产业机遇及前景展望 [J]. 产业经济评论 , 2023(4): 5-22.

［ 19 ］李安 . 智能时代版权 "避风港" 规则的危机与变革 [J]. 华中科技大学学报 (社会科学版), 2021, 35(3): 107-118.

［ 20 ］Y Wan, H Lu. Copyright protection for AI-generated outputs: The experience from China[J/OL]. Computer Law & Security Review, 2021, 42: 105581.

［ 21 ］李丰 . 人工智能与艺术创作 : 人工智能能够取代艺术家吗 ?[J]. 现代哲学 , 2018(6):95-100.

［ 22 ］高嘉琪 , 解学芳 . 从人机相竞到人机协同 :AI 时代创意阶层进阶路径研究 [J]. 出版广角 , 2021(22):35-41.

［ 23 ］龚霄 , 张国良 . 网络信息传播与中国证券市场新股基本面的关系 [J]. 系统管理学报 , 2021, 30(06):1222-1227.

［ 24 ］陈云松 , 严飞 . 网络舆情是否影响股市行情 ? 基于新浪微博大数据的 ARDL 模型边限分析 [J]. 社会 , 2017, 37(02):51-73.

［25］许启发, 伯仲璞, 蒋翠侠. 基于分位数 Granger 因果的网络情绪与股市收益关系研究 [J]. 管理科学, 2017, 30(03): 147-160.

［26］Tonghui Zhang, Ying Yuan, Xi Wu. Is microblogging data reflected in stock market volatility? Evidence from Sina Weibo[J/OL]. Finance Research Letters, 2020, 32: 101173.

［27］格拉德威尔. 引爆点: 如何制造流行 [M]. 钱清, 覃爱冬, 译. 北京: 中信出版社, 2009:57-60.

［28］贾晓博. 新时代语境下新主流电影网络传播策略研究: 基于引爆点理论 [J]. 数字传媒研究, 2020, 37(8):26-29.

［29］H Gangadharbatla. The role of AI attribution knowledge in the evaluation of artwork[J]. Empirical Studies of the Arts, 2022, 40(2): 125-142.

［30］史伟, 薛广聪, 何绍义. 基于偏差规则马尔可夫模型的网络舆情情感预测研究 [J]. 情报学报, 2023, 42(9): 1065-1077.

［31］周潇, 高雅倩, 樊嘉逸. 基于 BERT 词嵌入的专利检索策略研究 [J]. 情报学报, 2023, 42(11): 1347-1357.

［32］段丹丹, 唐加山, 温勇, 等. 基于 BERT 模型的中文短文本分类算法 [J]. 计算机工程, 2021, 47(1):79-86.

［33］成俊会, 张思, 吉清凯. 基于 SNA 的社会热点事件微博舆情阶段性传播网络的结构分析: 以 "于欢案" 为例 [J]. 管理评论, 2019, 31(3):295-304.

［34］J W Pennebaker, R L Boyd, K Jordan, et al. The development and psychometric properties of LIWC2015[R]. 2015.

［35］Z Ahmad, S L Lutfi, A L Kushan, et al. Construction of the Malay language psychometric properties using LIWC from facebook statuses[J]. Advanced Science Letters, 2017, 23(8): 7911-7914.

［36］Y Bei, S Kaufmann, D Diermeier. Exploring the characteristics of opinion expressions for political opinion classification[J]. 2008.

［37］刘益光. 人类智能优势在口译中的体现 [D]. 浙江: 浙江大学, 2021.

［38］A Tumasjan, T O Sprenger, P G Sandner, et al. Predicting elections with twitter: What 140 characters reveal about political sentiment[C]//Proceedings of the International AAAI Conference on Web and Social Media. 2010, 4(1): 178-185.

［39］赵晓航. 基于情感分析与主题分析的 "后微博" 时代突发事件政府信息公开研究: 以新浪微博 "天津爆炸" 话题为例 [J]. 图书情报工作, 2016, 60(20):104-111.

［40］王微, 王晞巍, 娄正卿, 等. 信息生态视角下移动短视频 UGC 网络舆情传播行为影响因素研究 [J]. 情报理论与实践, 2020, 43(3):24-30.

［41］李白杨, 白云, 詹希旎, 等. 人工智能生成内容 (AIGC) 的技术特征与形态演进 [J]. 图书情报知识, 2023, 40(1):66-74.

［42］卜涛, 付卫华. 基于德尔菲法的医疗纠纷严重性评价指标体系构建 [J]. 中国卫生法制, 2023, 31(01):118-121, 113.

［43］翟尤, 李娟. AIGC 发展路径思考: 大模型工具化普及迎来新机遇 [J]. 互联网天地, 2022(11):22-27.

［44］彭思雨. 人工智能产业化落地提速, 科技巨头争相布局 AIGC[N]. 中国证券报, 2022-12-08(A07).

［45］吴江, 黄茜, 贺超越, 等. 基于引爆点理论的人工智能生成内容微博网络舆情传播与演化分析 [J]. 现代情报, 2023, 43(7): 145-161.

［46］A M Perlman. The implications of openAI' s assistant for legal services and society[J]. Available at SSRN, 2022.

［47］J W Seow, M K Lim, R C W Phan, et al. A comprehensive overview of deepfake: generation, detection, datasets, and opportunities[J]. Neurocomputing, 2022.

［48］张新新, 夏翠娟, 肖鹏, 等. 共创元宇宙: 理论与应用的学科场景 [J]. 信息资源管理学报, 2022, 12(5): 139-148.

［49］张蓝姗, 任雪. AI 主播在电视媒介中的应用与发展策略 [J]. 中国电视, 2019(11):13-16.

［50］任晓宁. 当 "野蛮人" AI 作画来敲门, 内容赛道何去 [N]. 经济观察报, 2022-10-31(018).

［51］赵磊磊, 陈祥梅, 马志强. 人工智能时代教师技术焦虑: 成因分析与消解路向 [J]. 首都师范大学学报 (社会科学版), 2022(6):138-149.

［52］A Dosovitskiy, L Beyer, A Kolesnikov, et al. An image is worth 16x16 words: Transformers for image recognition at scale[J]. arXiv preprint arXiv:2010.11929, 2020.

［53］龚才春 . 中国元宇宙白皮书 [R]. 北京 : 北京信息产业协会 , 2022.

［54］王文喜 , 周芳 , 万月亮 , 等 . 元宇宙技术综述 [J]. 工程科学学报 , 2022, 44(4): 744-756.

［55］T Kim, S Kim. Digital transformation, business model and metaverse [J]. Journal of Digital Convergence, 2021, 19(11):215-224.

［56］S H Jung, I O Jeon. A study on the components of the metaverse ecosystem[J]. Journal of Digital Convergence, 2022, 20(2):163-174.

［57］J D N Dionisio, W G Burns, R Gilbert. 3D virtual worlds and the metaverse[J]. ACM Computing Surveys, 2013, 45(3): 1-38.

［58］L J Zhang. MRA: metaverse reference architecture[C]//Proceedings of the International Conference on Internet of Things. 2021: 102-120.

［59］A Baía Reis, M Ashmore. From video streaming to virtual reality worlds: An academic, reflective, and creative study on jive theatre and performance in the metaverse[J]. International Journal of Performance Arts and Digital Media, 2022, 18(1): 7-28.

［60］D I D Han, Y Bergs, N Moorhouse. Virtual reality consumer experience escapes: Preparing for the metaverse[J]. Virtual Reality, 2022, 26(4): 1443-1458.

［61］杭云 , 苏宝华 . 虚拟现实与沉浸式传播的形成 [J]. 现代传播 (中国传媒大学学报), 2007, 29(6): 21-24.

［62］L V G Carreño, K Winbladh. Analysis of user comments: An approach for software requirements evolution[C]// Proceedings of the 35th International Conference on Software Engineering.IEEE, 2013: 582-591.

［63］涂海丽 , 唐晓波 , 谢力 . 基于在线评论的用户需求挖掘模型研究 [J]. 情报学报 , 2015, 34(10): 1088-1097.

［64］孙冰 , 沈瑞 . 基于在线评论的产品需求偏好判别与客户细分 : 以智能手机为例 [J]. 中国管理科学 , 2023, 31(3):217-227.

［65］冯立杰 , 关柯楠 , 王金凤 . 基于在线评论考虑潜在用户需求的产品创新方案识别研究 [J]. 情报理论与实践 , 2022, 45(6): 129-137.

［66］B Pang, L Lee, S Vaithyanathan. Thumbs up? Sentiment classification using machine learning techniques[C]// Proceedings of the 2002 Conference on Empirical Methods in Natural Language Processing. 2002: 79-86.

［67］T Wilson, J Wiebe, P Hoffmann. Recognizing contextual polarity: An exploration of features for phrase-level sentiment analysis[J]. Computational Linguistics, 2009, 35(3): 399-433.

［68］M Karamibekr, A A Ghorbani. Sentence subjectivity analysis in social domains[C]//Proceedings of the 12th IEEE/ WIC/ACM International Joint Conferences on Web Intelligence and Intelligent Agent Technologies. 2013: 268-275.

［69］沈超 , 王安宁 , 方钊 , 等 . 基于在线评论数据的产品需求趋势挖掘 [J]. 中国管理科学 , 2021, 29(5): 211-220.

［70］王雪 , 董庆兴 , 张斌 . 面向在线评论的用户需求分析框架与实证研究 : 基于 KANO 模型 [J]. 情报理论与实践 , 2022, 45(2):160-167.

［71］吴江 , 刘涛 , 刘洋 . 在线社区用户画像及自我呈现主题挖掘 . 以网易云音乐社区为例 [J]. 数据分析与知识发现 , 2022, 6(7): 56-69.

［72］张婧怡 . 基于扎根理论的图书馆形象用户感知研究 : 来自大众点评网用户评论 [J]. 图书馆工作与研究 , 2021(S1): 5-9.

［73］D M Blei, A Y Ng, M I Jordan. Latent dirichlet allocation[J]. Journal of Machine Learning Research, 2003, 3: 993-1022.

［74］J Devlin, M W Chang, K Lee, et al. BERT: Pre-training of deep bidirectional transformers for language understanding[OL].arXiv Preprint, arXiv: 1810.04805.

［75］余同瑞 , 金冉 , 韩晓臻 , 等 . 自然语言处理预训练模型的研究综述 [J]. 计算机工程与应用 , 2020, 56(23): 12-22.

第4章
元宇宙的数智赋能

众里寻他千百度。
蓦然回首，那人却在，灯火阑珊处。

——辛弃疾

元宇宙能够辅助人们将海量的数据转化为有意义的信息和知识，提升决策制定决策、解决问题和实施创新的能力，从而实现数智赋能。其功能是让组织或个人能够更好地理解数据、预测未来趋势、优化业务流程、提高生产效率、降低成本、提供更好的用户体验等。本章从数智赋能的基础概念出发，阐释赋能与使能的区别，以及数据赋能、数字赋能与数智赋能的概念，继而探讨数智赋能的核心要素，阐述数智赋能的作用，明晰元宇宙数智赋能的基本逻辑。最后从办公、旅游、社交、医疗、体育、城乡融合等方面，探讨元宇宙数智赋能的具体场景，以期推动元宇宙在各领域的全面应用，赋能社会经济的全面发展。

4.1　数智赋能的基础概念

在新一轮数字革命的浪潮下，元宇宙构建所涉及的大数据、互联网、人工智能、云计算、区块链等数字技术的发展正驱动人类由传统的工业经济时代向数智时代转变[1, 2]。特别是数据要素与数字技术的深度融合，为人类社会构建了数智化生活的丰富图景，并促使各行各业既有的业态及形态发生深刻变革。与此同时，数字技术的广泛应用打破了传统的企业边界，使得企业整体价值创造和价值获取方式发生巨大变化[3]。通过数智赋能促进企业发展已然成为推动中国经济高质量发展的重要依托[4]，引起了学术界的广泛关注。纵观已有文献，大部分学者运用案例研究方法围绕数智赋能企业的运营管理变革[5, 6]、服务化赋能机制[7]、动态能力[8]等方面展开广泛探讨，还有少数学者从微观的角度利用实证数据验证了数智赋能对企业技术研发、创新绩效的促进作用[9, 10]。

抓住数智变革的机遇，深化数智赋能的理论研究，能够为元宇宙数智赋能的实践应用提供理论依据，辅助增强产业竞争力。然而，目前学界对于数智赋能的核心概念并未达成共识。不同概念的混淆与误用可能在一定程度上阻碍数智赋能研究的可持续发展。因此，亟须正确界定相关概念的内涵，厘清不同概念间的关系。

4.1.1　赋能与使能

"赋能"一词，最早起源于"授权赋能"，对应的英文单词"empowerment"。早在 20 世纪 80 年代，授权赋能已成为组织行为理论与心理学领域广泛使用的概念[11]。在组织行为层面，Herrenkohl 等[12]认为授权赋能强调人与环境的互动，应该包含员工行为以及组织对员工行为的支持两方面。Perkins 和 Zimmerman[13]将授权赋能定义为个体或组织对客观环境与条件拥有更强的控制能力来取代无力感的过程。从心理学角度来看，Conger 和 Kanungo[14]将授权赋能定义为员工"自我效能"提高的过程。Thomas 和 Velthouse[15]认为授权赋能可表示为赋予能量，其所产生的动机是"内在任务动机"。随着社会经济的发展，赋能逐渐取代了"授权赋能"的概念。特别是 2016 年以来，"科技赋能""大数据赋能""技术赋能"等基于赋能的新观点的涌现[16]，让"赋能"被赋予更广泛的含义与应用场景。尽管当前学界对赋能的定义尚未达成共识，但从大多数文献来看，对赋能形成的最普遍的观点是赋能主体通过不同的手段或方式促使赋能对象获得能力或提升能力的过程[17, 18]。

与此同时，"使能"（enablement）的概念也经常伴随赋能概念出现。然而，部分学者并未将"使能"与"赋能"这两个概念加以区分，例如，荆浩等[19]提到，在数字化使能的商业模式转型中，数字化分别使能客户和企业，前者提高了企业对客户的洞察力，后者则能使企业价值创造平台得到了变革。另一主流观点则认为使能的概念涵盖范围更为宽泛[20]，赋能是使能的前期阶段。例如，陈剑等[5]在构建数字化环境下企业运营管理的理论框架和体系过程中发现，变革呈现从赋能向使能方向的演进。周嘉和马世龙[21]认为企业的数字化建设是在完成赋能阶段后开始进入使能阶段，使能的过程更能带来颠覆性创新。本章更认同第二种观点，即赋能可以被视为使能的前期阶段。赋能阶段强调赋能对象的"被动性"，指赋能对象通过赋能主体的手段或工具被动地被赋予某种确定的、线性的能力。使能阶段则是在赋能的基础上推动价值实现方式的转变，强调使能对象主动地产生价值创新，主动地获得某些不确定的、非线性的能力。因此，使能对象具有"主动性"。

4.1.2　数据赋能、数字赋能与数智赋能

随着大数据、物联网、云计算、人工智能以及区块链等数智技术在人类社会经济活动中的广泛应用，数据资源以及数智技术对各领域既成业态及形态的赋能影响逐渐受到关注[22]，同时也促进了"数据赋能""数字化赋能""数字赋能"以及"数智赋能"等相关概念的形成。目前，关于上述四个相关概念的理论研究仍较为缺乏。本章依据现有研究，梳理了四者之间的异同点，具体见表 4.1。

表 4.1　数据赋能、数字化赋能 / 数字赋能与数智赋能的异同点

概　念	不同点		相同点
	核心要素	赋能手段	赋能目标
数据赋能	数　据	挖掘海量数据的潜在价值	均旨在增强组织的管理与运行效率，提高组织在信息时代变迁过程中的应对能力与竞争能力
数字化赋能 /数字赋能	数字技术	信息、计算、通信和连接等数字技术的应用	
数智赋能	新一代数字技术与智能技术	移动互联网、云计算、大数据、人工智能、物联网、区块链为代表的新一代数字技术与智能技术的应用	

目前的研究表明，在解释数据赋能的概念时，学者们已经达成了一定的共识，大多学者认为，单纯的数据资源本身并不能自动赋予对象价值，而是强调赋能主体通过创新数据的应用场景、技能、方法的过程，才能实现赋能价值。与数据赋能相比，数字化赋能不仅关注数据资源本身，更注重数字技术的应用。一些学者，如刘凤环[23]、张羽佳和林红珍[24]、汪淋淋和王永贵[25]等强调，数字技术的使用能够强化数据流动的有效性、驱动创新增长、提升企业竞争力等。数字赋能与数字化赋能的概念相似，都强调数字技术给企业带来的变革效应。然而，由于研究情境和侧重点不同，对数字赋能概念的解析存在一些差异。例如，Lenka 等[26]认为数字赋能包含分析能力、智能能力以及连接能力。夏杰长、黄勃等[27,28]强调数字技术是数字赋能的核心手段；张振刚等[7]则在探索数字赋能与价值创造的关系过程中发现，数字资源的转化和组合能形成动态能力，从而实现赋能价值创造。此外，徐梦周[29]从个体、经济和社会三个维度阐述了数字赋能的内在逻辑，认为数字赋能涵盖三个方面：数据改变个体决策的依据和手段，数据资源作为新的生产要素带来分工的深化，数字技术的社会化带来生活、交往、治理方式的数字化。

经济社会发展正经历从数字化到数智化新范式的根本性转变[30]，不少学者在此基础上提出了"数智赋能"的概念[31,32]，普遍强调新一代数字技术与智能技术（后统称为"数智技术"）才是当前赋能的核心要素。数智化是数字化发展到人工智能更高阶段的产物，是数字化和智能化的融合应用[33]。如王秉[34]认为数智化融合了数字化和智能化的双重特征，其中"数"是"智"的原料，"智"推动"数"的应用。陈国青等[35]则指出，"数智化"在"数据化"的基础上更强调数据层面的治理和算法层面的智能，深刻影响赋能及其价值创造的过程。单宇等[36]和梁玲玲等[10]结合数字化和智能化在企业中的运用，强调数智驱动企业经营管理范围的全面变革，从而构建企业的竞争优势。

总体来看，"数据赋能""数字化赋能""数字赋能"与"数智赋能"四个概念的目标一致，均旨在提高组织的管理与运行效率，并增强其在信息时代变迁过程中的应对能力与竞争能力。"数智赋能"在前三者的基础上凸显了智能化，更加符合当前人类从传统工业经济时代向数智信息技术驱动的数智社会转变的背景[37,38]。因此，本章认为使用"数智赋能"的概念更为全面与恰当。另外，大多数研究并未明确区分数智赋能阶段与数智使能阶段。数智赋能应同时融合"赋能"和"使能"的思想。前期通过赋能，使对象获得精准分析等相关能力；后期进入使能阶段，使能对象与各类利益相关者有效连接，构成价值空间更大的生态系统，从而形成巨大的竞争优势。

4.2　数智赋能的核心要素

实现数智赋能，需要数据、算法和算力三个核心要素的齐头并进[39]，三者的有机融合构成了数智赋能的核心内涵，如图 4.1 所示。必须清楚地认识到数据要素是数智赋能的原料，如果只有算法、算力，而缺乏数据要素，则无法驱动数智赋能进程。算法是数智赋能的"大脑"，能够加工和分析海量、非结构化的数据，推动数据要素与其他生产要素（如劳动、技术、人力等）协同工作，实现数据要素的价值创造。算力是数智赋能的"底座"支撑，算力的大小代表对大数据处理能力的强弱，决定着算法的速度和可实现程度[40]，进而影响数智赋能效果。

总而言之，数智赋能的基本逻辑在于以算力为基底，以算法为抓手，协同推动数据要素与传统生产要素的深度融合，实现革命性裂变与聚变，提高管理决策、科学预测、驾驭不确定性、优化资源配置等能力。

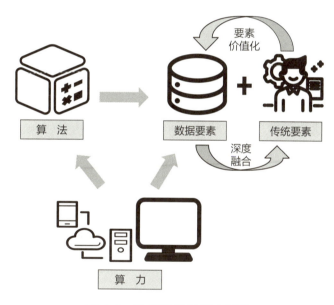

图 4.1　数智赋能的核心要素

4.2.1　数　据

在数智赋能的情境下，数据的含义已经超出了传统数据的范畴，它成为一种新型的生产要素。传统数据主要指代社会经济活动以数字形式反映出来的数量汇集[41]，而数智赋能中的"数据"是依托"算法＋算力"体系捕捉、管理、分析、运用的大数据集合。这些数据具有虚拟替代性、多元共享性、跨界融合性和智能即时性等特点[42]。实现数据要素的价值化是数智赋能的前提。而数据要素的价值创造过程需要满足三个条件：一是数据可得，二是数据资源有效利用，三是数据价值合理分配[43]。

（1）数据可得是数据价值化的基础

根据《数据资产管理实践白皮书》显示，98% 的企业都存在数据孤岛问题。数据被"深藏闺中"，数据无法互联互通会导致数据获取成本高、数据可得性差、数据要素难以流通等问题，从而无法实现数据要素的价值创造。

（2）数据资源的有效利用是数据价值化的关键

获得数据后，往往以单一碎片化的形式呈现数据。利用"算法 + 算力"体系将获得的数据资源有效分析并转化为智能，才能体现数据的价值。

（3）数据价值的合理分配是数据价值得以持续释放的保障

规范数据价值的分配机制，让数据提供者、利用者以及使用者等多主体达成共赢，方能激发数据价值的最大化与持续释放。除此之外，数据要素的价值实现还需与传统生产要素相结合，这是由生产要素的协同性特征所决定的[44]。数据要素与其他生产要素的深度融合，放大了各类生产要素在数智赋能过程中产生的价值，相应地激发数智赋能的乘数效应。

4.2.2　算　法

算法是人类对事物规律认知代码化的描述[44]，其本质是寻找数据规律并进行预测的过程。未经算法处理的数据只能是静态的数据资源，既无法充分释放数据的自然价值，也无法实现数据的社会价值[42]。借助算力平台的搭建与发展，算法能够对海量数据资源进行分析，并通过建立模型实现模拟、预测、探求问题的解决方案[45]，从而挖掘数据价值，服务于不同业务流程与管理决策。

（1）数据 – 算法闭环

数智赋能企业的过程中形成了"数据 – 算法"的闭环，数据要素的持续累积推动算法模型的不断迭代和创新，而不断突破和发展的算法又推动反馈闭环运转，并基于计算结果持续优化[46]。这种闭环机制使得更多尚未明确价值、亟待挖掘的数据资源得以开发利用。

（2）算法智能化

随着"数智化"阶段数据要素的扩张与提升，算法朝着智能化的方向升级。相比于基础算法，智能算法具有可行性、确定性、有穷性和数据量充足四个特征，并叠加了自动处理能力和学习能力[47]。以智能推荐算法为例，通过智能算法对大规模用户数据进行深度挖掘，预测用户行为，分析用户兴趣点和痛点，从而实现智能匹配和精准推荐，减少用户搜寻成本。在这个过程中，智能推荐算法往往具备自主学习能力，不仅可以根据用户搜索记录、浏览记录和消费记录模仿用户的消费决策过程，还能够自动调价，预测用户需求并自动匹配商品[47]。总而言之，算法层面的智能化进阶会深刻影响赋能与价值创造的过程[48]。

4.2.3 算 力

算力，一般指计算能力，即人类对数据的处理能力。在数智时代，算力在大数据、云计算、人工智能、区块链等数智技术的支持下，形成了大规模、分布式、移动计算、高容量的运行能力[40]，保障数据的采集、存储、传输、分析、应用等过程。与传统算力不同，数智时代的算力具备四个特征：暴力计算、泛在计算、协同计算以及绿色计算[49]。

（1）暴力计算

在各类数智技术的支持下，业务流程与经营活动以数字化的形式呈现，形成了丰富的高维数据资源池。数智时代的算力需要满足海量、复杂、多模式、非结构化数据资源的实时处理，例如能够在短时间内处理大规模数据的清洗、标注、训练等任务。

（2）泛在计算

多元化的数字应用场景使得数据资源广泛分布于云端、网络、边缘和终端，这要求数智赋能的算力不应局限于数据中心，而是根据数据位置扩展至云端、网络、边缘和终端，形成一种泛在能力。

（3）协同计算

在数智赋能的情境下，应用场景的复杂多样化导致数据资源持续涌现，要求数智赋能的算力能够实现多个计算技术、计算维度协同处理目标。

（4）绿色计算

算力在支撑海量数据的加工与处理的同时，带来了巨大的能耗挑战。因此，数智赋能的可持续发展需要考虑最大化降低计算能耗，并构建高性能的并发处理能力。

4.3 数智赋能的作用

数智赋能的作用在于释放数据的价值，推动社会各领域的创新发展。通过运用大数据、人工智能等技术手段，我们可以深入挖掘和利用数据资源，为政府治理、企业经营、社会服务等领域提供精准、高效的决策支持。数智赋能有助于优化资源配置、提高生产效率、提升服务品质，进而促进经济增长、提升国家竞争力。

　　数智赋能的作用过程可以分为三个阶段：连接赋能、互动赋能、聚变赋能。从复杂适应系统视角看，产业价值链上的众多参与主体一起协同，实现价值共创[50]。首先，连接赋能实现商业生态系统中各种资源和主体泛在连接，将物理世界数字化，连接到数字世界；其次，互动赋能使得各主体进行有效和可信的互动协同，实现数据的跨界流动与共享；最后，聚变赋能基于前面两个阶段积累的海量数据，进一步筛选、分析，使数据要素实现价值化，在主体间畅通共享，汇聚碰撞，发生聚变，推动企业实现价值共创，从而打造高效健康的数字生态。数智赋能的过程如图 4.2 所示。

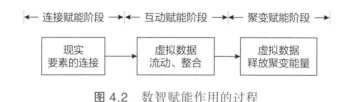

图 4.2　数智赋能作用的过程

4.3.1　连接赋能阶段

　　数智赋能过程中的连接赋能是指以算力平台为基础，利用物联网、无线通信网络等数字连接技术实现组织内外部人、物、信息乃至产业生态系统的广泛连接，促进组织与系统内其他组织或参与主体的协同共创与利益平衡。具体来看，连接赋能是基于实体空间中各要素的连接，智能且实时地将现实数据转化为虚拟空间的计算机数据，形成多种数智赋能的应用场景。连接赋能本身具备可兼容性，能够促使组织引入和融合更广泛的新信息、新知识，激活其原有知识基础，促进技术、生产要素和知识的重新组合，进而扩展和丰富资源储备[26, 51]。连接赋能还具有可扩展性，其建立的广泛连接贯穿整个价值链，不仅扩大了数据的可搜索范围，还打破内外部的组织边界，实现产业生态系统内信息资源的互通与共享。

4.3.2　互动赋能阶段

　　数智赋能过程中的互动赋能旨在解决连接赋能阶段造成的组织活动系统高度复杂化、异质性等问题。互动赋能的表现在于带动建立连接的不同要素主体互动协同，快速感知，实时捕获、整合、分配互动协同过程中产生的数据资源，推动数据要素的良性循环。数智赋能的互动赋能包含自主性、动态性和精准性三种关键属性。互动赋能的自主性使得组织在人工参与程度低的情况下能够自主识别生产运营所需的数据资源并反馈问题，从而提升资源效率，降低资源获取成本及难度[50]。动态性推动组织高效、动态地进行资源配置和转化，例如使用大量的物联网技术实时监控生产设备运行，促进整体生产链的动态协同。精准性则保障了组织内部数据资源的精准匹配，减少人工信息传递，使得内部沟通与管理更为顺畅，决策更为精准。

4.3.3　聚变赋能阶段

数智赋能过程中的聚变赋能体现为基于组织连接赋能和互动赋能过程中积累的海量数据，利用算力平台与智能算法，筛选、挖掘、分析出有价值的信息和潜在知识，实现数据资源的聚变扩能，助力组织管理运营与数智化发展。聚变赋能可以被具体划分为两个维度[26]，第一，借助业务逻辑、算法模型，将信息或数据转化为具有组织运营价值的预测性见解的能力。例如，通过对与用户交互数据的逻辑处理，有效挖掘用户深层次需求，帮助管理者理解市场需求，实现对市场的预测研判以及对外界资源和机会的高效识别。第二，对海量、多维异构的数据资源进行场景模拟，实现结果的可视化，为驱动运营管理的决策制定提供新见解的能力。例如，对产品开发过程中的大规模数据进行模拟及可视化，能够获得生产方面的系统性见解[52]，进而加速产品的创新研发与优化。

4.4　元宇宙数智赋能的基本逻辑

基于对数智赋能基础概念、核心要素以及作用的理解，我们将进一步从不同角度探讨元宇宙的数智赋能。元宇宙数智赋能的基本逻辑可以认为是元宇宙通过数据、算法、算力实现连接赋能、互动赋能以及聚变赋能的过程，如图 4.3 所示。利用人工智能和虚拟现实等技术，可以将数字世界的智能和现实世界的智慧相互融合，从而使得数字世界能够更好地为人类提供预测、智能和辅助决策等方面的

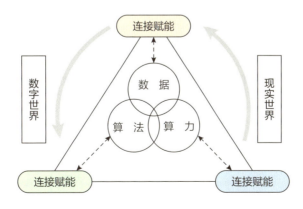

图 4.3　元宇宙数智赋能的基本逻辑

服务。接下来，我们分别从元宇宙的连接赋能、互动赋能以及聚变赋能三个方面对元宇宙数智赋能的基本逻辑展开论述。

4.4.1 元宇宙的连接赋能

连接赋能作为元宇宙数智赋能的基石，扮演着数字化世界的枢纽角色。它依托强大的算力平台和前沿的数字连接技术，将元宇宙内外的人、物、信息，以及整个产业生态系统紧密相连。不仅实现了物理世界和虚拟空间的融合，更构建了元宇宙的数字纽带，为无限可能的创新和协同提供坚实的基础。

连接赋能的核心是物联网技术的广泛应用。物联网将传感器、设备和物品智能地连接到互联网，通过云计算和大数据分析，实现实时数据的采集、传输和处理。这一能力使元宇宙能够不断获取来自物理世界的丰富数据流，并将其实时转化为虚拟空间的数字信息。例如，在智慧城市中，物联网传感器监测交通、环境、能源使用等信息，将这些数据传递到元宇宙，支持城市规划师制定实时决策和持续优化城市功能。元宇宙的连接赋能还依赖强大的无线通信网络，以确保高效的数据传输。未来的 5G 和 6G 网络将为元宇宙提供更高的传输速度和更低的延迟，这对于需要实时互动和反馈的应用场景至关重要，如虚拟现实和远程医疗。

此外，数字身份和认证是连接赋能的另一个重要方面。在元宇宙中，每个用户和实体都需要有一个独特的数字身份，以确保安全和隐私。这些数字身份可以与区块链技术相结合，确保身份的去中心化管理和安全性。用户能够更好地控制个人数据和隐私，建立信任关系，从而更加积极地参与元宇宙的生态系统。连接赋能还需要强大的边缘计算支持，这将使元宇宙能够在接近数据源的地方进行数据处理，减少数据传输的延迟和带宽占用。这对于需要快速响应的应用场景非常关键，如自动驾驶汽车和智能工厂。

总之，连接赋能不仅将元宇宙的各要素相连，还将连接元宇宙与现实世界，为人类社会带来前所未有的数字化体验和机遇。这一基石的不断发展和完善，将为元宇宙的未来提供更广阔的创新和增长空间，创造出无限可能。作为元宇宙的神经系统，连接赋能可以不断传递和整合信息，推动元宇宙的正向演化和发展，成为数智赋能不可或缺的一环。

4.4.2 元宇宙的互动赋能

在元宇宙的数智赋能过程中，互动赋能阶段具有极其重要的价值，它是元宇宙的协同引擎，通过连接各种要素主体，推动协同互动、数据感知和资源分配的高效运作，为元宇宙注入了生命力。

互动赋能的第一个关键属性是自主性。借由物联网技术，元宇宙具备了自动感知和响应互动事件的能力，从而减少了对人工干预的依赖。这意味着元宇宙可以自主地收集、整合和分发数据资源，提高了资源的利用效率。以供应链管理为例，元宇宙可以实时监测物流运输的各个环节，根据交通状况和货物需求自动调整路线和运输方式，确保货物及时交付，减少了供应链的延误和资源浪费。

其次，互动赋能具备动态性，使元宇宙具备高效的资源配置和实时数据转化的能力。这一特性得益于实时监测和反馈机制的广泛应用，尤其是物联网技术的运用。在智慧城市中，元宇宙可以实时监测交通流量、空气质量、天气等数据，从而优化交通信号控制，减少交通拥堵，提高城市的安全性与可持续性。

最后，互动赋能具备精准性。元宇宙内部各要素主体之间的互动是高度精准的，这确保了数据资源的高度匹配，减少了信息的冗余和误解。在医疗保健领域，元宇宙可以确保患者的医疗数据只被合格医生精确访问，同时保护患者的隐私。这种精准的互动提高了数据资源的质量，同时也提高了组织内部沟通的效率和决策的准确性。

互动赋能将元宇宙转化为一个高度协同的数字生态系统，各要素主体能够快速响应、互动和协同创造价值。这种协同引擎的建立提高了组织的效率，也为创新和发展提供了强大的动力。元宇宙的互动赋能，如同它的心脏，源源不断地驱动着数据资源的流动和价值的创造，使其能够不断适应不断变化的环境，实现数字化进程的升级和优化。这种强大的互动赋能将元宇宙打造成一个高度智能、高度协同的数字世界，为人们的工作、生活和创新提供了无限可能性。

在元宇宙中，互动赋能的意义不仅仅体现在个体层面，还在整个社会和经济层面具有深远的影响。它不仅能够提升生产效率，降低资源浪费，还能够推动创新和价值的不断涌现。因此，互动赋能是元宇宙实现数智赋能的关键环节，将数字技术与社会互动融为一体，为构建更加智能、协同、可持续的未来提供了坚实的基础。

4.4.3 元宇宙的聚变赋能

在元宇宙的数智赋能过程中，聚变赋能被认为是元宇宙的智慧之核。它依赖于庞大的数据积累、强大的算力平台和智能算法，用于筛选、挖掘、分析和转化数据资源，从而实现数据资源的聚变扩能，为组织的管理、运营和数智化发展提供有力支持。

首先，聚变赋能体现在将信息或数据转化为具有组织运营价值的预测性见解的能力。元宇宙通过引入先进的业务逻辑和算法模型，将海量的数据转化为深刻的洞察和前瞻性见解。例如，在零售业中，元宇宙可以分析顾客的购物历史、偏好和社交媒体行为，以预测未来的购物趋势和市场需求。这种能力使企业能够更好地理解市场，优化供应链和库存管理，提高市场反应速度，最大程度满足顾客的需求。

其次，聚变赋能涉及对海量、多维异构数据资源进行场景模拟和可视化，为决策制定提供新的见解。元宇宙的算法和数据分析工具可以帮助企业模拟各种业务场景，从而更好地了解不同决策对业务的影响。例如，在制造业中，元宇宙可以模拟生产流程的各个环节，优化资源分配，减少生产周期，提高产品质量。这种场景模拟和可视化能力使企业能够更好地制定战略和决策，降低风险，提高竞争力。

聚变赋能的另一个关键特点是其可扩展性。元宇宙的聚变赋能建立在广泛的数据连接之上，不仅包括组织内部的数据资源，还可以整合来自外部的数据源。这种扩展性使元宇宙能够跨足不同领域，实现跨行业的协同和创新。例如，元宇宙可以整合气象数据、交通数据、市场数据和社交媒体数据，为城市规划提供全面的信息，实现智慧城市的建设。

综上所述，聚变赋能将元宇宙打造成一个智慧之核，它不仅能够科学合理地进行预测，还能够为决策提供全新的视角。聚变赋能利用数据的力量，使组织能够更好地应对不断变化的环境，实现资源的高效利用和创新的催化。聚变赋能的引入不仅提升了组织的管理和运营效率，还为未来的发展和可持续性提供了新的可能性。在元宇宙中，聚变赋能不仅是智能的体现，也是智慧的源泉，将为社会、经济和科技领域带来巨大的变革和机遇。

4.5　元宇宙数智赋能的具体场景

元宇宙数智赋能的应用场景广阔，从虚拟办公和旅游体验，到高度个性化的社交，再到医疗等领域。元宇宙将成为人们互动、合作、学习和娱乐的全新方式，而数智赋能则通过提供数据驱动的洞察和智能决策支持，提高这些应用的效率和价值。无论是改进医疗保健、优化企业运营，还是创造更具沉浸感的虚拟体验，元宇宙数智赋能将打开全新的数字化时代大门，改变人们生活和工作。接下来，我们将围绕办公、旅游、社交、医疗和城乡融合，探讨元宇宙赋能与人们生活息息相关的具体场景。

4.5.1　办公元宇宙

随着元宇宙在办公领域广泛渗透和应用，相关产业链将自上而下发生软硬件的更新迭代。在硬件方面，原有的 PC、手机、平板等终端将增强其人机互动特性增强、智能化程度不断加深，VR/AR 以及脑机接口等新兴终端逐步应用和实践。在软件和系统方面，协同办公平台将向元宇宙办公社区演进。短期内，混合办公模式成为一种新的办公方式，视频会议、在线协作、流程自动化等产品将得到广泛普及和应用，相关公司如 Zoom、亿联网络、致远互联等将受益于这一趋势。长期而言，元宇宙办公社区将逐步走向成熟，科技巨头如 Meta 和 Microsoft 在该领域率先布局并推出了试运营产品，例如，Meta 的 Horizon Workrooms，Microsoft 的 Mesh for Microsoft Teams 和 Dynamics 365 Connected Spaces 等。

通过 VR 设备，沉浸式工作体验能激发创造力，提高工作效率和沟通效果。一方面，元宇宙中的"化身"能让人感觉彼此处于同一空间内，提高团队凝聚力和互动频率，显著改善目前远程工作中的痛点。另一方面，在虚拟现实环境下，人们的认知能力和工作效率有望进一步提升。VR 会议替代视频会议，可以最大限度地缩小线上会议与面对面沟通的效果差距。在元宇宙办公世界中，"化身"将代替演讲者，通过运动追踪技术实现"化身"与现实演讲者动作的同步，这种沉浸式的交流方式能够最大程度接近现实中"面对面"的沟通效果。当前的元宇宙办公产品已能够通过音频提示和手势追踪等方式营造沉浸式的沟通体验。例如，微软的 Mesh for Microsoft Teams 能够在演讲者说话时采用音频提示，使面部表情更为生动，让"化身"拥有更具表现力的动画效果，营造临场感。而 Meta 的 Horizon Workrooms 支持头部和手势跟踪，使现实中用手所做的任何事情都可以在虚拟世界中被模拟与重现。此外，Apple Vision Pro 头显上的专用应用 Zoom 能够将视频会议与用户的物理空间无缝融合，通过 Vision Pro 上的无限画布模糊面对面和远程会议之间的界限，帮助分布式团队感到更加连接和包容。在此情境下，企业生产、沟通、协作三个方面均有望实现数字化，并促使组织形态和管理方式的变革，发挥集群效应，优化上下游对接机制，提高产业链运作效率。

4.5.2　旅游元宇宙

"眼见为实"的旅游体验是单一和有限的，"走马观花"的旅游将错失景点背后的历史、文化和各种精彩纷呈的故事。元宇宙"虚实结合"的特点能够帮助旅游景点获得"重生"。借助 VR/AR 等增强现实技术和移动电子设备等，景点的可探索性将被大大提高。首先是人的重构，身份映射实现旅游主体身份异构化。元宇宙本质上是一个独立于现实世界之外的虚拟平行世界。元宇宙传递出的"通过身份映射实现身份异构化"的理念，与当前旅游业发展中的一些趋势相契合。旅游的意义不仅在于看到不同的风景，更在于体验不同的生活。从日常生活中脱离出来，到陌生的环境中体验不同的生活，这是旅游的意义所在。游客个体追求的也是身份异构化。其次是场的重构，交互体验营造沉浸式旅游场景。从本质上看，旅游的异地性是最为突出的特征。"生活在别处"是旅游动机的真实写照。人们选择旅游，是为了感受充满文化印记的风土人情，体验独具地域特色的生活方式。"走马观花、打卡拍照"已无法充分满足大众需求，人们更加注重旅游体验，更希望融入当地居民的生活，呈现出游客"本地化"的特点。最后是物的重构，价值共创助推旅游资源永续化。某些旅游资源作为吸引物，其不可再生性是核心价值所在。然而，不可再生性也就意味着其作为旅游吸引物的价值是有限的，一旦过度开发或人为破坏，所造成的损失将无法挽回。现代科技可以有效助力解决这一问题，比如，数字化让文化遗产重新焕发生机，敦煌莫高窟的"数字供养人"项目让千年敦煌壁画在互联网时代迎来"数字新生"。

旅游元宇宙主要可以从三个方面来进行建设：外层建设，中层建设以及内层建设，如图4.4所示。外层建设包括对物（场景）的建设和人的建设，以实现人和场景的互动、虚拟人和虚拟人同游、虚拟人和虚拟场景的互动。虚拟人在旅游景区有许多应用场景，例如，通过景区智能交互屏进行来宾接待、个性化讲解、精准营销、塑造景区专属IP、人流监控引导、节日主题风格换装和游览打卡拍照等，这些都有助于吸引客流量。中层建设坚持内容为王，以虚拟场景为依托，不断拓展IP边界。明确景区发展理念，制定创新旅游规划，促进可持续发展。内层建设注重持续促进元宇宙旅游新业态的规范化、产业化和商业化。不断完善相关政策、法规及监管措施，确保元宇宙旅游的健康发展。例如，韩国互联网巨头Naver旗下拍照应用子公司Snow推出的产品ZEPETO，曾在2018年底引爆朋友圈的捏脸热潮。作为虚拟形象社区，ZEPETO向用户提供根据真人形象制作虚拟

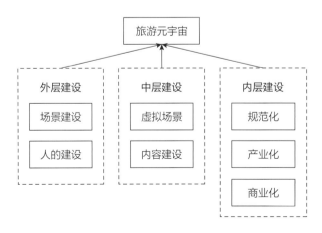

图 4.4　旅游元宇宙建设路径

形象的服务，用户可以利用虚拟形象拍摄照片、录制视频以及社交。从当前的产品及用户特征来看，ZEPETO 成为一个低门槛的虚拟世界，也有韩媒称 ZEPETO 为 Z 世代的电子游乐园，ZEPETO 上也有关于韩国古代村庄虚拟观光活动的旅游场景，展示了虚拟旅游的潜力和魅力。

聚焦实践 4.1
"数字供养人"项目

敦煌莫高窟的"数字供养人"项目是一个创新的公益计划，旨在通过数字化手段保护和发展敦煌的文化遗产。这个项目由腾讯和敦煌研究院于 2017 年 12 月 29 日达成战略合作后共同发起，并于 2018 年 6 月正式推出。项目借鉴了敦煌石窟传统的"供养人"概念，即过去的人们为寻求护佑与指引而在敦煌出资开窟，现在则通过互联网和数字技术参与敦煌壁画的保护和传承。

在"数字供养人"项目中，公众，尤其是年轻人，可以通过多种数字创意方式参与敦煌壁画的数字化保护。例如，用户可以通过手机 H5 页面的创意视频点击互动，捐赠 0.9 元人民币，即可成为敦煌莫高窟的"数字供养人"，并有机会获得"智慧锦囊"，这是一种结合了现代生活场景和语言形式的生活智慧。此外，该项目还包括音乐、游戏、文创等多个方面的合作和创意活动，如"古曲新创大赛"和"王者荣耀"中的敦煌皮肤等。

这个项目的一个重要方面是它对敦煌文化的广泛传播和普及。通过创新的方式，如云展览和融媒体传播等，敦煌研究院新媒体中心不断探索敦煌文化的现代传播途径。例如，"云游敦煌"小程序让用户能够深入了解敦煌文化，打破了时空界限，使得传统文化在传播和互动层面得以突破。

4.5.3   社交元宇宙

在"社交元宇宙"里，人们可以利用虚拟化身，在基于兴趣图谱或推荐的情况下，体验多样的沉浸式社交场景，以接近真实的体验方式进行交流、娱乐，最终找到志同道合的伙伴，建立社交连接。业内普遍认为，构建"社交元宇宙"需要具有虚拟化身、社交资产、沉浸感、经济体系和包容性等关键特征。在社交元宇宙中，用户能够根据个人需求定制虚拟形象，并在不同的社交场景中与亲密好友一起互动。社交元宇宙将推动人的"虚拟化"，即在现实世界和虚拟世界之间交替穿梭。用户可以选择进入不同的元宇宙场景，体验不同领域的社交，与来自古今中外的人们互动。在建立社交元宇宙平行世界时，还将加入多样化的场景和数字经济系统等，以加强用户和虚拟资产之间的紧密联系。

随着人工智能、增强现实（AR）、虚拟现实（VR）等技术的不断发展，"社交元宇宙"有望在未来引入更多游戏化、虚拟化的沉浸式场景，使用户能够拥有更丰富、更多元、更自然的社交互动体验。率先提出打造"社交元宇宙"的 Soul App，或将凭借先发优势成为"社交元宇宙"的代表产品之一。它依托虚拟形象、游戏化场景等产品设计，为用户带来沉浸式体验，并逐渐沉淀出稳定的社交关系网络。同时，通过以用户生成内容（UGC）为主的产出方式，Soul 的内容生态将呈现出极大的丰富度和规模效应，不仅能够持续快速增长，还能在不断扩展的过程中表现出极大的包容性。

4.5.4   医疗元宇宙

医疗元宇宙是利用增强现实（AR）技术实施的物联网医学，结合了全息构建、全息仿真、虚实融合、虚实互联等智能技术。在医疗保健领域，游戏化元素已经成为治疗创伤后应激障碍、弱视、慢性疼痛、抑郁症、帕金森氏症和创伤性脑损伤等神经系统疾病数字疗法的重要组成部分；同时，虚拟现实、增强现实和混合现实等硬件也已经在医学院、手术室和养老机构中得到应用。在医疗领域，元宇宙主要涉及医疗教学、外科手术和护理、远程医疗、智能健康管理等应用。

（1）医疗教学

AR 医疗教育系统能够呈现逼真的观察对象。利用 3D 技术，教学模型可以进行三维构建，并将立体模型展现到现实场景中，实现沉浸式 VR 模拟培训，从而培养护士和医疗工作者的临床推理和手术技巧。例如，医疗教育流媒体视频库 GIBLIB 将真实的手术以 4K、360° VR 的形式录制成视频，实现外科医生视角的精确摄像机角度和 360° 全景，用户只需戴上 VR 设备，即可沉浸式观看手术室中的真实活动。

（2）外科手术和护理

通过创建病患的 3D 模型，可以从错综复杂的人体结构中定位病灶，以更准确的方式制定治疗方案，如图 4.5 所示。从患者参与、手术计划、医生跨学科合作到进入手术室，这个技术可以在患者的整个门诊及手术过程中提供帮助。借助 AR 设备，患者的导航影像和人体结构可以直接在医生眼前形成实时投影，既辅助医生进行手术判断，又可以降低医生和患者受辐射照射的风险。例如，Surgical Theatre 利用 360° 可视化技术，在术前根据患者数据模拟患者结构解剖图，清晰展现各个部位，并能在术前模拟整个手术过程，极大地提高了术中应急事件的处理能力，降低了手术意外的发生率。在手术前后向患者及家属讲解时，可以用交互式 3D 图像来辅以说明，更好地消除他们的担忧。

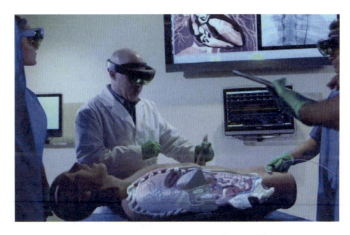

图 4.5　Surgical Theatre 的 VR 模型

4.5.5　元宇宙赋能城乡融合

1. 元宇宙赋能普惠化城乡金融服务

普惠金融概念最早由联合国于 2005 年所提出，旨在有效、全方位地为社会所有阶层和群体，尤其是贫困、低收入人口提供服务的金融体系。长期以来，我国持续实行城市偏向的金融策略，导致城市金融体系对乡村存在着"虹吸效应"。同时，金融资源的"逐利性"也导致了大多数乡村居民被排斥在金融服务体系之外。因此，十八届三中全会首次明确提出了发展普惠金融的目标。目的之一就是缓解乡村居民融资困境，使乡村经济主体能获得更多投资，增加收入机会，以改善目前城乡收入分配失衡的现状[53]。目前，借助数字技术的普惠金融因其交易成本低、传播速度快、使用覆盖广等优势，在缩小城乡收入差距方面已经发挥了重要作用。作为当前科技革命的最新成果，元宇宙可以从以下两个方面进一步提高城乡普惠金融服务的质量。

（1）重塑服务场景

近年来，许多商业银行利用大数据和人工智能等技术，建立了多维度的精准营销模型，实现了服务流程的数字化，延伸了城乡普惠金融服务的触角。然而，当前的服务流程数字化仅仅是将线下服务简单地转移至线上，甚至导致服务的交互体验低于线下网点。元宇宙的出现则将对线上金融服务场景进行重塑，并提高服务效率。一方面，借助自然语言处理、智能语音、知识图谱、计算机视觉等技术所构建的虚拟数字员工能够独立、准确地提供全天候自助应答、业务办理等全流程金融服务，将有效改善当前线上服务交互性不足的局面，并减少原本繁琐的操作。目前，国内金融机构已经开始初步探索这一领域。例如，2020 年 7 月，南京银行推出数字员工"楠楠""晶晶"，用户可以通过语音与之交互，从而更便捷地获取金融服务。另一方面，在元宇宙虚实融合的技术特征下，银行能够构建映射线下真实服务场景的虚拟空间，用户将以数字身份在这一空间中与银行员工进行交互，从而获得沉浸式、立体化的金融服务。这样一来，城乡间金融服务的物理空间限制将被打破，从而覆盖更广泛的人群。

（2）增强风控能力

普惠金融服务的对象主要是金融资产规模相对较小、贡献值较低的个人客户或小微企业客户，即长尾客群。相对于传统金融机构服务的客户群体，这些客户具有更大的不确定性[54]。在普惠金融发展过程中，尤其是在乡村普惠金融中，金融机构的信贷坏账往往归因于用户信息不准确，导致信贷额度不匹配的情况[55]。在元宇宙的赋能下，普惠金融服务的风控能力将得到提升。主要表现在用户将在元宇宙所构建的虚拟场景中开展金融业务，通过获取和分析业务数据，金融机构能够对任何一笔金融业务进行压力测试，并展示可能产生的各种金融风险。通过测试不同防范和化解措施的效果，金融机构可以得出最佳的客户或业务风险管理与化解方案和措施[56]。

2. 元宇宙赋能均等化城乡公共服务

基本公共服务是保障全体人民生存和发展基本需要、与经济社会发展水平相适应的公共服务，由政府承担保障供给数量和质量的责任，并引导市场主体和公益性社会机构补充供给。尽管我国基本公共服务资源持续向乡村地区倾斜，乡村地区基本公共服务不断改善，城乡间基本公共服务供给差距有所缩小，但受长期城乡二元格局的影响，城乡间公共服务供给的不平衡不充分问题依然突出。为进一步解决这一问题，2021 年，《"十四五"公共服务规划》明确指出要增加农村教育、医疗、养老、文化等服务供给。

（1）教育方面

针对城乡教育资源的显著差异，我国继农村中小学现代化远程教育工程之后，于2022年2月上线国家智慧教育公共服务平台。线上教学平台的兴起推动了城乡教育的数字化，而元宇宙的出现将为城乡教育带来新的变革。首先，元宇宙将打造城乡虚实融合课堂。尽管在线教育平台在很大程度上促进了城乡教育资源的均等，但这种自主观看视频的教育方式并没有改变城乡学生因物理空间限制而无法一同上课的现状，城乡教育的物理空间隔阂仍然存在。通过元宇宙技术，在虚拟空间构建与现实高度镜像的数字生态，实现教学环境和个体身份的双重虚拟化，不仅能真实还原教学环境，还能使虚拟身份替代学习者实现具身体验[57]。如此，城乡间的学生和教师将凭借数字身份在虚实融合的课堂中共同参与教学。其次，元宇宙将丰富城乡教育资源类型。相比传统纸质教材，在线教育平台的资源更为多样、形象。元宇宙下的教育资源将进一步拓展与变革。在3D、虚拟现实等技术支撑的虚实融合课堂中，教育资源将不再局限于文字、音频或视频，而是以更为鲜活、立体的方式进行呈现与演绎，使学习者真正沉浸于知识的海洋。最后，现实中，由于设备昂贵、安全隐患等因素限制，很多乡村地区无法像城市地区一样线下开展实验性课程。而在元宇宙技术建设的虚拟实验教学环境中，乡村地区的学生能够通过数字孪生仿真设备亲自开展课程实验。这将使城乡学生在教育资源和教学方式上更加平等。

（2）医疗方面

目前，我国城乡医疗公共服务体系的数字化进程已经加速推进，互联网医院在传统的区域中心化医院体系中逐渐兴起。尽管互联网医院降低了优质医疗资源的获取门槛，但也导致更多病人流向三甲医院，加剧了三甲医院和非三甲医院之间的竞争。在元宇宙的助力下，这一局面将得到显著改善。首先，元宇宙将实现实时健康监测。通过集成人工智能、物联网和深度学习等技术的便携式、无感化智能健康监测设备，如新生儿黄疸远程监测系统和玖智科技的智能指环等，乡村居民可实时、动态地监测自身的健康状况。这些设备将根据居民的健康数据进行评估和诊断，对于病情较轻的患者，设备可以直接出具诊断结果和处方，对于病情复杂的患者，则会发起远程人工助诊或给予线下转诊导流，从而为乡村居民就医提供便利，缓解医院的接诊压力。其次，元宇宙将实现虚拟就诊服务。利用元宇宙虚实融合的技术特征，可以打造映射现实的虚拟医院，医患之间可以通过数字身份实现一对一的实时互动。这种方式不仅能有效缓解乡村居民线下就医的成本，还将缩小城乡之间医疗服务的差距。

（3）养老方面

目前，随着数字技术的发展，我国多地已经开展了乡村智慧养老服务，这些服务依托科技与信息化的手段，结合养生观念，将养老体系中的资源在老人、社会、政府等主体间进行调配和传递，提升了原有养老体系的服务半径与服务水平[58]。在元宇宙下，乡村养老服务质量将得到进一步提高。首先，元宇宙可以为老年人提供生活辅助。利用人工智能、物联网和传感器等技术的智能穿戴设备，如助听器、防丢器和吃药提醒器等，已经在养老服务中逐渐普及，为老年人的生活带来了极大便利。同时，通过生物特征识别、机器学习、情感计算、视觉与语音识别、自然语音处理、人工智能等技术打造的仿真机器人，还能够提供日程管理、信息查询、安全监护和生活助理等全方位养老服务，并与老人实现真正的情感交互。例如，在美国纽约，名为ElliQ的机器人就被用于陪伴老人，帮助消除老年人的孤独感。其次，元宇宙能够拓展老年人的生活边界。对于行动不便的老年人，通过扩展现实等技术，可以在元宇宙构建的虚拟社会中与他人交往，并开展娱乐、购物等日常活动，从而增强他们与社会的联系。

（4）文化方面

目前，运用数字技术的公共数字文化服务已成为城乡基本公共文化服务体系建设中的重要内容。与传统公共文化服务相比，这些数字服务的服务范围和覆盖面显著提高，在促进城乡公共文化服务均等化方面发挥了重要作用。然而，尽管基本公共文化服务的数字化有助于弥合服务资源在城乡间的差距，但受制于城乡物理空间限制以及经济水平不均衡，城乡基本公共文化服务在许多方面的差距在短期内仍难以完全解决。例如，城乡之间的公共数字文化资源建设水平仍存在差异，受地理条件限制，乡村居民不能很好地访问城市公共文化设施等。在元宇宙中，这些问题将得到显著改善，元宇宙将构建虚拟的公共文化服务空间，集成城乡范围内所有公共文化服务资源，城乡居民借助虚拟现实等技术将在该空间中享受无差别的公共文化服务。通过对实体公共文化设施进行全方位、多角度拍摄，能够一比一镜像还原设施实景，借此，城乡居民可以在虚拟的公共文化空间里随意访问现实中任何一处公共文化设施，不再受到时间和空间的限制。

聚焦实践 4.2
"红通通"——红色教育元宇宙平台

"红通通"是基于国家重点研发计划"乡村文化旅游云服务技术集成与应用示范"打造的红色文化推广示范应用平台。该平台的核心目标是"打破时空限制，活化红色资源，用经济可持续的方式服务于红色文化教育实践"，通过三维虚实互联元宇宙技术，平台对博物馆、纪念馆、军史馆、烈士陵园等红色资源进行数字化存储、加工和展示，结合虚拟现实技术，将场馆资源拆分成一个个小场景、小章节进行呈现，配合引人入胜的背景讲解，使得线下的、分散的、跨地域的红色资源以线上的、沉浸的、可观可感的形式展现在大众眼前。

在资源集成方面，"红通通"平台与全国各地区的各类红色场馆共同整合场馆资源和红色史料数据等，同时，平台推出面向中小学及企事业单位的教材定制和思政培训业务，以及面向个人与团体用户的线上观展和线下导览服务，实现线上线下资源的有机融合，推动数字技术赋能红色文化教育创新发展和革命老区的乡村振兴事业发展。在功能集成方面，平台面向政府端（G端）提供红色教育业务，推出生动党史教材和特色培训活动；同时为消费者端（C端）用户提供虚拟观展和实景导览服务，促进个人党史学习和红色文化体验；通过平台用户数据，为文旅公司（B端）精准把握用户需求赋能，推动红色文旅活动。在时空集成方面，"红通通"平台将传统红色文化教育与新兴元宇宙的虚实融合理念有机结合，打通资源渠道，穿越时空隔阂，通过重现革命先辈的故事场景，拉近与年轻一代的距离，使人们不忘历史，展望未来。

3. 赋能数字化乡村治理

乡村治理指对乡村进行管理，或乡村实现自主管理，从而实现乡村社会的有序发展[59]。随着数字技术的兴起与应用，乡村数字治理应运而生。习近平总书记曾指出，要用好现代信息技术，创新乡村治理方式，提高乡村善治水平。作为数字技术的集大成者，元宇宙在乡村治理中的作用主要体现在以下几个方面。

首先，元宇宙将实现对乡村发展风险的精准控制。元宇宙基于数字孪生等技术映射现实场景。借助元宇宙技术，能够在乡村内部海量数据的基础上映射一个虚拟的乡村社会,使其成为模拟乡村真实情况的实验场所,为现实中的乡村治理提供决策参考。

其次,元宇宙将实现乡村治理的多元共治。元宇宙是一个具备新型社会体系的数字生活空间,用户以虚拟人的身份沉浸式参与其中。在元宇宙创建的虚拟乡村社会中,乡村居民均以数字身份进行交往和交流,并与虚拟的乡村社会进行实时交互。在此过程中,乡村居民与虚拟乡村社会产生的任何交互数据都能够为现实乡村治理提供行动依据,从而体现多元共治的思想[60]。

最后,元宇宙将实现乡村与城市的协同治理。目前,城乡治理仍处于分割状态。元宇宙在技术上为城乡协同治理提供了可能。将元宇宙所构建的虚拟乡村社会与现实中正在建设的数字孪生城市进行融合,能够形成真实复刻现实的城乡虚实融合空间,从而打破城乡治理在地理和行政上的藩篱,最终构造城乡协同治理的图景。

4. 赋能现代化农业农村

推进农业农村现代化是全面建设社会主义现代化国家的重大任务,是解决发展不平衡不充分问题的重要举措,更是推动农业农村高质量发展的必然选择。在数字化转型浪潮中,用数字技术赋能现代农业是下一阶段的重点,也是全面推进乡村振兴,加快农业农村现代化发展的关键。当前,数字技术在农业中的应用已初见成效。而在元宇宙技术集成下,农业生产又将迎来新一轮变革。

首先,元宇宙将实现高效的农业生产管理。借助物理模型、传感器等技术设施,可以更好地获取和处理农业数据,集成多学科、多尺度的仿真过程,探索农业园区数字孪生,通过观察虚拟空间中农业场景实体的镜像,能够为优化现实中的农业生产管理提供依据。

其次,元宇宙将为农户提供农业生产展览的平台。基于元宇宙构建的农业生产园区数字孪生,农业生产的经营者可以向消费者全方位展示农业生产的过程。这样既能够降低农业生产者与消费者之间的信息不对称,又能丰富消费者的认知体验,并促进产品销量的提高。

最后,元宇宙将拓展农业生产的销路。近年来,网络直播带货逐渐风靡,但乡村居民的出镜意愿普遍不高。在元宇宙中,通过语音合成、人工智能、计算机图形学等技术打造的虚拟数字人能够代替乡村居民进行直播带货,并与消费者进行良好的互动。

聚焦实践 4.3
"喜乡逢"——乡村文旅综合服务云平台

"喜乡逢"是依托由武汉大学牵头承担的国家重点研发计划"乡村文化旅游云服务技术集成与应用项目"的云服务聚合平台，旨在解决乡村发展难题，实现"引人入村，带货出村"的目标。该平台利用元宇宙技术体系中的三维重建、虚实展示、数据智能等技术，赋能乡村农文旅产业的现代化发展，推动农业农村现代化进程。

以乡村农文旅产业数字化发展为切入点，平台基于元宇宙技术体系，构建了集文化资源虚实展示、地理信息服务、电子商务、大数据商业智能分析于一体的开放式数字乡村综合服务云平台，通过文化资源虚实展示系统，在赛博空间中呈现乡村文化资源，四季景观吸引游客深入了解乡村，促进乡村农耕文化的保护与传承。地理信息服务系统实现了乡村文旅资源数据的跨时空汇聚，提供地理虚实展示服务与美食推荐服务。乡村文旅大数据智能分析服务系统则进行现实世界发展趋势的虚拟仿真推演，提供综合监测分析服务，为管理者提供决策依据。电子商务服务系统借助元宇宙技术体系打通数实空间隔阂，为村民拓宽销售渠道，提升当地经济收入，助力乡村农文旅产业的可持续发展。"喜乡逢"平台的科技创新在文旅领域展现了引领作用，利用元宇宙相关技术赋能，为我国乡村旅游产业转型升级注入了新活力，持续推动乡村旅游向更高水平发展。

大数据智能分析服务系统　　　　　　　　　　　电子商务服务系统

虚实一体化展示系统　　　　　　　　　　　地理信息服务系统

本章小结

　　本章深入探讨了元宇宙数智赋能的核心概念、基本逻辑以及具体应用场景。作为数字化时代的重要趋势，元宇宙数智赋能将深刻影响我们的工作、生活和社会。它不仅为数据的创造、连接、互动、分析和利用提供了全新的可能性，还为各行各业的变革和进步创造了前所未有的机遇。我们期待看到元宇宙数智赋能的广泛应用，为未来的创新和发展开辟新的道路。

　　通过本章的讨论，我们对元宇宙在各个领域对人类社会的数智赋能有了深入了解，下一章，我们将聚焦于人，分析元宇宙赋能场景下人的行为会有怎样的转变。

参考文献

［1］冯华，陈亚琦. 平台商业模式创新研究：基于互联网环境下的时空契合分析 [J]. 中国工业经济，2016(3):99-113.

［2］阳镇，陈劲. 数智化时代下企业社会责任的创新与治理 [J]. 上海财经大学学报，2020, 22(6):33-51.

［3］F Vendrell-Herrero, G Parry, O F Bustinza, et al. Digital business models: Taxonomy and future research avenues[J]. Strategic Change, 2018, 27(2): 87-90.

［4］张国胜，杜鹏飞，陈明明. 数字赋能与企业技术创新：来自中国制造业的经验证据 [J]. 当代经济科学，2021, 43(06):65-76.

［5］陈剑，黄朔，刘运辉. 从赋能到使能：数字化环境下的企业运营管理 [J]. 管理世界，2020, 36(2):117-128, 222.

［6］戚聿东，肖旭. 数字经济时代的企业管理变革 [J]. 管理世界，2020, 36(6):135-152, 250.

［7］张振刚，杨玉玲，陈一华. 制造企业数字服务化：数字赋能价值创造的内在机理研究 [J]. 科学学与科学技术管理，2022, 43(1):38-56.

［8］焦豪，杨季枫，王培暖，等. 数据驱动的企业动态能力作用机制研究：基于数据全生命周期管理的数字化转型过程分析 [J]. 中国工业经济，2021(11):174-192.

［9］周文辉，王鹏程，杨苗. 数字化赋能促进大规模定制技术创新 [J]. 科学学研究，2018, 36(8):1516-1523.

［10］梁玲玲，李烨，陈松. 数智赋能对企业开放式创新的影响：数智双元能力和资源复合效率的中介作用 [J]. 技术经济，2022, 41(6):59-69.

［11］王辉，武朝艳，张燕，等. 领导授权赋能行为的维度确认与测量 [J]. 心理学报，2008, 40(12):1297-1305.

［12］L R Herrenkohl, A S Palincsar, L S DeWater, et al. Developing scientific communities in classrooms: A sociocognitive approach[J]. Journal of the Learning Sciences, 1999, 8(3-4): 451-493.

［13］D D Perkins, M A Zimmerman. Empowerment theory, research, and application[J]. American journal of community psychology, 1995, 23(5): 569-579.

［14］J A Conger, R N Kanungo. The empowerment process: Integrating theory and practice[J]. Academy of management review, 1988, 13(3): 471-482.

［15］K W Thomas, B A Velthouse. Cognitive elements of empowerment: An "interpretive" model of intrinsic task motivation[J]. Academy of management review, 1990, 15(4): 666-681.

［16］郝金磊，尹萌. 分享经济：赋能、价值共创与商业模式创新：基于猪八戒网的案例研究 [J]. 商业研究，2018(5):31-40.

［17］孙新波，苏钟海，钱雨，等. 数据赋能研究现状及未来展望 [J]. 研究与发展管理，2020, 32(2):155-166.

［18］胡海波，王怡琴，卢海涛，等. 企业数据赋能实现路径研究：一个资源编排案例 [J]. 科技进步与对策，2022, 39(10):91-101.

［19］荆浩，刘垭，徐娴英. 数字化使能的商业模式转型：一个制造企业的案例研究 [J]. 科技进步与对策，2017, 34(3):93-97.

［20］刘亚军. 互联网使能、金字塔底层创业促进内生包容性增长的双案例研究 [J]. 管理学报，2018, 15(12):1761-1771.

［21］周嘉，马世龙. 从赋能到使能：新基建驱动下的工业企业数字化转型 [J]. 西安交通大学学报 (社会科学版)，2022, 42(3):20-30.

［22］孙新波，苏钟海. 数据赋能驱动制造业企业实现敏捷制造案例研究 [J]. 管理科学，2018, 31(5):117-130.

［23］刘凤环. 数字化赋能、企业类型与投资效率 [J]. 经济问题，2022, 519(11):67-75.

［24］张羽佳，林红珍. 基于数字化赋能的企业内部控制研究：来自华为 1987—2022 年的经验证据 [J]. 财会通讯，2022, 906(22):142-148.

［25］汪淋淋，王永贵. 制造企业的定制化战略类型识别与选择研究：基于数字化赋能视角 [J/OL]. 西安交通大学学报 (社会科学版):1-14[2022-11-18].http://kns.cnki.net/kcms/detail/61.1329.C.20221125.1209.002.html.

［26］S Lenka, V Parida, J Wincent. Digitalization capabilities as enablers of value co - creation in servitizing firms[J]. Psychology & marketing, 2017, 34(1): 92-100.

［27］夏杰长. 数字赋能公共服务高质量发展：结构性差异与政策建议 [J]. 价格理论与实践，2021(9):13-17.

［28］黄勃，李海彤，刘俊岐，等．数字技术创新与中国企业高质量发展：来自企业数字专利的证据［J］．经济研究，2023, 58(3):97-115.

［29］徐梦周．数字赋能：内在逻辑、支撑条件与实践取向［J］．浙江社会科学，2022(1):48-49.

［30］赵璐，李振国．从数字化到数智化：经济社会发展范式的新跃进［EB/OL］.[2022-05-31].https://www.cas.cn/zjs/202111/t20211129_4816191.shtml.

［31］陆伟，杨金庆．数智赋能的情报学学科发展趋势探析［J］．信息资源管理学报，2022, 12(2):4-12.

［32］孙建军，李阳，裴雷．"数智"赋能时代图情档变革之思考［J］．图书情报知识，2020(3):22-27.

［33］罗斌元，陈艳霞．数智化如何赋能经济高质量发展：兼论营商环境的调节作用［J］．科技进步与对策，2022, 39(5):61-71.

［34］王秉．数智赋能推进国家安全体系和能力现代化：一个研究框架［J］．情报理论与实践，2022, 45(12):1-7.

［35］陈国青，任明，卫强，等．数智赋能：信息系统研究的新跃迁［J］．管理世界，2022, 38(1):180-196.

［36］单宇，许晖，周连喜，等．数智赋能：危机情境下组织韧性如何形成？：基于林清轩转危为机的探索性案例研究［J］．管理世界，2021, 37(3):84-104, 7.

［37］冯华，陈亚琦．平台商业模式创新研究：基于互联网环境下的时空契合分析［J］．中国工业经济，2016(3):99-113.

［38］S Newell, M Marabelli. Strategic opportunities (and challenges) of algorithmic decision-making: A call for action on the long-term societal effects of 'datification'［J］. The Journal of Strategic Information Systems, 2015, 24(1): 3-14.

［39］张文魁．数字经济的内生特性与产业组织［J］．管理世界，2022, 38(7):79-90.

［40］柳学信，杨烨青，孙忠娟．企业数字能力的构建与演化发展：基于领先数字企业的多案例探索式研究［J］．改革，2022(10):45-64.

［41］何玉长，王伟．数据要素市场化的理论阐释［J］．当代经济研究，2021(4):33-44.

［42］李海舰，赵丽．数据成为生产要素：特征、机制与价值形态演进［J］．上海经济研究，2021(8):48-59.

［43］中国通信院．数据要素白皮书［EB/OL］.[2023-04-23].http://www.caict.ac.cn/kxyj/qwfb/bps/202309/t20230926_462892.htm.

［44］王谦，付晓东．数据要素赋能经济增长机制探究［J］．上海经济研究，2021(4):55-66.

［45］杨青峰，李晓华．数字经济的技术经济范式结构、制约因素及发展策略［J］．湖北大学学报（哲学社会科学版），2021, 48(1):126-136.

［46］杨大鹏，王节祥．平台赋能企业数字化转型的机制研究［J］．当代财经，2022(9):75-86.

［47］戚聿东，蔡呈伟，张兴刚．数字平台智能算法的反竞争效应研究［J］．山东大学学报（哲学社会科学版），2021(2):76-86.

［48］许明辉，许高明，曾爱民，等．能源企业数智化转型价值创造：以物产环能为例［J］．财会月刊，2023, 44(18):103-108.

［49］韦薇，许元荣，戴丽丽，等．赋能数字经济 拥抱算力时代［R］．瞭望智库，莫干山研究院，2021.

［50］梁运文，谭力文．商业生态系统价值结构、企业角色与战略选择［J］．南开管理评论，2005(1): 57-63.

［51］张振刚，肖丹，许明伦．数据赋能对制造业企业绩效的影响：战略柔性的中介作用［J］．科技管理研究，2021, 41(10):126-131.

［52］陈一华，张振刚，黄璐．制造企业数字赋能商业模式创新的机制与路径［J］．管理学报，2021, 18(5):731-740.

［53］李建伟，李树生，胡斌．具有普惠金融内涵的金融发展与城乡收入分配的失衡调整：基于 VEC 模型的实证研究［J］．云南财经大学学报，2015, 31(1):110-116.

［54］陆岷峰，徐博欢．普惠金融：发展现状、风险特征与管理研究［J］．当代经济管理，2019, 41(3):73-79.

［55］王一婕．以互联网金融推动乡村普惠金融向纵深发展［J］．人民论坛，2020(1):100-101.

［56］陆岷峰．元宇宙技术及其在金融领域的应用研究［J］．南方金融，2022(7):66-74.

［57］黄心渊，袁之路．元宇宙赋能在线教学模式新形态探究［J］．计算机教育，2022, 335(11):7-10.

［58］丁文均，丁日佳，周幸窈，等．推进我国智慧养老体系建设［J］．宏观经济管理，2019(5):51-56.

［59］贺雪峰．乡村治理研究与村庄治理研究［J］．地方财政研究，2007(3):46.

［60］彭国超，吴思远．元宇宙：城市智慧治理场景探索的新途径［J/OL］．图书馆论坛：1-8[2023-01-12].http://kns.cnki.net/kcms/detail/44.1306.g2.20220601.1651.006.html.

第5章
元宇宙的用户行为

千呼万唤始出来，犹抱琵琶半遮面。
转轴拨弦三两声，未成曲调先有情。

——白居易

元宇宙，作为人类科技的集大成者，将构建虚实交互的数字世界，它的诞生和发展不仅标志着科技的巨大飞跃，更引发了人类社会行为和信息交流方式的全新变革[1]。在元宇宙中，信息获取将更加高效与智能，用户与信息的协同交互也将产生巨变，知识创新与创造将受到更多鼓励，为信息消费者和信息创作者创造更多机会。元宇宙将改变用户的信息行为、社交行为和社区组织方式，但更高的技术水平也可能带来成瘾、暴力以及骚扰等更严重的危害行为。我们需要认真应对元宇宙中用户行为可能带来的潜在危害，以确保这个虚实交互的数字世界能够为人类社会带来更多正面反馈。

5.1　元宇宙的信息、用户与行为

元宇宙尚处于萌发初期，其发展依赖于用户良好的信息互动，从而形成健康的信息生态，促进元宇宙的长期向好发展。同时，元宇宙的发展也将显著影响用户在其中的行为。在元宇宙视域下，用户行为多种多样，本章着重强调用户行为中的信息行为及其引申的网络攻击行为等内容。

探究元宇宙视域下的信息行为，应着眼于信息行为过程中的信息本体与信息主体，即考察信息与用户在信息行为过程中互动机制，从而对元宇宙视域下的信息行为形成更为深入的理解[2]。

信息是元宇宙综合环境的核心资源，通过在物理世界、人类世界以及信息世界中自由流动形成信息生态，促进虚拟与现实的融合[3~5]。社会网、互联网、物联网是信息运动的主要媒介。物理世界与人类世界通过社会网发生联系，人类从现实世界中汲取客观信息，并通过主观意识的加工转化成知识、智能，再将新的信息反馈到现实世界，使信息在人与客观实体、人与人之间充分流动。人类世界与信息世界通过互联网连通。互联网是世界上最大的计算机网络，提供了物理连接，结合网络和计算能力产生大量优质内容，移动互联网对知识的可用性，尤其是知识的创造、共享和获取的途径具有积极影响，人们通过一系列信息行为在互联网上实现与全世界的沟通，互联网使人与信息的互动变得密切频繁。物理世界与信息世界的桥梁是物联网。物联网能够将万物与网络相连接，人、物体与环境通过信息传播媒介进行高效的信息交换和通信，是信息化在人类社会综合应用达到的更高境界，信息将在物理世界与信息世界之间实现自由流动，促进三元世界的融会贯通，如图 5.1 所示。

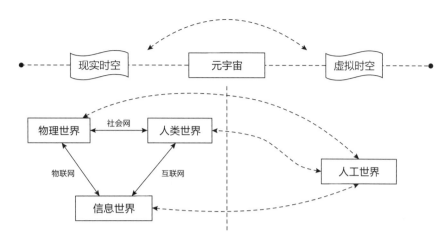

图 5.1 元宇宙虚实交互的三元世界

在元宇宙中，信息主要有两种来源，一是来自现实空间的输入，即现实空间中的知识和信息通过数字化方式在虚拟空间中展现；二是来自虚拟空间的产出，即虚拟空间中的物体所产生的信息。

元宇宙主要包含三种信息产生形式：平台生成内容（PGC）、用户生成内容（UGC）、人工智能生成内容（AIGC）。PGC由专业生产内容者通过平台生产内容，在这一过程中用户只是反馈者，处于信息生产的边缘地位；UGC则是平台提供"场所"，由于元宇宙环境具有高自由度、强互动性等特点，所有用户都能自由生产内容，具有去中心化特性，此时绝大多数用户占据生产主导地位；AIGC利用人工智能实时生产内容并延伸人的感知，能够生成各种交互性内容，但受限于用户使用工具技术的能力，元宇宙内容生产主要依靠人工智能辅助与纯人工智能创作，AI工具还将进入较长的发展阶段。未来，随着各种数字技术的普及，将会极大降低内容创作门槛，需要有效提高UGC+AIGC+PGC协同生成信息内容的数量与质量，为元宇宙注入新活力。信息产生以及传播流动的场景将借由元宇宙居民的参与，自发形成多种多样的元宇宙虚拟社区。

元宇宙虚拟社区属于一种新兴的线上交互平台，人们尚未对其进行相关概念界定。社区源于拉丁语"communate"一词，指代任何类型的社交聚会或社会聚集，并作为社会、社会制度、社会组织、不同性质的社会群体的同义词。在通常的用法中，它可以命名在空间上彼此靠近，具有共同、相似和互补的兴趣目标，并拥有相同的规则、历史和文化的一群人。随着互联网的发展，社区突破了地理空间的限制，虚拟社区应运而生。最早被认为是一种通过互联网联系，拥有相应认知水平并进行交互的人组成的群体，而元宇宙则是基于数字技术构建的一种以数字身份参与的虚实融合的三元世界数字社会，在这一概念下，元宇宙虚拟社区将被赋予更丰富的内涵。

早些时候，国外将 Second life 看作一种元宇宙虚拟社区，用户在其中被称为"居民"[6]，有学者建议在其中建立一个学习者社区，为居民提供线上学习服务[7]，也有学者思考其中人类社会的形态以及可能产生的技术滥用问题，将其看作与现实同等的人类社会的存在场域[8]。受制于当时 3D 立体交互技术的发展，Second life 归根结底也只是一种平面展现的虚拟社区，用户在其中进行信息交互缺乏沉浸感与临场感。与之相似，还有知乎、小木虫、好大夫在线等各种通过文字、图片发帖等形式进行信息交互的虚拟社区。

元宇宙的到来，使得虚拟社区用户、信息资源以及空间场景的存在形态向立体转变[9]，各大互联网企业旗下的元宇宙交互平台纷纷出现，更是验证了这一观点。可以得出，元宇宙虚拟社区是一种在高度仿真的虚拟环境中，由如同现实世界般进行互动的人群、立体资源以及沉浸式互动空间所形成的共生体，各不相同的功能空间使其可以同时具备关系型与兴趣型虚拟社区的性质特征。

用户在元宇宙虚拟社区中的主导作用至关重要，用户的需求和行为直接影响整个社区的发展和持续性，为了推动元宇宙虚拟社区的可持续发展，需要紧密围绕用户需求展开工作。具体需求如下，其一，在元宇宙的沉浸式虚拟环境中，用户渴望建立并强化自己的数字身份认同感。其二，用户希望在元宇宙拥有丰富的内容选择，满足多样化、个性化的需求。其三，用户期待元宇宙提供一个全面开放、公平公正的创作平台，使每一个创意和灵感都有机会被表达。其四，在元宇宙的数字经济系统中，用户希望他们的数字权益得到充分保障，用户创造的数字资产应该能够脱离平台束缚，自由流通。其五，元宇宙吸引用户并促使其持续参与的主要动力在于沉浸式的交互体验，游戏等具有强交互性的内容展示方式，以及 VR、AR 等技术的应用，是吸引用户进入元宇宙并持续参与的关键因素。

为满足以上需求，元宇宙虚拟社区可从以下四个方面着手。

（1）游　戏

游戏是构建元宇宙数字社会的基础逻辑之一，能够为用户提供更加沉浸、实时和多元的泛娱乐体验。

（2）社　交

元宇宙可以创造高沉浸度的社交体验和多样化的社交场景，同时，数字身份的存在消除了物理距离和社会地位等因素对社交的限制，为用户提供了更强的参与感和代入感。

（3）内　容

除了游戏与社交体验，元宇宙还为用户提供极致沉浸的内容体验，通过三种信息生产方式不断拓宽内容的边界，XR 技术的发展使内容的展现形式进一步升级，在元宇宙中用户可以获得 VR 看剧、沉浸式线上剧本杀等优质体验。

（4）消 费

在元宇宙中，更加自由的消费将成为常态，NFT 体系有望实现服务、劳动、创作、道具等资产的资产化，并促进数字资产的流通交易。通过在多方面打磨社区内容，为用户提供更加优质的使用体验，用户可以在其中进行游戏、社交、消费等行为，基于信息的行为也将迎来一轮新的变革。

5.2 元宇宙中用户信息行为的改变

元宇宙中的信息行为指用户与信息资源之间的复杂互动过程，它涵盖了用户对信息的寻求、检索、选择和利用，同时也包括用户与信息在虚实融合时空中的互动行为。在深入探讨元宇宙中用户信息行为之前，让我们先界定一下信息行为这个概念。

元宇宙中的信息行为指用户在虚拟、数字化、多维度的环境中，以真实身份和 / 或不同的数字身份，在现实和虚拟空间之间进行的一系列与信息相关的行为。这些行为包括信息的主动获取、信息的被动接受、信息选择、信息交流、信息创造、信息分享以及信息应用等。

（1）信息的主动获取

包括信息搜索和检索，在元宇宙中，用户通过主动搜索虚拟世界中的内容来满足自己的信息需求。

（2）信息选择

用户需要在众多信息源中进行选择，决定哪些信息是值得采纳和利用的，哪些信息不符合他们的需求或期望。

（3）信息交流

用户可以在虚拟社交平台、虚拟会议、游戏等环境中与其他用户互动，分享信息、讨论话题、建立社交关系等。

（4）信息创造和分享

用户有可能创造新的信息、内容或虚拟对象，并在虚拟世界中发布，与其他用户分享，这类似于在社交媒体上发布内容。

（5）信息应用

用户将获取的信息应用于不同的虚拟场景，例如，在虚拟工作环境中应用信息来完成任务或在虚拟学习环境中应用信息来获得知识。

在元宇宙场域下，信息行为的主体、客体与本体将迎来一定改变。第一，信息行为的主体在元宇宙场景下将更加多元化用户可以是现实世界中的个体，也可以是他们所创建的虚拟身份，甚至是以人工智能为内核存在的虚拟数字人等，这扩大了信息行为的主体范围。

第二，信息行为的客体在元宇宙场景下将更加多样化。在元宇宙中，信息形式包括文本、音频、视频、虚拟对象等，用户需要适应这些不同的信息形式，并使用虚拟技术与之互动。

第三，元宇宙中信息行为的本体也将呈现出新的特点，元宇宙中的信息行为不仅发生在虚拟空间中，还存在于融合虚拟空间的现实空间中，如 AR 导航，通过增强现实将信息投影至物理世界，以辅助用户行为决策。用户可能以多重数字身份参与不同的虚拟社区和场景，使得信息行为更为复杂和多维度。

第四，虚拟社交互动将成为信息行为的重要组成部分，用户在元宇宙中可以与其他虚拟用户建立互动关系，进行虚拟社交。这种社交互动与传统社交行为略有不同，因其发生在虚拟世界中，受到虚拟身份和虚拟环境的影响。

第五，在元宇宙场域下，信息共享与合作也将受到一定影响，元宇宙中的用户更容易与他人协作，共享信息和资源。虚拟环境为信息共享提供了更多的机会，这与传统情景下的信息行为也存在差异。最后，信息的即时性和互动性将得到提升，在元宇宙中，信息可以更迅速地传播和反馈，用户可以立即参与互动、交流和创造，这增加了信息行为的即时性和互动性。

然而，元宇宙中的用户信息行为也可能带来一些潜在的危害，如隐私泄露、信息过载、数字身份风险等。由于虚拟环境中信息的高自由度和多样性，用户可能会面临更大的风险，需要更谨慎地管理他们的数字身份和信息。此外，虚拟社交互动也可能导致社交问题，如虚拟欺凌和冲突。因此，对元宇宙中用户信息行为的理解和管理变得尤为重要。平台和服务提供商需要采取措施来保护用户的数字身份和隐私，同时用户也需要具备数字素养和信息管理的能力，以更好地适应元宇宙虚实交互环境所带来的变革。

5.3 元宇宙视域下的用户信息行为

在元宇宙中，用户信息行为与传统环境中的用户信息行为存在共性，但也表现出显著差异。元宇宙区别于传统环境的主要特征包括万物交互、虚实融合、去中心化，这些特征决定了用户在元宇宙中的信息行为具有独特的特点和表现形式。结合元宇宙的特征和用户信息行为特点，用户信息行为通常始于信息需求。用户会通过有明确需求的信息搜寻，或在没有明确需求时进行信息浏览，甚至偶遇信息，对信息进行采纳和获取，以便利用这些信息，并在传播过程中产生价值，同时，用户也可以通过一定技术手段规避不需要的信息。在用户采纳信息后，他们会根据自身倾向对信息进行进一步加工、创新和分享，从而形成用户之间的信息交流，或者，用户也可能选择保留信息进行信息隐藏。本章将从较为理想的信息传播路线出发，探讨元宇宙中的用户信息行为，具体包括用户产生信息需求，通过信息搜寻获取信息，接着采纳并使用信息，最后加工信息并分享给其他用户。其本质与特征见表 5.1。

表 5.1　元宇宙视域下几种典型的用户信息行为

行　为	本　质	特　征
信息需求	用户在特定情境下，为支撑决策或指导行为而产生的信息需求，是信息行为的起点	在元宇宙虚实融合的环境下，用户信息需求会随着时间从低级需求向高级需求转变
信息搜寻	用户依据信息需求，通过各种渠道，对信息进行搜索和查找等行为	信息搜寻会融入肢体语言，并且用户在信息获取中的信息搜寻比重将减小
信息采纳	用户在接受信息时从客观接收逐渐转变为主观接受，进而运用和转化信息	数字身份价值更高、获取信息成本更低、更有效满足数字世界个人需求
信息生产	用户通过各种工具、方法以及生产要素来生产信息的行为	虚实融合自生产自由度高、数字生产速度和信息量迅速增加、三元世界信息表现更加复杂
信息交流	不同时间或空间上用户通过相应的符号系统进行的信息传递与交流的行为	虚实融合信息传播更加多样化、数字用户之间非线性互动频率高、信息的虚实产销一体化程度高

5.3.1　信息需求

元宇宙必然会对人们获取、理解、分析、使用信息和知识带来革命性变革，元宇宙与信息社会的结合也必将促使各行各业产生转变，在这种背景下，虚拟社区的立体场域转换和信息与物质的空间升维，也必将增加单位消息内的信息量。因此，了解用户信息需求，并根据这些需求指导社区平台的建设与管理，将从基础层面促使元宇宙虚拟社区的发展和信息交互繁荣。

1. 元宇宙虚拟社区用户信息需求

我们对元宇宙虚拟社区（以希壤为例）中的 15 名用户进行信息需求的调查，

并通过需求层次理论进行了二次划分。需求层次理论是美国心理学家亚伯拉罕·马斯洛在其 1943 年出版的《人类动机的理论》一书中提出的一种激励理论，认为人的需求包括生理需求、安全需求、社交需求、受尊重的需求以及自我实现的需求，这些需求根据需求的层次等级又可分为缺失性需求与成长性需求。参照需求层次理论，并结合希壤用户的调查结果[10]，通过用户访谈和扎根理论，我们构建了元宇宙场域下虚拟社区用户信息需求层次模型，如图 5.2 所示。

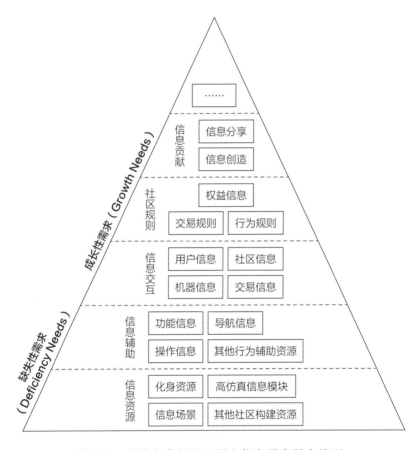

图 5.2 元宇宙虚拟社区用户信息需求层次模型

在元宇宙场域下，虚拟社区用户的信息需求层次分为缺失性需求和成长性需求。在缺失性需求中，第一层是元宇宙虚拟社区的基本构成信息资源，用户进入虚拟社区后，这些资源直接呈现在用户面前，是用户对元宇宙社区的直接印象，也是虚拟社区各种功能实现的基础。调查显示，许多用户对社区提供的高质量、高仿真的信息资源有需求，这一层的信息资源直接决定了用户的使用意愿和使用体验，关乎用户在虚拟社区"生存"的根本。第二层是元宇宙虚拟社区为用户使用过程提供的信息辅助，对应需求层次理论的安全需求。安全感在此主要表现为个体对生活环境或状态的确定控制感，包含确定感和控制感两个维度[11]，在受访者中有 6 位提到了使用过程中感到对周围环境信息的不确定和对系统操作的不熟悉，需要相关信息来辅助解决相关问题。这一层信息可以强化用户在虚拟社区中的确定控制感，正向影响用户的安全需求。

在成长性需求中，第一层是元宇宙虚拟社区用户信息交互层，对应需求层次理论的社交需要，这一层需求包括用户获得关爱、友谊以及归属感等方面的需要[12]。元宇宙虚拟社区用户的信息交互形式主要包括人人交互，即用户与用户之间的交互，以及人机交互，即用户与虚拟助手以及社区数字人之间的交互。然而，元宇宙虚拟社区尚处于起步阶段，用户数量较少、数字人互动性不足、虚拟助手智能程度不高等，这都是访谈过程中受访者反映较多的问题。第二层是社区规则层，对应需求层次理论中受尊重的需要。社区规则包含权益信息和行为规则，权益信息能够证明用户的地位、资产等内容，而行为规则能从管理层面保障用户的尊严权。第三层是信息贡献层，对应需求层次理论的自我实现需求。需求层次理论认为，自我实现的路径之一是无我地体验生活，全身心地献身于事业[13]。在元宇宙虚拟社区的信息背景下，发挥自身主观能动性进行信息创造，并分享自己的信息，是自我价值实现的表现。

2. 元宇宙虚拟社区用户信息需求相较于传统场景的异同

元宇宙场域为虚拟社区带来的场域转变影响着资源的重构，其中包括"人、物、场"等方面，这种转变导致用户信息行为在该场域下也将产生新的变革，其中较为显著的是虚拟社区用户信息分享行为将产生明显的去中心化趋势。在这种变革中，用户的信息需求与传统虚拟社区相比也产生了一定转变。通过对比已有研究，结合调查结果，可以看到元宇宙虚拟社区用户信息需求与传统场景的异同，见表5.2。

表 5.2　元宇宙虚拟社区用户信息需求与传统场景的对比

需求层次	传统虚拟社区	对　比	元宇宙虚拟社区（希壤）
信息贡献	用户通过不断地知识创新来帮助网络知识社区的其他用户	不存在较大差异	信息创造和信息分享是指用户在元宇宙虚拟社区中通过信息创造与分享来满足自我实现的需求
社区规则	用户发帖规范、禁止行为、权益证明等[14]	增加了经济与贸易方面的社区规则信息需求	交易规则是指用户在元宇宙虚拟社区需要了解社区的交易规则
信息互动	在传统虚拟社区中，与用户进行交互的行为主体包括用户和社区平台本身[15]	用户对于交互信息的来源增多，特别是对人工智能的信息交互需求	机器信息是指用户在元宇宙虚拟社区中获取的来自智能助手、数字人等机器实体的互动信息
信息辅助	基础性服务和优化服务构成传统虚拟社区的用户信息辅助需求[16]	信息辅助的需求增大，内容上呈现出多样性和复杂化的特征	功能信息、A11导航信息、A12操作信息是指用户对于社区功能信息、地理分布信息以及操作教程信息存在较大需求
信息资源	信息资源的质量是影响用户信息需求产生的外部驱动力	不存在较大差异	立体信息资源是指用户对于具有高度仿真、互动性和沉浸感的信息资源存在较大需求

相较于传统虚拟社区，数字资源在元宇宙场域下的多模态融合、立体可视呈现、实时交互操作等改变了信息存在形态[17]。然而，用户对高质量信息资源的需求未产生太大的改变，传统虚拟社区中的信息质量仍然是影响用户信息需求产生的外部驱动力[18]，而在元宇宙虚拟社区中，对于"高仿真信息资源"的需求仍然十分重要。值得注意的是，传统虚拟社区中的信息内容质量和表达质量也是影响用户信息需求的重要因素[19]，在元宇宙虚拟社区中，高仿真性和高沉浸感的信息资源会正向影响用户的信息需求。因此，相较于传统虚拟社区，元宇宙虚拟社区中的信息资源需求并未产生较大差异。

在虚拟社区信息辅助方面，传统虚拟社区中平台的基础性服务，如UI设计、服务功能等，以及在此之上的个性化服务优化构成了用户对平台的辅助信息需求[20]。而在元宇宙场域下，情况有所不同。一方面，社区的专业属性减弱，不再局限于拥有相似知识背景的人形成的群体，而是包含了各种不同功能场景的建筑，可以看作专业性社区与兴趣型社区的集合体。另一方面，由于信息空间的立体升维，虚拟社区上手难度增加，用户需要更多的辅助信息，如功能信息、导航信息以及操作信息。因此，元宇宙虚拟社区用户对平台信息辅助的需求增大，在内容上呈现出更加多样与复杂的需求特征。

在虚拟社区信息交互方面，传统虚拟社区中与用户进行交互的行为主体包括用户和社区平台本身[21]。用户的信息交互形式以文字、图片和视频为主。而在元宇宙虚拟社区中，随着人工智能的加入，用户信息交互的对象更加丰富，除传统信息交互对象外，还包括数字人、人工智能助手等。在传统专业性虚拟社区中，用户的信息交互行为与其专业直接相关[22]，并具备明确的目的性。而在元宇宙虚拟社区中，用户的信息交互的行为特征在不同的功能场景中呈现出不同的特征形式。例如，在娱乐型功能空间中，用户的信息交互行为更加偏向于社交属性；而在教育型功能空间中，用户的信息交互行为则具备一定的教学属性。

综上所述，受元宇宙虚拟社区性质转变的影响，用户对交互信息的需求来源增多，尤其是对人工智能的信息交互需求。同时，信息交互的性质和目的会随交互所处功能空间的不同而各有差异。

在虚拟社区规则方面，以小木虫为例，社区规则涵盖用户发帖规范、禁止行为、权益证明等方面，对用户在社区的行为进行引导和限制[23]。在元宇宙虚拟社区中，由于存在交易市场模块以及NFT等新兴功能，交易规则就成为用户社区规则信息需求的重要组成部分。值得注意的是，有4位受访者提出在希壤社区中存在类似于交易市场的建筑，但却无法进行交互，这表明虚拟社区还需加大经济与交易的平台功能模块的建设力度。

　　在虚拟社区信息分享的需求方面，传统虚拟社区中存在着这样的一类用户，他们期望能够最大限度地挖掘自身的潜力，通过不断的知识创新来帮助网络知识社区的其他用户[24]。与传统虚拟社区相似，用户在元宇宙虚拟社区的缺失性需求得到满足后，追求自我的发展与完善，其表现形式包括进行信息与知识的创造，并分享给社区其他用户以满足其自身价值实现的需求。值得一提的是，元宇宙的知识创造研究型空间将会在一定程度上实现知识创造与分享的人人可及。在访谈过程中，受访者对希壤提出的发展建议中信息创造型空间的建设是重要一环。因此可以看出，用户在信息贡献方面的需求相较于传统虚拟社区并未产生较大改变。

5.3.2　信息搜寻

　　在元宇宙中进行信息搜寻是一种全新的体验，让我们更深入地了解这个引人入胜的新世界。当用户进入他们的私人元宇宙时，会感到仿佛置身于一个奇妙的数字化宇宙中，周围环绕着各种立体模块，这些模块代表着丰富多彩的知识资源。

　　这些模块包含丰富的显性知识。在元宇宙中，知识已经不再局限于平面文字或静态图像。相反，用户可以选择立体的 3D 互动书籍，这些书籍以全新的方式呈现知识。用户可以像翻开一本实体书一样，翻阅这些虚拟书籍，在这里，页面不再是静态的，而是充满了互动性。用户可以观察原子的微观结构，沉浸在历史事件的虚拟再现中，或者探索科学概念的立体模型。这种互动性为学习和探索提供了前所未有的机会，使用户能够更深入地理解知识。此外，还有一种令人兴奋的技术，将实体书籍映射到虚拟立体空间中的仿真体。这意味着用户可以将他们喜欢的实体书籍带入元宇宙，并在其中自由浏览。书籍的内容会以虚拟的方式呈现，用户可以在虚拟世界中翻阅页面，进行标记和批注，与其他用户共享笔记，甚至与虚拟书中的角色互动。这将传统阅读体验与虚拟互动的无限可能性相结合，创造出一种全新的学习和知识分享方式。

　　但元宇宙的信息形态不仅限于显性知识，还包括以虚拟情景化的形式存在的隐性知识。在元宇宙中，用户可以进入虚拟场景，这些场景是知识的可视化呈现。举例来说，用户可以步入虚拟古代文明的城市，与历史人物交谈，亲身体验古代文化。或者进入虚拟实验室，进行科学实验，模拟物理过程，了解自然法则。这些虚拟情景不仅提供知识的视觉呈现，还允许用户参与其中，深度理解和体验知识的精髓。在这个新的资源形态下，传统的关键词检索方法已经不足以满足需求。基于人工智能，用户只需发送语音指令，AI 将自动检索相关知识内容块，并将其可视化呈现给用户。这种智能检索不仅将大大提高检索的效率，还能降低用户的学习门槛，使知识获取变得更加直观和便捷。

元宇宙的交互界面相较于传统情景也会发生一定改变，传统虚拟社区的 Web 界面已经无法满足元宇宙的复杂性和沉浸感。借助 XR 技术（扩展现实、虚拟现实和混合现实），用户能够在更加直观的虚拟环境中进行操作。这意味着用户可以通过手势、触碰、头部运动等方式与虚拟资源互动，甚至可以进入虚拟场景，如进入历史场景中的古城或科学实验室，以获取所需的信息与知识。

在元宇宙中，信息搜寻已经变得更加沉浸、有趣和交互性十足。用户可以像冒险家一样探索知识的广阔世界，通过立体模块、虚拟场景和智能 AI 的帮助，以前所未有的方式获取信息。这个新的知识获取情境不仅是一次技术升级，更是一场知识的探索之旅，为我们带来前所未有的教育和娱乐体验。在元宇宙中，信息搜寻已经不再仅仅是获取信息，而是在虚实交互环境中一次充满奇迹和发现的冒险。

5.3.3　信息生产

在元宇宙进行信息生产是信息时代变革与深化的关键一环。这一过程不仅是信息的复制，更是信息的创造、表达和传播，融合了人类思维与技术创新的力量，具备前所未有的自由度和互动性。邬焜在《信息哲学：理论、体系、方法》中指出，人类生产的本质上是信息生产，这一观点在元宇宙中得到深刻体现。元宇宙不仅是数字世界的扩展，更是人类思想和创意的投射，是虚实融合、数字生产速度飞涨、信息表现更为复杂的全新信息生态。

元宇宙的信息生产呈现出虚实融合、自生产、自由度高的显著特点。与传统虚拟环境不同，元宇宙将用户的数字身份融入其中，使得用户可以在虚拟世界中自由地尝试与表达自己。用户不再局限于第三视角下的观察和参与，而是可以塑造数字自我，和其他用户共同创造虚拟世界的内容和规则。在虚拟游戏中，用户可以自主编辑游戏环境，塑造独特的体验；在社交平台上，用户可以通过数字身份实时发布各种形式的内容，与他人互动，建立虚拟社交圈。这种高度自主生产主导的信息生产方式，不仅丰富了元宇宙的多样性，还赋予了用户更多的创意表达和互动的机会。

在元宇宙中，数字生产速度和信息量呈现爆发式增长，依赖高效的通信和计算能力，使得信息的产生、传输和处理速度迅猛增加。用户在元宇宙中创造和分享海量实时信息，这不仅源于用户自主生产信息的能力，同时也来自于人们在虚拟世界中释放的创意潜能。在元宇宙中，创意可以无限延伸，通过数字化平台传播到世界各地，成为推动虚拟空间发展的动力。

元宇宙中的信息表现更为复杂和多样化。人类的活动在三元世界中得以再现，并且信息不仅来源于环境观察，还来源于创意的无限可能。创意在元宇宙中呈现出多种形式，可以在社交平台上传播、在虚拟游戏中传递、在虚拟空间中呈现，用户与这些丰富的信息不断进行互动。这种复杂性和多样性使得用户的体验更加丰富多彩，同时也带来了信息质量监管和知识产权保护等挑战，这些问题需要我们在元宇宙时代寻找切实有效的解决方案。

总而言之，元宇宙中的信息生产是信息社会的深化和拓展，它打破了传统虚拟环境的界限，赋予了用户前所未有的自由度和创造力。虚实融合、信息爆发、信息复杂性是元宇宙信息生产的特征，这些特征促使这一生态系统不断进化和发展，为人类社会带来了前所未有的机遇和挑战，如图 5.3 所示。在面对这些机遇和挑战时，我们需要持续探索、创新和合作，共同打造元宇宙信息生态，为人类社会的未来带来积极的变革。

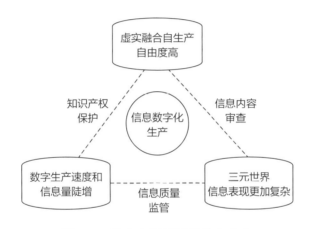

图 5.3　元宇宙视域下的信息生产

5.3.4　信息采纳

在元宇宙中，用户信息采纳是一个环境影响和主观意识相互作用的复杂过程。元宇宙所提供的高自由度、大体量、快速度以及多样化信息形式带来了前所未有的信息获取机会，同时也伴随着一系列挑战。接下来将深入探讨用户在元宇宙中采纳信息的三大特征。

首先，数字身份价值匹配的概念在元宇宙中具有巨大的意义。在这个虚拟世界中，信息内容异常多样且时效性迅猛，用户面临着来自其他用户的信息涌入。这种情况下，用户倾向于采纳那些与他们更相似的用户所发布的信息。假设一个用户在虚拟现实社交平台中建立了一个数字身份，展示自己是一个喜欢户外活动的人。在这种情况下，他更有可能采纳与户外活动、冒险、自然环境相关的信息。

其次，元宇宙环境为用户提供了成本更低的信息获取机会。复杂的社会系统和虚拟空间使得信息获取更为便捷和高效。用户可以轻松地浏览虚拟场景、与其他虚拟用户互动，以及访问各种数字资源。因此，用户更有可能采纳信息，因为他们认为采纳信息的成本较低，无须过多时间和精力。这种低成本的信息获取方式有助于用户更广泛地了解不同领域的信息，增加了他们的信息来源多样性。

最后，在元宇宙中，用户信息采纳会更受信息模块所带来的沉浸体验的影响。这种高度逼真的感官刺激和互动体验，用户更容易产生共鸣和情感投入，从而对所接收的信息产生更强的记忆和理解。沉浸体验能够调动用户的多种感官，使他们更专注于当前的虚拟环境和信息内容，减少外界干扰的影响。这意味着通过强化用户的感官和情感参与，或将有效地提升信息采纳可能。

总的来说，用户在元宇宙中采纳信息是一个受多种因素影响的复杂过程。数字身份的一致性、信息获取的低成本以及个人需求的满足性是三个重要的特征，如图 5.4 所示。这些特征塑造了用户在虚拟社区中对信息的选择行为，并为他们提供了更多的选择和便利，同时也引发了一系列挑战，如信息茧房和隐私问题等。

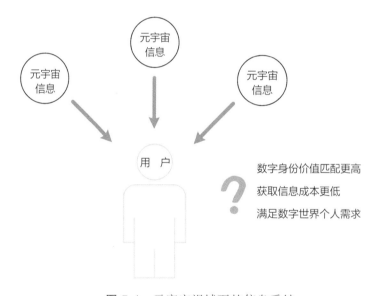

图 5.4　元宇宙视域下的信息采纳

5.3.5　信息交流

信息交流是用户与信息互动的核心环节，用户通过信息交流与外界建立联系，信息在传播过程中呈现出自身价值。在元宇宙时代，人类社会将利用 5G/6G 网络、云计算、边缘计算等新的基础设施，VR/AR/MR 可穿戴设备等新的终端设备，以及脑机接口等新的内容应用。这使得用户在元宇宙这个虚拟空间中能够通过数字身份进行实时、具象化、沉浸式的社交活动，消除时间和空间的障碍，进行信息传递和信息交流，从而进行协作、交易，甚至形成一套独立的数字社会规则和经济系统。从最基础的文本交互到语音互动，再到融合视觉、语音及语义技术的多模态数字人交互，用户在虚拟世界中的交流需求不断增加。具有同步性和高拟真度的虚拟世界是元宇宙构成的基础条件。当人的感官能够全方位地在线上实现时，元宇宙作为人类生活的全新空间将全方位地超越现实世界。

在信息交流领域，施拉姆创新性地引入反馈的概念，将反馈的过程与交流者的互动过程联系起来，把信息交流理解为一种循环往复、不断反馈的过程。由于元宇宙具有虚实融合、多层次立体性联系，去中心化的自由结构、互动交流的实时性、信息流动的黏滞性等特点，信息交流在用户之间形成循环往复、螺旋迭代、级联扩散的模式。因此，我们选择施拉姆的"循环模式"来描述这种情况。如图5.5所示，元宇宙为信息交流提供了全新的虚实融合的外部环境，信息在发布者与接收者之间螺旋迭代，从一对一、一对多扩散到多对多的去中心化交流模式，显著提升信息的效率与价值。

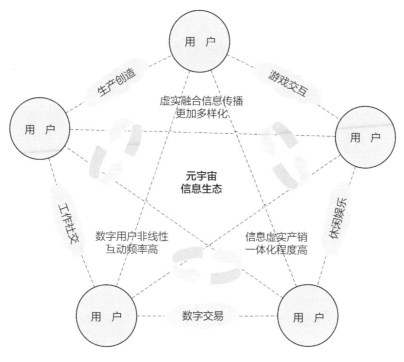

图5.5　元宇宙信息生态中的用户信息交流

（1）虚实融合信息传播更加多样化

元宇宙超越了博客、电子邮件、网络游戏等传统互联网应用，为用户提供了多种多样的虚实融合的信息交流方式。在元宇宙中，信息可以在虚拟与现实空间中进行传播，形成了虚实融合的、多层次的联系。

（2）数字用户非线性互动频率高

在虚实融合场景中，用户可以更自由地选择交互对象和信息传播范围，通过点对点传播，建立连接虚实空间的一种去中心化的网状结构，从而进行更广泛的非线性互动。

（3）信息虚实产销一体化程度高

在元宇宙中，用户在虚实融合的各种场景中进行大量的信息生产和信息消费。由于交流具有高度实时性，用户发布的信息能够获得即时反馈，从而在虚实空间中可以充分地与信息展开更多形式的交互。

5.4　全面理解元宇宙用户信息行为

元宇宙虽然是一个全新的环境，但其中用户与信息的交互仍然建立在一定的原有理论基础之上。已有理论经过进一步优化调整，可以更有效地分析、解释、预测和设计新环境下的用户信息行为。基于现有理论基础，可以从信息、用户以及技术三个视角全面理解元宇宙中的用户行为，如图 5.6 所示。

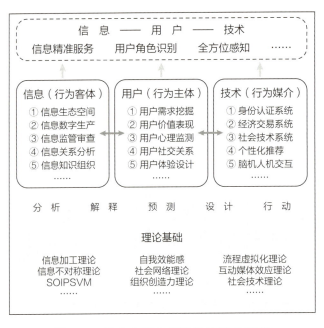

图 5.6　元宇宙用户信息行为视角框架

5.4.1　从用户维度理解用户信息行为

用户是行为主体，体现了人的思想意志，用户通过信息生产、信息采纳和信息交流等行为深度参与到元宇宙中，是元宇宙信息生态建设的重要一环。从用户维度理解用户行为，就是要挖掘元宇宙中不同类型用户的需求，建立以数字身份为基础的价值评价系统，监测用户的心理动机，增强虚实融合环境中用户社交过程中的信任关系，提升用户在虚实相融中的全方位体验感。

（1）用户需求挖掘

用户信息行为基于用户需求，而不同群体的需求各有不同。应当关注元宇宙视域下的"弱势群体"，已有研究表明，在全球信息革命和知识时代，信息资源与知识资源分布不均形成的数字鸿沟已在世界各国、城市与农村、不同社群之间愈加显著，元宇宙融合了现实空间和虚拟空间，这种差距将进一步扩大。在此背景下，关注这一不平等现象背后的用户细分群体特征，有助于挖掘用户在元宇宙中的各类需求，进而更好地理解新行为的产生。

（2）用户价值表现

元宇宙中的用户不仅有着各自的需求，还具有独特的价值，具体表现在他们特定的身份和角色等社会属性，以及在一系列交易活动中产生的经济价值。用户在从事经济和社会活动时，需要一套具备身份认定、行为记录、价值评估等功能的价值系统提供支持。如何借助区块链技术和NFT体系建立健全的价值评价体系，并设置合理的用户激励机制，使用户的价值得以充分体现，是用户信息行为研究应当关注的重要议题。

（3）用户心理监测

从内部机制的角度来看，通过对用户心理动机等方面的剖析，可以揭示行为的内在机理，有益于理解用户的信息行为。当今，社交媒体已"深入寻常百姓家"，已有学者开始关注移动社交媒体给用户带来的负面情绪。在元宇宙时代，用户的信息行为远不止于社交需求，各种生活场景大规模向元宇宙迁移，用户期待更开放、更自主的体验。根据理性行为理论和计划行为理论，用户的态度会通过影响其行为意向进一步影响其信息行为，因此，对用户心理状态的动态监测是用户信息行为研究需要密切关注的内容。

（4）用户社交关系

从外部环境的角度来看，元宇宙中的用户并非孤立的个体，用户在社交过程中的信息行为同样值得深入研究。考虑到元宇宙的虚拟属性，如何在用户之间建立信任成为运营方需要认真考虑的问题。在物理世界中，信任是人际关系和组织运作蓬勃发展的基础，是衡量关系可靠性和稳定性的重要因素。得益于区块链技术，元宇宙中建立的共识机制可以部分解决信任问题，去中心化的网络能够更好地保证用户虚拟资产和虚拟身份的安全。

（5）用户体验设计

元宇宙对用户的最大吸引力在于其沉浸式的体验，因此，用户体验设计成为用户信息行为研究的一个重要主题。例如，在消费场景下，直观而沉浸的购物环境能够增强用户对商品的认知，通过用户积极参与，设计出的产品与功能更加符合用户的心理预期与实际需求，从而促进用户与外界信息的交互。目前，已有学者总结出七十种用户体验设计方法，然而，如何将这些方法应用到元宇宙视域下，以提升元宇宙用户体验，仍需进一步探索。

5.4.2　从信息维度理解用户信息行为

信息是元宇宙用户交流的核心内容，承载着一切交流的要素。与传统环境中的信息不同，元宇宙信息具有更高的主动性，信息的流动不仅是一种客观存在，更是虚拟与现实融合的动力，是元宇宙维持与发展的基础。从信息运动角度来看，不同应用场景和发展阶段中，信息具有不同的运动规律。

在元宇宙发展的初期阶段，功能主要以社交和娱乐为主，信息质量良莠不齐，此阶段的信息流动依赖于用户群体的兴趣特征和行为偏好，具有较高的不确定性和流动性，大部分信息的传播力有限，在海量信息环境中很容易被快速淹没。

在元宇宙发展的中期阶段，全真互联网开始赋能生活和产业，改变人们生活、工作和连接的方式，使得虚拟与现实的边界变得模糊，此时的应用场景包括工业互联网、电商、物联网、金融系统等。信息的真实性、有用性和时效性大大提高，信息的流向受到发布者或传播者的规范约束，有助于维持元宇宙的秩序。

当元宇宙发展成为万物互联、虚即是实的数字宇宙之后，稳定持续运转的健康信息生态已经建立。信息将在各种应用场景中自由流转。从信息维度理解用户行为，需要建立一个更加有序的元宇宙信息生态空间，提升数字社会信息生产力与质量，建立元宇宙信息监管机制，解析虚实融合的万物互联中的信息转化过程，以提升虚实融合环境中的信息知识组织效率。

（1）信息生态空间

元宇宙信息生态的建立关键在于信息资源的有效管理。随着社会经济的演变，个性化信息服务需求日益突出，元宇宙中的信息形式更加多样，信息服务更加丰富，传统的信息资源管理已无法满足个性化需求，建立定制化的用户信息空间势在必行。当前，已有学者针对数字图书馆的用户信息空间展开研究，并构建了个性化信息空间模型，在元宇宙视域下，如何将用户个体的信息空间与元宇宙信息生态结合，形成有序、有层次的统一体，是一个值得关注的研究主题。

（2）信息数字生产

健康的信息生态建立在真实可靠的信息内容之上。在元宇宙视域下，有三种主要的信息生产形式奠定了内容基础，平台生产确保了信息产量，用户创作则将人类的思想和灵感融入其中。随着人工智能对人脑模拟技术的日益成熟，数字社会的信息生产力与质量将会大幅提升。然而，目前相关技术发展尚未达到要求，未来需要投入更多的研究与探索。

（3）信息监管审查

在元宇宙视域下，信息的选择与评价成为用户获取优质信息的关键环节。一方面，依靠用户自觉和意见领袖的力量，能够一定程度地抑制劣质信息的传播；另一方面，平台应当建立严格规范的审查体系，充分借助人工智能等技术优势对信息进行有效筛选，以维持元宇宙信息生态的健康运转。与此同时，由于不当使用而出现的隐私泄露问题已引发用户的担忧。相较于当前互联网应用中存在的隐私信息风险，元宇宙视域下的信息具有更高的自由度和流动性，因此监管机制的建立对于有序运转的信息环境同样具有重要意义。

（4）信息关系分析

元宇宙依托数字技术构建，信息最初以二进制的数据形式存在。而后，数据转化为信息，在社交网络、互联网和物联网中传播。当信息从客观世界向人的主观意识转化，经人脑加工成为知识后，将升华为人类智慧，并产生更大的价值。要实现以上过程，需要精准把握信息转化的关系，当前，知识图谱作为一种挖掘、分析、构建、展示知识之间关联的研究方法，已被广泛研究与应用。针对元宇宙的用户信息行为研究，需要建立相应的信息转化过程的研究体系。

（5）信息知识组织

信息关系分析有助于揭示信息在不同形态下的表现，而信息对于用户的价值体现则需要有效的组织管理。信息知识组织包括主观知识客观化和客观知识主观化两种类型。在元宇宙中，用户以数字身份参与其中，其主观知识在虚拟与现实空间流动，通过吸收与利用信息，用户实现对客观知识的主观化，通过生产与加工信息，用户实现主观知识的客观化。由此，用户与信息在元宇宙中实现了深层次交互。因此，提升信息知识组织的效率，增加用户知识与信息的价值，是值得关注的内容。

5.4.3　从技术维度理解用户信息行为

从技术维度来看，元宇宙包括身份认证系统、经济交易系统、社会技术系统、个性化推荐和脑机人机交互。最终将跨越虚拟与现实的分界线,形成继 PC 时代和移动互联网时代之后的全息平台时代。从技术维度理解用户行为,包括利用区块链技术进行用户身份认证和维护虚拟权益,使用社会仿真模拟技术保证元宇宙复杂系统的健康有序运转,通过个性化推荐给用户提供定制化信息服务,并利用 XR 和脑机接口技术提升用户的沉浸感。

（1）身份认证系统

身份认证是用户进行信息活动的基本保障,区块链具备去中心化和不可篡改等特点。信息通过共识机制被认定,区块链生成节点记载相关信息,确保这些信息不被篡改,从而实现元宇宙中的身份认证,保障用户身份数据的完整性和可信任性。这一过程形成了与用户身份唯一映射的数字虚拟化身。身份认证的实现能够确保用户在虚拟空间与现实空间中的身份一致,是元宇宙中用户与信息交互的必要基础。

（2）经济交易系统

经济交易系统是用户参与元宇宙的核心,区块链技术通过智能合约、去中心化的清结算平台和价值传递机制,保障价值归属与流转,实现经济系统运行的稳定、高效、透明和确定性。基于区块链的经济系统赋予元宇宙用户识别、确认和交易虚拟资产的能力,所有的数据、交易和履约都记录在分布式账本上,其去中心化和去信任化的特点使得用户的虚拟权益得到保障,使用户创造的虚拟资产能够在虚拟世界中流通,进而维护其产权与利益,保证元宇宙经济系统的长期运转。此外,公平、透明和高效的经济体系也有助于提高元宇宙用户的大规模协作效率。

（3）社会技术系统

元宇宙作为虚实结合的数字社会,不仅需要强有力的数字技术基础,还需要结合社会组织相关理论来理解其中的用户信息行为。一方面,用户的一切活动都依赖于将虚拟与现实相连通的技术系统;另一方面,用户在游戏、社交、工作和生活等场景下的需求及行为表现与其所处环境密不可分,因此需要结合其社会属性对用户信息行为进行理解和解释。元宇宙是一个自组织、自适应、不断演化的复杂系统,在人类正式迈入元宇宙时代之前,可以通过社会仿真模拟来预防潜在问题,以对未知世界的用户信息行为形成一定的认知和把握。首先,元宇宙的综合环境难以用还原法分解,必须借助整体论的视角进行研究;其次,如果等到人类真正在元宇宙中生产生活后,才发现系统中隐藏的纰漏,将付出巨大的经济和社会成本;最后,人类应当对诸多法律与伦理道德问题进行预防,以保证元宇宙的健康有序运转。

（4）个性化推荐

推荐系统实质上是一种信息过滤系统，主要解决信息过载的问题，它可以为用户提供增强的、定制的信息服务。元宇宙中庞大的信息体量和丰富的内容形式是前所未有的，因此需要精准的个性化推荐系统，针对用户对信息的需求与偏好提供定制化服务。这不仅满足了用户低成本获取信息的需求，还能以最小的代价获得最大的收益，从而提高用户与信息交互的效率，进而提升用户的满意度。

（5）人机交互技术

用户所期待的沉浸感与开放性是元宇宙技术需要突破的难关。首先，为实现高度沉浸的内容互动，扩展现实技术（如 VR、AR）需要达到高画质和真实体验的标准，但当前的技术还难以满足虚实融合的要求；其次，为增强开放性，需要尽可能降低创作门槛、扩大内容社区覆盖面，脑机接口等技术的发展和人工智能内容创作的融入将为用户带来"所想即所得"的便利，以及更多元的内容体验。然而，沉浸感与开放性在技术上并不一定相辅相成，更广泛的用户参与通常意味着工业标准的降低，如何实现二者互促互进是一个值得深思的问题。

5.4.4　从用户－信息－技术的综合维度理解用户信息行为

尽管当前信息技术的发展已预示着元宇宙时代的来临，要实现元宇宙的"类乌托邦"般的虚实融合状态，仍有诸多难题亟待突破。目前，元宇宙视域下的用户信息行为研究尚且不足，从用户－信息－技术的统一和整体来看，元宇宙中的用户信息行为与传统环境下具有显著差异，有着广阔的研究空间。从用户－信息技术的综合维度理解用户行为，意味着从信息、技术与用户整体角度出发，实现元宇宙中用户角色的精准定位，结合各种数字技术，可以实现服务信息的精准投放，增强用户的虚实交互感，实现全方位的感知体验。

（1）用户角色识别

由于人在元宇宙中以数字身份存在，用户对于身份认同感和角色代入感的需求比传统环境更为强烈。通过身份认证和角色识别，互联网时代所倡导的以用户为中心的理念在元宇宙视域下将提升到新的高度。对用户行为特征和画像进行精准定位，不仅有助于把握用户需求、提升用户体验，还能够帮助监控和管理虚拟和现实空间中的用户信息行为。

（2）信息精准服务

由于元宇宙环境下信息生产力与传播力的极大提升，用户与信息接触已变得十分容易，然而如何准确把握用户的需求与兴趣偏好以实现信息服务的精准投放成为新的难题。在传统环境下，已有用户画像等研究方法为信息定制化服务提供了解决方案；在元宇宙视域下，面对更庞大和多元的信息，需要为用户个人信息空间与元宇宙信息生态的平衡提供更有效的解决方案。

（3）全方位感知

在元宇宙环境下，人类的五感（视觉、听觉、触觉、味觉、感觉）将逐渐被数字化，数据模态不断涌现，信息维度逐步增加，使得数字内容不断地逼近现实感官体验，更具有真实沉浸感。用户通过 VR/AR 连接进入元宇宙，在这个可以感受到情感和身体存在的空间中，触觉和动作捕捉技术将提升至全新的水平，以达到对存在和周围环境平滑理解的级别。然而，目前此类技术只能提供视觉和听觉信息。打通用户的全方位感官能够极大提升用户与信息的交互感，进而为促进用户信息行为带来技术层面的突破。

元宇宙环境下用户行为各个维度以及研究主题的特征总结见表 5.3。

表 5.3　元宇宙环境下用户行为研究主题特征总结

研究维度	元宇宙环境
用　户	挖掘元宇宙下不同类型用户需求；建立以数字身份为基础的价值评价系统；监测元宇宙中用户的心理动机；增强虚实融合环境中用户社交过程中信任关系；提升用户虚实相融的全方位体验感
信　息	建立元宇宙下更加有序的信息生态空间；提升数字社会的信息生产力与质量；建立元宇宙信息监管机制；解析虚实融合的万物互联中信息转化过程；提升虚实融合环境中的信息知识组织效率
技　术	区块链技术认证用户身份、维护虚拟权益；社会仿真模拟技术保证元宇宙复杂系统的健康有序运转；个性化推荐技术针对用户提供定制信息服务；XR、脑机接口技术提升用户的沉浸感
用户 – 信息 – 技术	从用户 – 信息 – 技术的整体角度，实现元宇宙用户角色精准定位；结合各种数字技术，实现各种服务信息的精准投放；增强用户虚实交互感，实现全方位感知

5.5　元宇宙平台用户网络攻击行为

元宇宙是与现实世界平行且实时交互的虚拟世界。在现实生活中，人民的负面行为收到诸多因素影响，如年龄、性别、人格等，这些行为时常出现于生活的各个角落。随着元宇宙平台的发展和其对现实生活的渗透，元宇宙可能成为人们生活的第二场所。然而，依托其丰富的信息交互途径，网络攻击在其中似乎成为一种具有巨大潜在危害的现象。为了探究这种攻击行为与其高度沉浸特征之间的可能联系，并评估其现阶段的可能危害，我们对元宇宙平台中的网络攻击行为进行了调查研究。

5.5.1 元宇宙平台网络攻击的数据获取

1. 分析方法

我们采用扎根理论来分析调查过程中获得的数据。扎根理论是一种研究路径，其目的是生成理论，而理论必须来自经验资料[25]，扎根研究是一个针对现象系统地收集和分析资料，从资料中抽出、发展以及检验理论的过程，研究结果则是对现实的理论呈现[26]。扎根理论方法适合发展关于一个已知量极少的现象的理论，比如元宇宙平台中的用户攻击。

此外，扎根理论特别强调研究者对理论的敏感性。在扎根过程中，需要研究者对现有理论以及资料中的理论保持敏感性，在构建联系的基础上注意捕捉新理论的线索，以此来保证在收集资料与提取概念过程中工作焦点的集中与方向的清晰。遵循扎根理论，我们采用开放式编码、主轴编码和选择性编码对访谈数据进行分析，开放地捕捉与元宇宙平台中网络攻击后果及动机因素相关的任何主题。

2. 数据获取

采样过程是动态的，在采样、数据收集和分析之间反复进行。我们的采样逻辑遵循不断比较和理论采样的 GTM 原则[27]。采样历时 35 天，在此期间我们进行了 4 轮数据收集，逐步扩展样本，并结合数据分析进行迭代。

首先，我们在选择样本前，对样本人员的限定条件描述有以下三点：有元宇宙社交或游戏平台的体验经历；能够理解访谈问题并清楚表达自身想法；同意对访谈过程全程记录。然后，依据这些限制条件，在现实生活以及元宇宙平台用户的论坛中寻找合适的样本，根据雪球抽样原则，先寻找少量符合条件限制的样本对象进行访问，并通过他们推荐具有相同条件的其他样本对象。最终，依据上述原则，我们的研究样本包含了两部分人群。一部分是作为 Z 世代重要组成的高校学生，他们在理解问题以及相关概念、语言表达方面具有一定优势。另一部分是早期使用过 Second Life、Minecraft、Roblox 或 VR Chat 的社会人员。根据理论饱和原则[28]，我们在所获访谈数据不能包括新的发现时停止了数据收集。如图 5.7 所示，通过根据访谈绘制代码与参考点的累计数量来说明饱和度。综上所述，我们的研究样本最终确定为 42 人，并对他们按照 U1 ~ U42 进行标记，样本概况见表 5.4。

3. 数据收集

我们对 42 名受访者进行了 36 次采访（部分访谈过程中受访者数量大于 1 人）。受访者来自不同的元宇宙平台，其中多位受访者具有多平台使用经历，有 6 次访谈对象的数量为 2 人，以了解在现实生活中相识的用户在元宇宙平台中

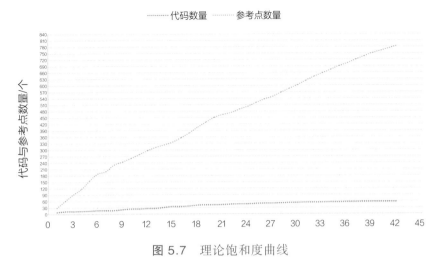

图 5.7   理论饱和度曲线

表 5.4   样本概况

指　标	特　征	频　率
性　别	男　性	24
	女　性	18
国　籍	英　国	27
	中　国	15
教育背景	博　士	3
	硕　士	17
	本　科	22
身　份	学　生	34
	社会人员	8
访谈方式	线　上	31
	线　下	11
所属平台	Second Life	15
	Minecraft	23
	Roblox	16
	VR Chat	8

的互相攻击行为。平均访谈时间为 27 分钟。25 次访谈是面对面进行的，11 次访谈通过网络电话进行。所有访谈都被全程记录。正如探索性研究经常推荐的那样，我们使用了由一些开放性问题引导的半结构化访谈。这种方法为受访者提供了充分的阐述机会，并允许访谈者深入陈述。半结构化问题以及访谈流程如图 5.8所示。为了广泛探索元宇宙平台中的攻击行为，最初访谈提纲中的问题包括：①您在元宇宙平台上是否有来自其他用户的不愉快经历？请详细描述您的经历。②您是否在其他平台受到过攻击？请描述您的经历。③您是否曾在元宇宙平台上有给他人造成困扰的行为或想法？请详细描述该情况。④您是否曾在互联网上有过攻击他人的行为或想法？为什么？请描述您的感受。这些问题并不关注从先验理论派生的主题，而是邀请受访者谈论在元宇宙平台中遭受或实施的攻击行为。

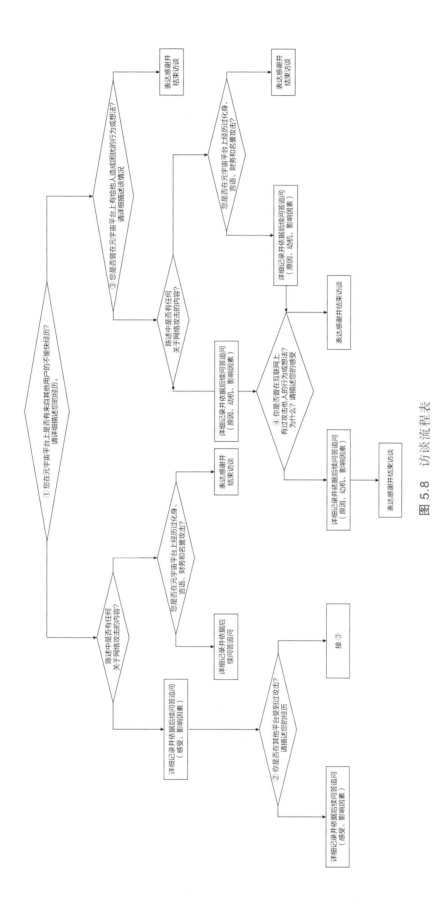

图 5.8 访谈流程表

5.5.2 元宇宙平台网络攻击的数据分析

1. 开放性编码

开放性编码是通过对原始语句提取标签，从标签提取初始概念，再从初始概念归纳出子范畴的过程。三级编码过程借助 Nvivo 12 软件实现，开放性编码产生了许多描述用户体验、攻击动机与被攻击感受的临时代码，以及我们在后续数据分析中遵循的主题，见表 5.5。例如，对于元宇宙平台的环境特征，研究人员将从访谈资料中提取"化身真实感""环境真实感"等编码，归纳为"真实感"这一范畴。在开放性编码阶段，两位研究人员独立仔细阅读访谈数据并进行编码。如果研究人员的编码存在差异，研究人员会进行讨论，直到达成共识[29]。

表 5.5　概念化编码举例

编　码	示　例
烦　躁	"是的，我想我当时真的很生气，但我实际上不能做任何事情。"
化身真实性	"这里的化身和环境与现实世界如此相似，让我觉得他们是真实存在的人。"
社区规则	"这些平台缺乏对用户行为的一些规定，也没有相应的制度来惩罚用户的违规行为。"
环境真实性	"那个环境太真实了，我觉得我可以感受到那里空气的味道和温度。"
裸　露	"就在那个人物出生地的门口，就在里面，我看到一个没穿衣服的男性人物坐在地上。"
侮　辱	"作为一个玩视频游戏的女性，你确实会得到那种典型的厌恶女人的笑话的反馈，比如回到厨房去，或者你不应该在这里。"
恐　惧	"那件事之后，我很害怕，害怕再遇到这样的人，反正我很少出现在那个地方。"

对于每一个概念，如果其原始参考点数量未超过两个，我们将其删除，最终提取出 56 个初始概念，如财产攻击、化身攻击、信息攻击等，并从中归纳出 16 个子范畴。开放式编码结果见表 5.6。

表 5.6　开放式编码结果

编　号	子范畴	初始概念
A1	财产攻击	a1 窃取用户财产、a2 损坏用户财产、a3 骗取用户财产
A2	化身攻击	a4 裸露、a5 殴打、a6 排挤、a7 骚扰、a8 杀害、a9 猥亵
A3	信息攻击	a10 虚假信息、a11 隐私泄露
A4	言语攻击	a12 抱怨、a13 贬低、a14 吵闹、a15 取笑、a16 威胁、a17 侮辱、a18 谩骂、a19 文字攻击
A5	经济损失	a20 购买物品损失、a21 劳动产品损失
A6	情绪影响	a22 不安、a23 烦躁、a24 恐惧、a25 难过
A7	行为影响	a26 行为模仿、a27 社交隔离
A8	无影响	a28 不当回事、a29 不讨厌、a30 不严重、a31 不做反应、a32 甚至有趣、a33 有应对措施
A9	道德特质	a34 道德情感缺失、a35 道德认知缺陷、a36 道德行为偏离
A10	情绪变量	a37 不满情绪、a38 烦躁情绪、a39 愤怒情绪、a40 感知愉悦
A11	心理特质	a41 低同理心、a42 低自控力、a43 高敏感度、a44 感知失控
A12	存在感	a45 环境存在感、a46 社交存在感、a47 自我存在感

编　号	子范畴	初始概念
A13	真实感	a48 化身真实感、a49 环境真实感
A14	自主性	a50 自主行为控制、a51 自主言语表达
A15	社会规范	a52 道德规范、a53 社交规范、a54 行为规范
A16	社会支持	a55 攻击行为漠视、a56 攻击行为赞同

2. 主轴编码

在主轴编码阶段，研究人员对开放编码阶段形成的初始代码进行进一步深入分析，对子范畴进行新的排列，根据子范畴之间的潜在关系形成主范畴。例如，除"真实感"之外，研究者还将"自主性""存在感"等子范畴进一步归纳为"平台沉浸体验"这一范畴。

通过对开放编码的 16 个子范畴进行对比分析，梳理出 5 个主范畴，分别是个人特质、平台沉浸体验、社会影响、攻击行为和受害影响。为方便后续分析，将 5 个主范畴进一步从因果两个层面归纳其所属维度。具体编码见表 5.7。

表 5.7　主轴编码结果

所属维度	主范畴	子范畴	范畴的具体内涵
前因维度	个人特质	A9 道德特质	用户表现的个人负面道德特征
		A10 情绪变量	用户表现的即时性的情绪体现
		A11 心理特质	用户表现的负面心理特征
	沉浸体验	A12 存在感	平台设计带来真实存在的感受
			平台设计带来自然交互的感受
		A13 真实感	平台设计带来与现实高度仿真的感受
		A14 自主性	平台设计带来用户行为的自由程度
	社会影响	A15 社会规范	平台对于用户道德、社交以及行为的规范
		A16 社会支持	其他用户对网络攻击行为的不制止
后果维度	攻击行为	A1 财产攻击	针对用户财产进行的网络攻击行为
		A2 化身攻击	针对用户化身进行的网络攻击行为
		A3 信息攻击	针对用户信息进行的网络攻击行为
		A4 言语攻击	通过言语表达进行的网络攻击行为
	受害影响	A5 经济损失	用户受到网络攻击后遭受的经济损失
		A6 情绪影响	用户受到网络攻击后遭受的情绪伤害
		A7 行为影响	用户受到网络攻击后对后续行为的影响
		A8 无影响	用户对被网络攻击的感受不明显

3. 选择性编码

选择性编码的过程是对所有范畴进行系统分析，形成一个核心范畴以支配所有其他范畴。在这个过程中，研究者的目标是厘清各类别之间的关系，并结合资料内容将这些关系整理清晰。这个整合过程是构建理论的最后一个数据分析步骤，也是数据分析的重点部分，因为它需要研究者系统地筛选和分类所有之前的分析结果，以确定适当的类别间有机整合，并最终构建故事情节。

我们选择"元宇宙平台中用户网络攻击行为原因以及后果"作为核心范畴来总结分析过程中出现的所有范畴。根据 Corbin 和 Strauss 的主张，研究人员可以使用成熟理论，因为"先前确定的理论框架可以提供洞察力、方向和有用的初始概念列表"。受 General Aggression Model（GAM）模型的启发，我们从输入变量—决策过程—输出变量的行为路径出发，在各范畴之间形成了一个故事情节。根据主范畴的内在联系和研究情境，系统地建立主范畴与核心范畴间的关系结构，揭示关系内涵。见表 5.8。

表 5.8　核心范畴与主范畴的典型关系结构

关　系	关系结构	关系结构的内涵
个人特质→网络攻击	因果关系	用户的道德特质、情绪变量、心理特征影响用户的网络攻击行为
沉浸体验→网络攻击	因果关系	用户在平台的沉浸体验（存在感、真实感、自主性）影响用户的网络攻击行为
社会影响→网络攻击	因果关系	用户的网络攻击行为受到社会规范以及他人支持的影响
攻击行为→网络攻击	构建关系	财产、化身、信息、言语等攻击方式共同构成网络攻击行为
受害影响→网络攻击	因果关系	受到网络攻击后用户在经济、心理、行为方面会受到影响

5.5.3　元宇宙平台用户网络攻击模型

通过开放编码，共识别出 56 个初始概念和 16 个子范畴，在主轴编码过程中提取了 5 个主范畴。选择性编码过程的灵感来自 General Aggression Model（GAM）理论[30]。借鉴 GAM 理论，本章重点关注在元宇宙中产生攻击行为的原因以及攻击行为造成的结果，并提出了一个理论框架来描述元宇宙平台的攻击行为。访谈结果表明，用户在元宇宙平台中的沉浸感受越高，特别是平台对现实世界模拟的程度越高，用户在其中对他人进行攻击所获得的乐趣就会越强，攻击他人的意愿也就越强烈。这解释了元宇宙平台在"输入变量"方面对用户攻击行为的驱动作用，此外，"输入变量"还包括"用户个人特质"和"社会影响"。在元宇宙平台中，攻击行为的"输出变量"主要由新的攻击形式及其影响构成。最后，我们建立元宇宙平台中用户网络攻击的模型，如图 5.9 所示。

1. 平台沉浸体验

沉浸体验作为一种用户在元宇宙平台对自己的数字化身感到深度认同，并将自己带入虚拟世界中的一种体验，能够让用户在一定程度上忘记现实世界中的身份，从而做出一些符合虚拟情景的事情。在虚拟世界社交平台中，感知个人空间的真实存在、虚拟场景画面的真实性、在平台中进行活动的自主性等因素，共同构成了用户的沉浸体验。表 5.9 提供了平台沉浸体验的定义和示例。

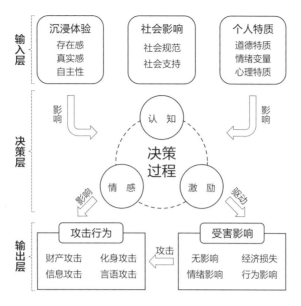

图 5.9　元宇宙平台用户网络攻击模型

表 5.9　平台沉浸体验

类　别	定　义	示　例
存在感	用户感觉到他们确实存在于一个虚拟世界或社会场景中	"我认为这是一个真实的世界,会让我做任何我想做的事。""是的,我觉得我在和我的朋友们面对面地交谈。"
真实感	用户相信元宇宙平台中的事物可以存在于现实中	"它可以实现对真实人像的高度还原。""有些场景可以在现实中找到,与真实的建筑相对应。"
自由性	用户用语言表达自己和自主控制自己行为的能力	"我可以在那里做我想做的一切。""这里有许多发送信息的方式,如语音频道和聊天框。"

存在感是用户获得沉浸体验的主要因素之一。在访谈中,用户感受到的存在感包括环境存在感、社交存在感以及自我存在感。其中,自我存在感是用户在元宇宙场景下进行沉浸体验的重要基础,代表了用户对自身操控的化身形象的认同程度,即"我所控制的化身就是我自己的身体"这一认知。环境存在感是指用户在虚拟世界中所处的环境和场景,以及该环境和场景对用户的情感和认知体验。而社交存在感是指用户在社交虚拟世界进行社交的过程中,对社交场景的认同感受,即"我身边与我交谈的朋友真实存在我身边"这一认知。

自我存在是虚拟世界存在感中最基本的存在感之一,也是用户参与虚拟世界的主要动力。在自我存在感方面,用户倾向于使用第一人称视角来操控化身以获得更强的认同感,这在一定程度上提升了他们的沉浸体验。环境存在感是虚拟世界中另一个重要的存在感,它与用户的自我存在感相辅相成,共同构成了虚拟世界中沉浸化的场景与故事。在环境存在感方面,与现实世界相似的虚拟场景更容易为用户带来场景存在感。在社交存在感方面,用户在使用化身交流过程中,语音、动作、姿势以及表情的流畅和即时程度等,都会影响用户的社交存在感受。

在调查的平台中，化身面部表情的呆滞和动作的僵硬都会在一定程度上影响用户的社交体验。

另外两个重要的因素是真实感与自主性。真实感是指虚拟场景中环境、化身、物品等的表现让用户产生的真实感受，例如，"相信某一化身形象能存在于现实世界""相信某一场景能存在于现实世界中的某处"。在调查中发现，Minecraft用户在真实感方面可能会感到欠缺，但用户沉浸程度可以通过自主性来弥补。自主性是指用户在虚拟世界中能够操控化身根据自己的意愿进行自主行为和决定，并且不受外部控制。在 Second Life 中，受制于空间权限，用户在不同场景下的行为受到一定程度的限制，这也在一定程度上影响了用户的沉浸体验。在访谈过程中，有 11 位用户表示更加沉浸的虚拟环境让他们能够体验到接近真实环境的感觉，同时也能够表现出在现实世界中无法体验的破坏性行为，而这些行为在虚拟环境中是可以被接受的。

2. 社会影响

社会影响指的是虚拟社会中，个体与社会互动过程中，社会因素对个体态度、行为和决策等方面的影响。这些社会因素来自外部，例如平台规则、用户氛围等，它们影响和规范着个体的行为。社会影响主要包括社会规范以及社会支持两个方面。表 5.10 提供了社会影响的定义和示例。

表 5.10　社会影响

类　别	定　义	示　例
社会规范	来自其他用户和平台对用户攻击行为的制约	"基本上没有办法让平台能够惩罚这种行为。""我已经举报过很多次了，但都没有用。"
社会支持	来自其他用户和平台对用户攻击行为的漠视或支持	"在他们战斗的时候，一些人也加入进来。""没有人帮助我阻止他们的侮辱，我就不得不退出。"

社会规范指的是社会中被广泛接受的行为标准，是社会对个体行为的期望和规定。这些行为标准通常是由社会成员根据社会经验、价值观和文化传统等共同形成的，包括道德规范、行为规范、语言规范、礼仪规范等。在社交虚拟世界中，社会规范主要包括道德规范、社交规范和行为规范，它们限制着用户在元宇宙平台中的行为，尽管在实质上受制于元宇宙平台规则的有限性，平台规则的制定者对于平台中存在的有害行为并未给予足够重视。在社会规范方面，被调查平台普遍存在较大的欠缺。而社会支持是指一个人感受到的来自社会资源的实际或潜在的帮助和支持，包括实际帮助和情感上的关心与支持，社会支持有助于提高个体的应对能力和适应能力，降低疾病、压力和不良情绪的发生率。在网络攻击行为方面，社会支持体现为其他用户对网络攻击行为的不反对态度，甚至是支持、赞成乃至加入的意图，受访者表示在 Second Life 和 Minecraft 中，当化身攻击行为出现时，会有其他用户围观和加入，这进一步加剧了攻击行为的产生与持续。

3. 个人特质

个人特质是指在产生网络攻击行为的过程中，用户内在的道德水平、情绪以及心理等因素，包括个人的道德特质、情绪变量以及心理特质，这些因素影响着用户是否会产生网络攻击行为。表 5.11 提供了个人特质的定义和示例。

表 5.11 个人特质

类 别	定 义	示 例
道德特质	用户表现出的低道德水平	"我不在乎，因为我加倍奉还，说了一些更糟糕的事情。""我只是觉得这就像你还是个孩子，你所做的事情可以像个孩子一样。"
情绪变量	驱动攻击行为产生的情绪	"在那里恶作剧让我感到很开心。""我的心情也很不好，所以当时我很冲动。"
心理特质	用户的负面心理特征	"如果他们不听我的话，我就会有点生气。""我觉得他们在谈论我，拿我取乐。"

道德特质是在元宇宙平台中进行攻击行为所展现的道德负面水平，包括道德情感缺失、道德认知缺陷和道德行为偏离。道德情感缺失指个体在道德方面缺乏情感体验和反应，而道德认知缺陷是指个体在道德决策和行为中缺乏对道德价值的原则和理解，二者共同促进了失德行为的产生和持续，道德行为偏离是用户在进行失德行为或面对道德问题时，通过自我解除责任、削弱对他人的同情心或其他方式，减轻或消除其感受到的道德压力，从而继续违反道德准则的行为。情绪变量则是用户在攻击行为发生过程中，受到现实生活与虚拟世界影响所产生的负面情绪，这些负面情绪刺激用户在元宇宙平台进行发泄行为。心理特质是指用户固有的一些负面心理表征，包括低同情心、高控制欲和对周边事物的高度敏感。这些个人特质受外部情况影响，如元宇宙平台环境的沉浸体验、暴力和色情因素等，通过道德推脱、感知失控等路径加剧攻击性行为的产生。

4. 攻击行为

在沉浸体验、社会影响和个人特质的影响下，加害者在认知、情感和唤醒等方面受到刺激，产生攻击意图，并实施网络攻击行为。经过分析发现，在元宇宙场域网络攻击行为的种类按照其攻击途径与受害方面可以划分为财产攻击、化身攻击、言语攻击以及信息攻击。表 5.12 提供了攻击行为的定义和示例。

表 5.12 攻击行为

类 别	定 义	示 例
财产攻击	在财产方面对用户的攻击	"他们会偷走它或类似的行为。""然后我们不知道是谁搞乱了我的城堡。"
化身攻击	对用户化身的攻击	"就像在游戏中，有人可能会杀了你。""有几次，我们通常放在随机的 Roblox 服务器上，人们已经开始打拳或类似的事情。"

类 别	定 义	示 例
信息攻击	通过发布信息对用户进行的攻击	"我的朋友在地图上的位置是被别人泄露的。" "我曾被几个用户恶意举报而强制下线了。"
言语攻击	通过言语以及文字对用户的攻击	"我刚才说到,他们说会找到你住的地方,他们会在现实生活中找到你并打你。" "有人说那种典型的厌恶女人的笑话,如回到厨房或你不应该在这里。"

对用户现实生活影响较大的是财产攻击,指对其他用户的所有物、资产等物品进行损坏、霸占、盗窃等攻击行为。例如,在 Minecraft 中,对其他用户创造的建筑进行损坏,对物资进行霸占和窃取等。化身攻击是指对其他用户化身进行不礼貌的接触、击打或杀害的行为,如在 Second Life 中发生的猥亵行为等。而表现形式最为普遍的则是言语攻击,包括辱骂、骚扰等。研究显示,在平台中,有超过一半的用户表示曾遭遇到过言语辱骂和噪声骚扰。信息攻击则相对较少见,通常发生在较为熟悉的几个用户之间,通过泄露隐私等手段对其他用户造成困扰。

5. 受害影响

用户在元宇宙平台遭受加害者的攻击行为后,可能在经济、心理和行为等方面受到影响,具体可分为经济损失、情绪影响和行为影响三个方面。经济损失是最为直接和明显的影响,而情绪影响通常体现在用户情绪和心理状态上,可能导致用户感到愤怒、低落、消沉等负面情绪。表 5.13 提供受害影响的定义和示例。

表 5.13 受害影响

类 别	定 义	实例引用
无影响	用户感知自己不受元宇宙攻击行为的伤害	"我认为重要的是要知道,这些人是陌生人,他们在现实生活中不认识你。因此,无论他们做什么评论,都是无效的,并不意味着什么。" "我认为这在当时是非常有趣的。"
经济损失	用户在经济方面受到的伤害	"除了重建我的房屋,我真的没有什么可以做的。" "虽然我没有真正付出金钱,但我投入了很多时间。"
情绪影响	用户在情绪上受到的影响	"所以,有时我会继续为这件事悲伤。但随后我就会让自己振作起来,回到现实生活中去。" "是的,我想是的,因为我的情绪就像你真的很生气,但你实际上不能做任何事情。"
行为影响	用户在行为上受到的影响	"这让我不敢继续玩下去,因为我不想继续听到这种消极的声音。" "因为我猜他们对我做了同样的事情。所以,我也会对他们做同样的事情。"

值得注意的是,用户在遭受网络攻击后,会对其后续行为产生一定影响,如对受害社交空间与群体的规避,以及对攻击行为的模仿,这可能在一定程度上会影响用户在之后的使用过程中对其他用户产生攻击倾向。但令人欣慰的是,用户在元宇宙平台遭受网络攻击后,几乎不会将这种影响带入真实世界。在访谈过程

中，大多数受访者都表示他们并不在乎这种行为，也很少会影响现实生活。但也有受访者表示他年幼的弟弟会受到更大的影响："我弟弟还很小，无法区分虚拟世界和现实世界，在游戏中遭受不愉快的经历后，他会生气很长时间。"

这也给了我们一些启示，儿童心智尚未成熟，不能够分辨虚拟世界与现实世界之间的区别，他们在元宇宙平台中可能会受到更严重的情绪影响。也有一些成年人会在短时间内保持负面情绪，但这种情绪通常会很快平复。一位用户谈到他对所经历事件的感受时说："这并不影响我。但如果涉及个人隐私，比如他们查看我的银行账户，那会对我的生活造成很大影响。"

5.5.4 关于元宇宙平台中网络攻击的探讨

1. 发现与启示

在分析过程中，我们发现元宇宙平台中的网络攻击与现实生活以及浏览器情境下的攻击行为有着很大的相似，但同时也存在一定差异。

用户在元宇宙平台中的体验，包括存在感、真实性以及自由度，共同构成了用户的沉浸体验，而与传统互联网场景不同的是，元宇宙平台相较于浏览器情境下的用户体验更加强调沉浸感，这使得用户陷入虚拟经历或情境中难以自拔，更容易受到虚拟环境中暴力、色情因素的影响[31]。例如，在 Second Life 等平台的某些暴力、色情场景下，高度的沉浸感受会增加用户在虚拟世界中的情感卷入，使其更易于模仿相似行为或者做出符合当下场景的行为，进而影响到用户的攻击意图与行为趋向。一些受访用户表示，在环境和机制上，像 Minecraft 这样的平台营造了一种鼓励攻击、战斗的氛围，沉浸在其中的用户会更愿意攻击刚见面的陌生玩家。大多数用户使用元宇宙平台是为了乐趣，倾向于做一些在现实生活中无法实现的事情，真实程度与自由度越高，用户攻击他人的能力越高，获得的乐趣越大，从而更能激发攻击欲望。一位用户表达了在平台对他人进行恶作剧的动机："我想说的是，也许社交媒体是一个很自由的地方，人们很容易在上面受到攻击，和游戏一样，人们想说什么就说什么，因为没有什么后果，这就像他们自己的一个假版本，另一种表演。"

此外，用户在高仿真的画面和行为自由的环境下进行攻击行为所获得的高度仿真的行为反馈，会在一定程度上增加用户在攻击过程中的愉悦感，从而刺激攻击行为的再次发生。这与 Ferguson 等人的催化剂模型相符[32]，即环境因素在攻击性行为的影响路径中起到了催化剂的作用。与传统互联网情境乃至现实生活中的攻击行为相同的是，社会规范的缺失以及在进行攻击行为时受到的社会支持，极大程度地影响了用户在元宇宙平台的网络攻击行为[33]。此外，用户的个人特质依旧是影响攻击行为产生的重要原因[34]，作为用户内部输入要素，影响着用户的决策判断过程，在社会影响与沉浸体验的共同作用下，这些因素共同促使网络攻击行为的产生。

在元宇宙平台中，化身的存在使用户可以模拟现实中的身体攻击对他人实施侵害，这极大地扩充了网络攻击的手段与形式。令人欣慰的是，在元宇宙平台中的模拟身体攻击并不会对用户造成严重困扰。以往的研究表明，攻击行为从现实生活迁移至网络，并未造成意料之外的严重影响，元宇宙平台中的情况亦然，用户在心理、经济等方面受到的影响程度并未超出预期。例如，在上述调查中，对受害影响表示"不在乎""不讨厌"甚至是"有趣"的用户在总受访样本中的比重为 59.5%。

究其原因，一方面，无论是在元宇宙平台还是在传统互联网情境中，用户都可以选择使用逃离、退出等手段规避网络攻击行为产生的伤害，且用户在生理上很难受到网络攻击行为的危害。然而，在现实中，用户能够规避的方法有限，且会遭受真实存在的伤害。另一方面，受制于现有元宇宙平台的发展水平，现有平台多通过 3D 或 VR 技术来提供虚拟世界体验，虽然在经济上平台能够连接现实世界，但尚未出现与现实世界融合的元宇宙平台。值得注意的是，在未来虚实融合的元宇宙平台场景下，网络攻击行为可能会产生更加实质性的伤害。

综上所述，相较于传统互联网情境，现阶段元宇宙平台中用户遭受网络攻击行为后，并不会产生更加恶劣的危害。然而，元宇宙平台在真实度和自由度方面的设计，确定会在一定程度上正向影响用户的网络攻击行为。

2. 邪恶谷假说

我们调查了元宇宙平台中网络攻击行为的影响及其新动机，发现元宇宙平台相较于传统浏览器情景的优势在于其对现实世界的高度仿真与模拟，这在一定程度上增加了用户的沉浸感与参与度。以往学术界的研究证明，沉浸感所带来感知愉悦能够增强用户对平台的持续使用意愿。本次调查中，受访用户对于在元宇宙平台进行攻击行为动机的表述证明了"享乐主义"是平台可持续性中的重要因素。在元宇宙平台尚处于起步阶段时，从技术角度及平台设计等方面提升真实感、自主性以及用户感知存在，是元宇宙平台实现可持续发展的关键手段。

然而，随着平台内容真实度和自由度的增加，一方面，用户将其看作脱离现实的另一版本，与现实世界的高度接近能让用户体验在现实世界不被允许的行为。另一方面，元宇宙平台与现实世界的割裂，如无法对现实世界进行物理影响，对现实世界经济影响能力有限，以及平台中用户行为的制裁难以影响用户现实生活等因素，放纵了用户进行攻击性行为的倾向。一位用户表达了他对平台中违规行为的感想："这应该是一个让我们放松和发泄的地方，它与现实世界越相似，我们可能越愿意模拟我们在现实生活中不能做或不允许做的行为，因为这真的很有趣。"此外，一些受访者也提出了加强平台用户行为治理的建议："如果公司能够找到那些违规用户的真实身份，并在现实生活中对他们进行惩罚，我相信违规行为会少很多。"

受启发于恐怖谷效应[35]，我们提出了一种假说，即"邪恶谷假说"。这种假说以平台对现实仿真程度和行为治理手段的严格程度为影响因素，并将平台秩序作为影响后果。图 5.10 展示了这一假说。具体而言，在元宇宙平台尚未影响到现实生活之前，平台设计越接近现实，用户的攻击倾向越强，从而导致平台秩序的混乱。然而，一旦对虚拟世界中的行为治理手段与现实生活同步，用户的攻击倾向会减弱，元宇宙平台的秩序也会相应改善。

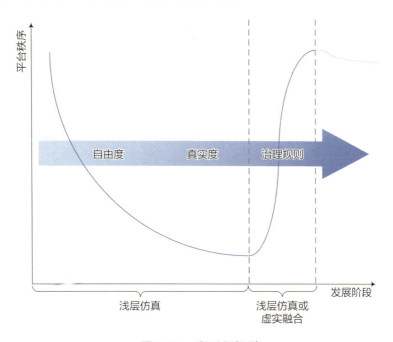

图 5.10　邪恶谷假说

现阶段，元宇宙平台通过技术手段在自由度和真实感等方面为用户带来了高度仿真的虚拟世界，增强了用户的沉浸感。然而这只是在表征层面对人类社会的浅层仿真，在治理规则方面还未能有效模仿现实世界。导致用户在愈加仿真的环境中乐于实施违规行为。在未来阶段，随着元宇宙平台的经济系统与治理体系逐渐与现实世界深度仿真或融合，用户在平台中受到的攻击行为能够真实影响物理实体或用户财产，而用户在元宇宙平台中的攻击行为也将在现实中受到惩处。这时，用户的行为将趋向于在现实世界中的表现，平台秩序将得到改善。

　　可以预见，元宇宙在未来的发展必将与现实世界融合，但这并不意味着独立于现实世界的虚拟世界没有存在的必要性，人们依然需要一个平行于现实的世界来体验另一个自己。

本章小结

　　在元宇宙中，信息不再局限于传统的文字、图片、视频形式，而是呈现出多模态融合、立体可视呈现、实时交互操作等特点。这种新的信息形态改变了用户在元宇宙中进行信息行为的方式。本章，我们了解到元宇宙中的信息与信息行为呈现出多样性、互动性和创新性，为用户提供了前所未有的信息交互体验。尽管也伴随着一系列挑战与风险，如网络攻击等，但这也预示着元宇宙的发展离不开对其全方位的治理。下一章，我们将深入探究元宇宙可能带来的风险以及治理路径，以寻求元宇宙的可持续发展。

参考文献

［1］马费成.图书情报学与元宇宙：共识 共创 共进 [J].中国图书馆学报，2022, 48(6):4-5.

［2］吴江.元宇宙中的用户与信息：今生与未来 [J].语言战略研究，2022, 7(2):8-9.

［3］吴江，陈浩东，贺超城.元宇宙：智慧图书馆的数实融合空间 [J].中国图书馆学报，2022, 48(6):16-26.

［4］E Schlemmer. Learning in metaverses: Co-existing in real virtuality [M]. Hershey: IGI Global, 2014:215-235.

［5］H Rheingold. The virtual community, revised edition: Homesteading on the electronic frontier[M]. Cambridge: MIT press, 2000.

［6］M Forte, N Lercari, F Galeazzi, et al. Metaverse communities and archaeology: the case of Teramo[J]. Proceedings of EuroMed, 2010: 79-84.

［7］A Eliëns, F Feldberg, E Konijn, et al. VU@ Second life–creating a (virtual) community of learners[C]//Proc. EUROMEDIA. 2007: 45-52.

［8］R Bradbury. Second Life, Imagination, and Virtual Community[M]. New York: Peter Lang Publishing, 2010.

［9］李洪晨，马捷.沉浸理论视角下元宇宙图书馆"人、场、物"重构研究 [J].情报科学，2022, 40(1):10-15.

［10］郭亚军，袁一鸣，李帅，等.元宇宙场域下虚拟社区用户信息需求 [J].图书馆论坛，2023, 43(12):138-146.

［11］安莉娟，丛中.安全感研究述评 [J].中国行为医学科学，2003(6):98-99.

［12］张敏，薛云霄，罗梅芬，等.压力分析框架下移动社交网络用户间歇性中辍的影响因素与形成机理 [J].现代情报，2019, 39(7):44-55, 85.

［13］A H Maslow. Motivation and personality[M]. New Delhi: Prabhat Prakashan, 1981.

［14］小木虫用户协议 [EB/OL].[2022-06-28]. https://img.kybimg.com/bang/privacy_xmc.html.

［15］黄家良，谷斌.基于大数据的虚拟社区知识共享模式及体系架构研究 [J].情报理论与实践，2016, 39(2):93-96, 107.

［16］王婉，张向先，郭顺利，等.基于扎根理论的移动专业虚拟社区用户需求模型构建 [J].情报科学，2022, 40(6):169-176.

［17］向安玲，高爽，彭影彤，等.知识重组与场景再构：面向数字资源管理的元宇宙 [J].图书情报知识，2022, 39(1):30-38.

［18］张敏，刘玉佩，尹帅君.知识能力视域下采纳虚拟社区获取知识的行为意愿研究 [J].图书馆学研究，2015(13):80-88.

［19］莫敏，匡宇扬，朱庆华，等.在线问诊信息用户采纳意愿的影响因素研究 [J].现代情报，2022, 42(6):57-68.

［20］王婉，张向先，郭顺利，等.基于扎根理论的移动专业虚拟社区用户需求模型构建 [J].情报科学，2022, 40(6):169-176.

［21］侯丽莉.元宇宙 UGC 社区用户学术交互行为机理研究 [J].图书馆工作与研究，2023(12): 3-12.

［22］周阳，谭春辉，朱宸良，等.基于扎根理论的虚拟学术社区用户参与行为研究：以小木虫为例 [J].情报科学，2022, 40(1): 176-183.

［23］小木虫用户协议 [EB/OL].[2022-06-28]. https://img.kybimg.com/bang/privacy_xmc.html.

［24］易明，宋景璟，杨斌，等.网络知识社区用户需求层次研究 [J].情报科学，2017, 35(2):22-26.

［25］陈向明.扎根理论在中国教育研究中的运用探索 [J].北京大学教育评论，2015, 13(1):2-15, 188.

［26］陈向明.扎根理论的思路和方法 [J].教育研究与实验，1999(4):58-63, 73.

［27］D F Birks, W Fernandez, N Levina, et al. Grounded theory method in information systems research: its nature, diversity and opportunities[J]. European Journal of Information Systems, 2013, 22(1): 1-8.

［28］C Urquhart, H Lehmann, M D Myers. Putting the 'theory' back into grounded theory: guidelines for grounded theory studies in information systems[J]. Information systems journal, 2010, 20(4): 357-381.

［29］J Corbin, A Strauss. Basics of qualitative research: Techniques and procedures for developing grounded theory[J]. Organizational Research Methods, 2009, 12(3): 614-617.

［30］C A Anderson, B J Bushman. Human aggression[J]. Annual review of psychology, 2002, 53(1): 27-51.

［31］J H Lin. Identification matters: A moderated mediation model of media interactivity, character identification, and video game violence on aggression[J]. Journal of Communication, 2013, 63(4): 682-702.

［32］C J Ferguson, S M Rueda, A M Cruz, et al. Violent video games and aggression: Causal relationship or byproduct of family violence and intrinsic violence motivation?[J]. Criminal Justice and Behavior, 2008, 35(3): 311-332.

［33］L Mclouglin, B Spears, C Taddeo. The importance of social connection for cybervictims: how connectedness and technology could promote mental health and wellbeing in young people[J]. International Journal of Emotional Education, 2018, 10(1): 5-24.

［34］D West. An investigation into the prevalence of cyberbullying among students aged 16-19 in post-compulsory education[J]. Res Post-Compuls Educ, 2015, 20(1):96-112.

［35］M Mori, K F MacDorman, N Kageki. The uncanny valley[J]. IEEE Robotics & automation magazine, 2012, 19(2): 98-100.

第6章
元宇宙的数字治理

茅檐长扫净无苔，花木成畦手自栽。
一水护田将绿绕，两山排闼送青来。

——王安石

尽管元宇宙为人们提供了丰富多样的体验，但元宇宙的快速发展也带来了一系列新的挑战与风险。在这个以数据为纽带的人智交互平台上，数字治理成为元宇宙可持续发展的重要保障。本章将深入探讨"元宇宙的数字治理"，首先从元宇宙的舆情态势出发，剖析元宇宙的风险构成，接着阐释元宇宙数字治理的价值取向，最后明确元宇宙数字治理的基本理论，以促进可信赖、安全、公正、开放的元宇宙环境建设。

6.1 元宇宙舆情的冷与热

元宇宙（metaverse）是基于数字技术构建的一种用户以数字化身参与交互的虚实融合的社会形态[1]，是人类数字文明的高阶形态，是人类对未来社会形态的终极想象[2]。自从 2021 年美国游戏公司 Roblox 携带元宇宙概念上市并引爆互联网之后，元宇宙热潮不断蔓延，成为社会热议话题之一。微博作为社会热点话题的重要传播媒体，《2020 年微博用户发展报告》显示，微博月均活跃用户数量达 5.11 亿，日均活跃用户数量达 2.24 亿[3]。因此，微博已成为反映国内社会注意力的焦点平台。元宇宙相关话题在微博平台的走热和遇冷，很大程度上反映了社会对其关注程度的波动。本章以元宇宙相关微博文本数据为研究对象，针对微博文本的大规模、短文本、时序性等特点，融合 BERT 模型和动态主题模型（dynamic topic model，DTM）高效整合微博文本语义特征、上下文特征和时序特征，进而展开对元宇宙相关微博文本的连贯性和细粒度的主题演化分析，从而直观且全面地描述元宇宙概念引入所引发的舆情态势及其变迁。

6.1.1 元宇宙舆情数据获取与研究方法

1. 元宇宙微博文本数据获取

本章以"元宇宙"为检索词，从新浪微博抓取了 2021 年 9 月至 2023 年 2 月的微博数据，包括微博用户 ID、微博正文与发布时间，共获得微博文本数据 151 356 条，每个月的微博文本数量分布如图 6.1 所示。作为"元宇宙元年"，从 2021 年 9 月至 12 月，与元宇宙相关的微博发布数量保持增长趋势，"元宇宙"概念持续走入大众视野并成为引燃互联网的"燎原之火"[4]。然而，自 2022 年以来，大众对元宇宙的关注度逐渐趋于平稳，直至 2022 年 6 月至 9 月，元宇宙相关微博的发布数量骤增。

2. 研究方法

本章利用 BERT-DTM 模型实现对元宇宙相关微博文本的动态主题建模，并分析不同时期主题词的网络演变趋势，以探索微博中元宇宙相关话题的兴起、衰落和转移。具体的研究框架如图 6.2 所示。

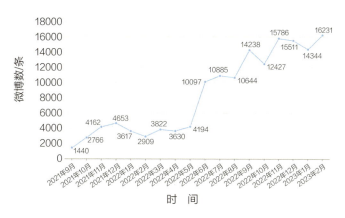

图 6.1 元宇宙微博文本数量的月度分布

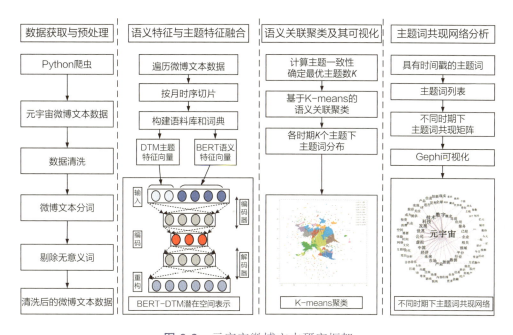

图 6.2 元宇宙微博文本研究框架

（1）获取元宇宙微博文本数据与数据预处理

使用 Python 爬虫获取从 2021 年 9 月至 2023 年 2 月以"元宇宙"为关键词的微博文本数据集，并进行数据清洗，利用 Jieba 库和百度停用词表进行分词和去停用词。

（2）构建 DTM 动态主题特征向量

首先，按照月份对预处理后的微博文本数据集进行时序切片处理。然后，利用 Python 程序读取全部微博文本并进行分词，构建所需的语料库并构造词典。接下来，使用 DTM 对每个时序片内的语料推断主题，确保时序片 t 中的主题由时序片 $t-1$ 中的对应主题演化而来。在时序模型下，主题 – 主题词的概率分布，以自然参数 $\beta_{t,k}$ 表示，其中，$\beta_{t,k}$ 表示时序片 t 下的状态空间模型连接主题 k 的自然分布。文档 – 主题概率分布则使用均值为 α 的对数正态分布来表示。不同时间窗口中的 α 和 β 参数都随着时间变化而演变。DTM 将时序片中的参数变化整合到状态空间中建模分析。同时，β 值由高斯参数定义分布并决定其值如何随时间而演化。在训练过程中，执行变分推断，进行最大期望算法过程，直至统计收敛达到足够的精度。这样我们可以得到每个时序片下的文档 – 主题矩阵和主题 – 主题词矩阵，并将它们链接到时间戳上，以表示主题强度的演变。其中，文档 – 主题模型中的主题数量 K 通过下面的步骤（4）确定，从而得到任意文本的 K 维 DTM 动态主题特征向量。

（3）构建 BERT 语义特征向量

采用哈工大讯飞联合实验室发布的基于全词掩码（whole word masking）技术的中文预训练模型 BERT-wwm[5]，通过多层 Transformer 编码器，对预处理后的微博文本数据进行词嵌入，从而构建 BERT 语义特征向量。其中，每个 Transformer 层由多层 Encoder-Decoder 结构堆叠而成。在编码阶段，通过多头注意力机制抽取文本相关性特征，并通过前向传播网络完成归一化；在解码阶段，额外添加一层 Masked Multi-Head Attention 结构，以完成 BERT 语义特征的提取。每个微博文本对应一个 768 维的 BERT 语义特征向量。

（4）向量拼接与主题聚类

首先，将步骤（2）和步骤（3）分别构造的 K 维 DTM 动态主题特征向量和 768 维 BERT 语义特征向量进行加权拼接，以平衡两者，并得到既包含词义特征又包含整体语义特征的新向量。其次，考虑到拼接向量处于稀疏的高维空间，并且向量维度间存在较高的相关性，本章采用自编码器将拼接向量映射到低维潜在空间，在这个低维潜在空间中，每个微博文本对应一个 32 维的向量表示。

（5）对于主题聚类，采用 K-means 聚类算法

K-means 聚类算法只有一个参数 K，代表聚类的簇数，即主题建模的主体数量。K-means 已成为解决各类自然语言处理[6,7]任务中对上下文信息进行聚类的广泛选择[8]。在聚类时需要提前确定聚类数量，由于主题一致性是最符合人类理解的测度指标，本章采用主题一致性（coherence value，CV）指标来衡量同一主题内的特征词语义是否连贯，从而确定最优主题数量[9]。

（6）语义关联聚类及主题词共现网络可视化分析

主题聚类的可视化分析结合了社会背景，从主题层面刻画了不同时间片下的变迁，并从时间层面刻画了不同主题的消长。对于主题词共现网络分析，则从主题词尺度出发，基于共现关系，结合社会背景，解读不同时序片下元宇宙相关话题的微观变迁。

6.1.2　元宇宙微博主题演化分析

1. BERT–DTM 的元宇宙微博主题动态分析

（1）主题选择

为了确定最优的元宇宙微博主题数量，本章利用主题一致性（CV）评估聚类效果。不同主题数 K 下模型的 CV 值如图 6.3 所示。可以看出，当主题数小于 10 时，模型的 CV 值随着主题数增长而上升；当主题数大于 10 时，模型的 CV 值随着主题数的增长而缓慢波动下降。CV 的峰值出现在主题数为 10 时，此时生成的主题更易于解释。因此，本章设定最优主题数为 10。

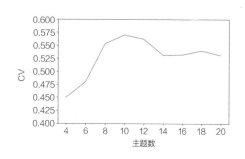

图 6.3　主题一致性随主题数量的变化情况

（2）聚类效果评估

为了检验融合 BERT-DTM 模型的聚类效果，本章对比了 BERT-LDA、BERT 以及 TF-IDF（term frequency-inverse document frequency）三种不同的主题模型，并采用主题一致性（CV）和轮廓系数（silhouette score，SS）两个指标进行评估，同时，采用 UMAP（uniform manifold approximation and projection）降维算法将 4 种主题建模结果进行可视化分析。其中，BERT-LDA 模型采用隐含狄利克雷分布（latent dirichlet allocation，LDA）模型提取微博文本主题特征。表 6.1 列出了 4 种模型的主题一致性和轮廓系数。结果表明，BERT-DTM 模型的 CV 和 SS 值明显高于其他 3 种模型，其主题聚类的同一主题内的特征词具有更好的连贯性和类内一致性，也提高了识别结果的可解释性。

表 6.1　4 种主题建模模型的元宇宙微博话题识别效果对比

模型评估系数	BERT-DTM	BERT-LDA	BERT	TF-IDF
CV	0.570	0.548	0.435	0.319
SS	0.207	0.170	0.063	0.061

4 种模型聚类结果在 UMAP 降维算法后的二维投影如图 6.4 所示。由图 6.4 可知，BERT-DTM 模型聚类出 10 个不同主题，不同主题间的距离更大，边界更清晰，同一主题内的凝聚性更强，进一步验证了 BERT-DTM 模型在元宇宙微博短文本主题聚类任务上的优越性。

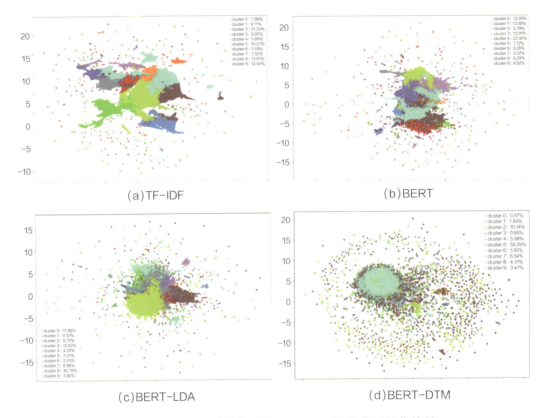

图 6.4　4 种主题建模模型的 UMAP 二维聚类可视化效果

（3）主题演化分析

本章采用 BERT-DTM 模型在识别出 10 个主题的基础上，将每个主题的主题词数量设置为 20 个，根据文档–主题、主题–主题词的多维映射关系，得到各个子时期内不同微博话题及其对应的主题词，见表 6.2。

表 6.2　各个子时期内主题 – 主题词映射（部分）

主　题	主题词（time=1）	……	（time=18）
topic1 应用展望	世界、现在、概念、现实、知道、未来、人类、看到、生活、东西、宇宙、今天、喜欢、时间、游戏、玩家、朋友、希望、虚拟世界、时代	……	现在、世界、人类、捂脸、CXK、知道、喜欢、知、概念、虚拟、故事、时代、意识、游戏、看到、楼、地球、东西、未来、时间
topic2 NFT 和游戏	NFT、海盗、社区、项目、PIRATECOIN、BALA、币、游戏、格里芬、手游、链、FLOKI、GART、区块、中国、生态、上线、加密、价值、目前	……	链、区块、NFT、游戏、币、WEB3、数字、项目、藏品、社区、FLOKI、比特、中国、加密、平台、货币、以太、用户、坊、SAND

主　题	主题词（time=1）	……	（time=18）
topic3 技术创新	技术、世界、发展、现实、互联网、数字、未来、新、科技、实现、应用、网络、虚拟、需要、经济、人类、行业、概念、内容、产业	……	发展、技术、AI、数字、CHATGPT、应用、人工智能、产业、新、领域、未来、经济、创新、数据、中国、企业、科技、AIGC、智能、研究
topic4 实体产业	股份、科技、板、能源、新、药业、汽车、文化、龙头、东方、集团、电子、智能、中青宝、发展、医药、湖北、光伏、医疗、视讯	……	股份、科技、智能、沉香、数字、深圳、信息、数科、天娱、电子、如屑、应渊、唐周、信创、板、在线、备注、数据
topic5 微观股市	板块、亿、涨停、股、指数、个股、概念、沪、两市、创业板、涨幅、超、资金、今日、买入、震荡、电力、上涨、涨、点	……	概念、人工智能、涨停、板块、个股、指数、数字、CHATGPT、经济、板、两市、跌、科技、股、概念股、亿、资金、云、市场、震荡
topic6 企业投资	公司、相关、业务、投资者、产品、增长、亿元、市场、VR、行业、领域、投资、企业、目前、项目、亿、研发、同比、汽车、市值	……	公司、亿、亿元、项目、产品、市值、业务、投资、总、元、服务、研发、现价、技术、企业、相关、同比、拟、增长、中国
topic7 数字产业	FACEBOOK、公司、游戏、扎克伯格、META、AR、投资、VR、苹果、巨头、宣布、表示、美国、亿美元、平台、计划、社交、微软、万美元、市场	……	公司、CHATGPT、META、微软、亿美元、团队、美国、宣布、表示、苹果、推出、全球、用户、裁员、市场、业务、投资、计划、VR、员工
topic8 文娱产业	大学、艺术、中国、拥有、音乐、文化、作品、一起、艺术家、设计、伊斯坦布尔、系列、时尚、AESPA、旅游、舞台、视频、北京、主题、时间	……	文化、活动、艺术、音乐、旅游、中国、舞台、一起、感受、传统、赞多、制作、视频、期待、CXK、魅力、时间、龚俊、新、设计
topic9 宏观股市	板块、市场、今天、关注、机会、继续、行情、反弹、明天、方向、资金、趋势、上涨、目前、个股、调整、短线、热点、新能源、龙头	……	板块、市场、今天、继续、资金、机会、行情、关注、目前、指数、方向、调整、预期、炒作、出现、经济、题材、点、概念、科技
topic10 产业现状	虚拟、概念、发布、数字、科技、游戏、文章、VR、头条、商标、世界、体验、提问、申请、百度、布局、新、未来、打造、虚拟人	……	数字、虚拟、体验、发布、科技、VR、产业、AR、新、大会、世界、场景、品牌、打造、文章、技术、头条、直播、沉浸、平台

同时，根据文档－主题概率分布识别每条微博文本所属的主题，共得到 10 个主题下微博文本的数量分布，如图 6.5 所示。

大众对"元宇宙"带来的巨大想象空间充满期待，但元宇宙的概念面临诸多泡沫，距离真正的技术落地、价值实现、市场成熟还有较大距离。整体而言，10 个主题的热度走势可以分为持续走热型、由热转冷型、持续走冷型和热度突变型。其中，topic1（应用展望）、topic3（技术创新）和 topic10（产业现状）的热度总体上明显高于其他主题，呈持续走热趋势；topic2（NFT 和游戏）从最热的话题逐渐淡出，表现为由热转冷；topic5（微观股市）和 topic6（企业投资）的热度总体上明显低于其他主题，呈持续走冷趋势；topic4（实体产业）、topic7（数字产业）、topic8（文娱产业）和 topic9（宏观股市）在某些时刻热度骤升骤降，表现为热度突变型。

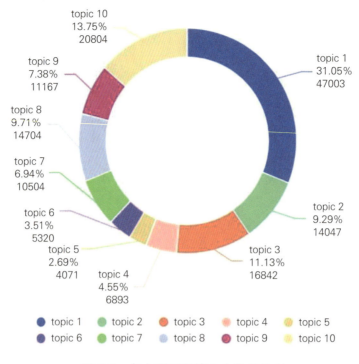

图 6.5　各主题下微博文本数量分布

　　关于持续走热型主题，topic1（应用展望）、topic3（技术创新）和 topic10（产业现状）一直占据舆论焦点的核心。随着舆论演化，元宇宙概念的模糊性逐渐消退。大众对于未来人类社会生产方式、社会秩序、社交活动、公共治理等方面的元宇宙应用具有诸多展望。同时，元宇宙相关技术创新加速迭代，带来了层出不穷的新概念。围绕现有的互联网、数字、科技等概念，衍生出诸多新技术。"VR""AR""区块链""数字孪生"等主题词相继密集出现。每次新技术的突破，都会引发广泛的解读与畅想，使得大众对元宇宙的应用展望朝着更深、更广的方向发展，探讨热度更是有增无减。无论是 topic1（应用展望）还是 topic3（技术创新），都离不开对当前 topic10（产业现状）的认识。元宇宙的产业现状主要围绕百度、网易等国内顶尖科技企业对元宇宙技术产品与应用场景的探索和积累。每次这些企业的产业布局，都会聚集舆论的关注，并进一步诱发对未来应用的展望和技术创新的期待。

　　关于由热转冷型主题，topic2（NFT 和游戏）最为典型。NFT 和游戏领域包含了内容生产（藏品、数藏等）、娱乐体验（游戏、手游等）和社交互动（社区、交易等）等元素，是元宇宙产业首先并集中发力的领域。其相对热度在元宇宙概念兴起期间（2021 年 9 月至 10 月）高居榜首。随着元宇宙概念在其他领域快速渗透，topic2（NFT 和游戏）的相对热度也随之转冷。

关于持续走冷型主题，topic5（微观股市）和 topic6（企业投资）一直处于舆情热度的边缘。topic5（微观股市）聚焦于个股和短期的股市动向，其主题词如"今日""震荡""涨停""跌停""个股"等在整个观察窗口内一直与 topic6（企业投资）的主题词"公司""企业""业务""市场""投资""同比""亿元"等交替出现，并共同居于微博舆论热度的底层。这反映了元宇宙概念的泡沫以及其距离实质性落地的距离。

关于热度突变型主题，典型的有 topic4（实体产业）、topic7（数字产业）、topic8（文娱产业）和 topic9（宏观股市）。其中，topic4（实体产业）的相对热度在 2022 年 11 月骤升至第二，随后逐月下降。2021 年 9 月至 2022 年 10 月期间，topic4（实体产业）主要围绕"地产""医药""汽车""电器""光伏""电力""零部件"等传统实体产业和硬件产业展开讨论。而 2022 年 11 月至 2023 年 2 月期间，topic4（实体产业）则主要围绕"信息""信创""数科""智能"等新兴实体产业和数据智能产业展开讨论。大众对元宇宙概念与实体产业关系的认识经历了从传统实体产业到新兴实体产业的转变。

topic7（数字产业）的相对热度在 2022 年 6 月、10 月及 2023 年 2 月呈现出每隔 4 个月的周期性高峰。2021 年 9 月至 2022 年 5 月期间，topic7（数字产业）主要围绕"FaceBook""微软""苹果""表示""计划""美国"等主题词进行讨论；到了 2022 年 6 月至 9 月，"腾讯""百度""Meta""推出""成立""业务""部门""中国"等主题词受到高度关注；2022 年 10 月至 2023 年 1 月期间，"VR""AR""设备""融资""投资""市场"等主题词大量涌现，而 2023 年 2 月，ChatGPT 的横空出世，将国内数字产业的讨论推向了新的高峰。同时，"微软""苹果""美国""表示""宣布"等主题词又回到了舆论焦点。从这一趋势可以看出，国内舆论对元宇宙概念与数字产业的探讨由最初美国科技公司（如 FaceBook、微软、苹果等）的"计划""宣布"和"表示"引起；随着中国头部科技公司（如腾讯、百度等）的相继跟进，数字产业从"计划""宣布""表示"阶段进入"推出""成立""部门""业务"阶段，使 topic7（数字产业）进入一波高潮，但随后逐月消退。到了 2022 年 10 月至 2023 年 1 月，topic7（数字产业）进入硬件落地和投融资阶段，国内舆论再次迎来一波高潮，随后又逐月消退。而 ChatGPT 在全球的风靡将 topic7（数字产业）推向了新一轮高潮，美国的头部科技公司再次成为国内舆论的焦点。

topic8（文娱产业）的讨论热度自 2022 年以来保持稳步增长态势，并于 2022 年 11 月骤增，更于 2022 年 12 月达到顶峰，之后一直保持较高热度，直至 2023 年 2 月出现回落。2021 年 9 月至 2022 年 10 月期间，topic8（文娱产业）主要围绕"艺术""作品""文化""设计""中国"等主题词展开讨论；2022

年 11 月至 12 月，"世界杯""视频""原创""音乐"等主题词占据了主流舆论；而到了 2023 年 2 月，舆论又回到"文化""传统""艺术""中国""舞台"等主题词。从中可以看出，元宇宙概念与中国传统文化的结合呈现稳步增长的态势。其在 2022 年 11 月和 12 月的热度骤增与 2022 年 11 月至 12 月举行的卡塔尔世界杯及其多元文化内容高度相关。当世界杯结束之后，topic8（文娱产业）的讨论焦点又回到了中国传统文化，热度也随之骤降。

topic9（宏观股市）的相对热度在 2021 年 11 月至 2022 年 1 月高居第二，在 2022 年 2 月骤降，然后在 2023 年 2 月骤增。不同于 topic5（微观股市），topic9（宏观股市）主要关注长期的宏观走势和方向性主题词，如"方向""趋势""预期""调整""机会"等元宇宙概念股在长期的宏观走势中的表现。2021 年 11 月至 2022 年 1 月期间，"龙头""反弹""调整""情绪"等主题词频繁出现，显示出元宇宙概念股的宏观趋势和转折与社会情绪和关注度息息相关。随后，topic9（宏观股市）的热度骤降，情绪性主题词也不再突出。直至 2023 年 2 月，"科技""概念""炒作"等主题词走进公众舆情焦点，topic9（宏观股市）再次进入小高潮，主题词也呈现出负面情感倾向。

进而将带有时间戳的元宇宙微博数据集按月进行时序切片，计算不同时期各个主题下微博文本数量占比，获得各个主题在不同月份的主题热度分布，如图 6.6 所示。进一步根据不同时间窗口的变化分析 10 个主题随时间的演化情况，生成 2021 年 9 月至 2023 年 2 月各主题下微博数量演化趋势，如图 6.7 所示，其中，主题的面积代表该主题下微博文本数量的绝对量大小，主题的位置（上下）则代表该主题下微博文本数量的相对排名，排名越高代表该主题热度越大。

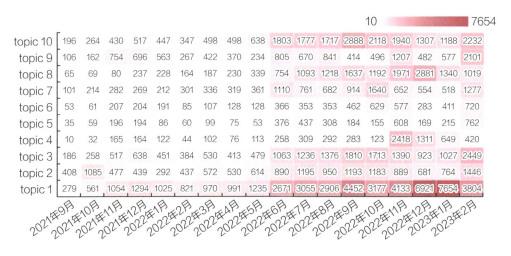

图 6.6　各个主题演化热力图

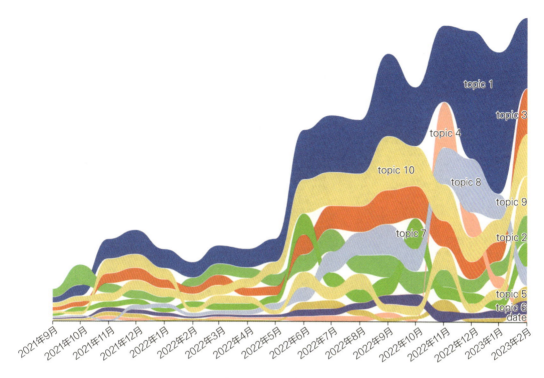

图 6.7　各主题下微博数量演化趋势

2. 元宇宙主题词共现网络演化分析

通过得到 DTM 各子时期的主题 – 主题词映射后，进行去重处理以获取每个时期的主题词列表，随后生成主题词共现矩阵，并利用 Gephi 绘制不同阶段的主题词共现网络。在共现网络中，共现频次越大，边的权重越大，连边越粗且颜色越深；节点的加权度越大，对应的标签越大。根据加权度大小选取排名前 25 的主题词，从内圈按照逆时针顺序逐一排布，其余从外圈排布，如图 6.8 所示。与"元宇宙"高频共现的主题词在 2021 年 9 月至 2023 年 2 月的整个时间窗口内相对稳定，而低频共现的主题词在不同月份下的演化明显。此外，2021 年 9 月至 2022 年 5 月，共现主题词的变动更加明显，且倾向于只与"元宇宙"共现，彼此之间的共现连边稀疏；2022 年 6 月至 2023 年 2 月，共现主题词的演化相对稳定，主题词不仅与"元宇宙"有共现连边，彼此之间的连边也更密集。

在各个时间段的主题词共现网络中，"科技""技术""数字""虚拟""现实""概念""未来""目前""中国""市场""产业"等主题词稳居主题词共现网络的内圈，这表明与"元宇宙"的概念、应用、技术、产业相关的主题词贯穿了大众对元宇宙概念讨论的始终，也对应了 topic1（应用展望）、topic3（技术创新）和 topic10（产业现状）等主题一直占据社会关注焦点的现状。然而，低频的主题词在不同月份演化明显。例如，2021 年 9 月至 10 月，"NFT"

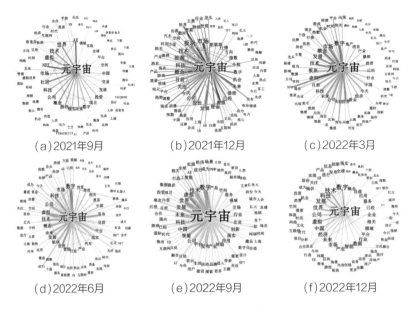

(a) 2021年9月　　(b) 2021年12月　　(c) 2022年3月

(d) 2022年6月　　(e) 2022年9月　　(f) 2022年12月

图 6.8　关键词共现网络图

"区块链""游戏""手游""格里芬""玩家""GART""加密"等主题词占据了主题词共现网络的核心位置，但到了 2021 年 11 月便逐渐淡出舆论视野，这对应了 topic2（NFT 和游戏）由热转冷的演化模式；2021 年 11 月至 2022 年 1 月期间，"板块""市场""资金""股份""指数""个股""龙头""大盘""下跌""方向"等主题词在主题词共现网络的核心位置密集出现，宏观股市话题迎来了相对热度的高峰，直至 2022 年 2 月，这些宏观股市的主题词又退出了舆论焦点；2022 年 2 月至 5 月进入震荡期，topic1（应用展望）、topic3（技术创新）和 topic10（产业现状）等持续走热型主题的主题词轮流占据主题词共现网络的核心；到了 2022 年 6 月，"Meta""腾讯""AR""VR""虚拟""产业""智能"等主题词开始走热，标志着 topic7（数字产业）迎来第一波舆论高峰，但在 2022 年 7 月迅速遇冷；2022 年 7 月至 9 月，topic1（应用展望）、topic3（技术创新）和 topic10（产业现状）的相对热度进一步提升。同时，"文化""藏品""音乐""艺术"等主题词逐渐显现，显示出 topic8（文娱产业）的逐渐兴起；至 2022 年 10 月，"Meta""扎克伯格""平台""AR""VR"等主题词再次走热，标志着 topic7（数字产业）迎来第二波舆论高峰；2022 年 11 月，"医药""药业""医疗""电子""信创""汽车""供销社"等实体产业的主题词突然高频出现，彼此之间的共现连边尤为密集，随后又快速淡出舆论焦点，这与 topic4（实体产业）的热度突变型模式相对应；2022 年 12 月至 2023 年 1 月，"文化""音乐""李相夷""南风""成毅"等文艺符号走热，显示出 topic8（文娱产业）正处于高热度阶段，但在 2023 年 2 月，topic8（文娱产业）主题词迅速退出舆论中心；2023 年 2 月，"人工智能""ChatGPT""AI""AIGC""数字""数据"等主题词占据了共现网络的核心，以 ChatGPT 为代表的人工智能（artificial intelligence，AI）给元宇宙概念带来了新的变量，topic3（技术创新）和 topic10（产业现状）持续保持热度。

以上，我们基于舆情数据对我国社会关于元宇宙的认识与讨论进行了系统梳理与演化分析。在实践层面，对产业界而言，无论是数字产业还是实体产业，都需要认识到元宇宙概念的落地需要技术、制度、业务等多维度的生态保障，在不断试错中经历螺旋迭代上升。对政府而言，需要构建合理的制度和政策环境，做好元宇宙产业发展的顶层设计，从而降低元宇宙产业化的试错成本。政府可以牵头汇聚政、产、学、研、用多方促进元宇宙产业集群落地，从而提升企业探索积极性，为元宇宙的产业化提供肥沃的土壤。对个人而言，虽然元宇宙是当前引起大众讨论的热词，但因为其较为抽象、涉及领域广泛以及资本概念热炒引发的舆论泡沫，可能存在一些混乱情况。大众应清醒地认识到元宇宙的实质性落地仍需很长时间，与全产业覆盖和生态开放、经济自洽、虚实互通的理想状态仍存在很大距离。在借助元宇宙这一新概念与其自带流量来创造自身利益的同时，应以理性客观的方式参与到元宇宙的建设中来。

6.2　元宇宙的风险构成

目前，元宇宙产业生态系统处于亚健康状态，存在许多问题。从目前情况来看，元宇宙产业发展还面临着四大风险：市场性风险、社会性风险、个体性风险、技术性风险。

6.2.1　市场性风险

（1）资本操纵

资本操纵是指规模庞大的资金或机构，利用对金融市场以及资本市场法则的熟悉，通过各种运作和技巧在市场上获取巨额利润的行为。尽管扎克伯格曾强调，研发元宇宙将使公司运营成本至少增加 100 亿美元，并且投资可能无法立刻见效，真正的商业模式也需要至少再等十年才能确立，但依然抵挡不住投资者高涨的热情。根据美国摩根·士丹利公司预测，在未来几年内，元宇宙可能会以某种方式渗透到几乎每个行业，对应市场年收入估计将超过 1 万亿美元。元宇宙在一定程度上也为巨型资本的金融收割行为提供了更为隐蔽的操纵空间。

（2）垄断张力

垄断作为一种经济现象，在资本主义社会发展阶段表现较为明显。垄断是竞争发展的必然结果，但其出现又抑制了竞争。列宁曾指出，集中发展到一定阶段，可以说自然而然地走向垄断[10]。因为几十个大型企业彼此容易达成协定；另一方面，企业规模的巨大造成了竞争的困难，产生了垄断的趋势。随着技术的不断进步和市场的扩大，未来可能会出现一些大型企业或平台通过技术、资本或数据等手段实现市场垄断的情况。因此，需要加强对元宇宙产业的监管和规范，推动产业的健康发展，避免垄断现象的发生。同时，也需要鼓励更多的创新企业和初创公司参与到元宇宙产业中来，促进市场的多元化，提升市场的竞争活力。

（3）经济风险

金融业元宇宙化存在诸多难题，在把握元宇宙带来的科技红利的同时，除了元宇宙相关技术发展水平不足，金融业还面临着元宇宙化过程的经济风险。经济风险一般指在商品生产及交换过程中，由于经营管理不善、价格波动或消费需求变化等各种因素，导致各经济主体的实际收益与预期收益相背离，产生超出预期的经济损失或收益的可能性。简言之，经济风险是指在市场经济中，经济行为主体的预期收益与实际收益的偏差。在元宇宙中，虚拟货币能够实现与物理世界经济体系的联动，有可能导致元宇宙的经济风险从虚拟世界向现实世界传递。

6.2.2 社会性风险

（1）舆论泡沫

目前，元宇宙热已经出现了泡沫。2021 年 3 月，元宇宙领域的第一家上市公司美国游戏公司罗布乐思（Roblox）一上市就创下股价暴涨 54% 的佳绩；同年 9 月，百度搜索数据显示，25 只元宇宙概念股疯涨，股市的强烈波动引发了舆论非理性的关注，"元宇宙"的单日搜索次数接近 9 万次，上涨了近 100 倍；同年 10 月底，脸书（Facebook）创始人兼首席执行官马克·扎克伯格宣布将公司名字改为"Meta"，决心在五年内转型为元宇宙公司，并在十年内让元宇宙平台覆盖 10 亿人，承载价值数千亿美元的数字业务，创造成千上万的就业岗位。

在一级市场上，元宇宙也存在一定泡沫。自 2021 年以来，元宇宙已成为一些 VR/AR 科技公司和游戏公司吸引风投的抓手，他们声称在从事元宇宙项目，但实际上只是徒有其表，希望通过概念化的包装吸引投资人，投资人深谙资本市场的套路，他们也需要这种新概念去炒作新的风口。实际上，连元宇宙概念至今都尚未形成确定的内涵，其终极形态也还处于讨论和争议之中，但不少乱象却在暗中滋生。无论是炒作"元宇宙虚拟地块"，动辄拍卖出百万美元高价，还是编造虚假的"元宇宙融资""元宇宙链""元宇宙虚拟币"等投资名目，圈钱诈骗的行为令很多人产生了"割韭菜"的疑虑，也使得元宇宙的发展路径和产业前景变得扑朔迷离。然而，我们需要更理性地看待这个泡沫，在某种程度上，这是技术发展早期的概念与模式创新，任何技术的发展都是一个去泡沫的过程。

（2）伦理制约

首先，全智能环境下的数据伦理冲击是元宇宙面临的一个重要挑战。在元宇宙中，对人的行为和生物特征数据的采集和分析将成为其运行基础。根据美国斯坦福大学 2018 年的一项研究，停留在虚拟现实空间 20 分钟会留下大约 200 万条眼球运动、手部位置和行走方式等数据[11]。单单通过对眼球运动的监测，就可以获取详细的生物特征数据，如视线位置、眨眼次数、瞳孔张开程度等，从而了解人的心理状态和疲劳程度。然而，现有的个人信息和数据保护方面的法律和伦理规范远不能应对这一新趋势，故一开始就需要从技术和管理上确保通过 VR 耳机、AR 眼镜或 BCI 接口获得的数据及其使用安全有益，并合乎伦理和法律规范。其次，感知和体验幻觉带来的深度数字化环境下的生命与神经伦理挑战也是一个重要问题。如果元宇宙真的将引领深度数字化的未来，技术开发者就必须对人的心智或大脑在虚拟环境中的可塑性、虚拟行为对人的行为与身份认同的深度操控，以及虚拟沉浸和虚拟化身对人的认知和心理的长期性影响等问题进行深入研究。在科学事实的基础上，必须划定一个身体与认知安全的界限，避免一些元宇宙产业开发无异于毫无伦理规范和法律制约的人体实验。在此过程中，对青少年等弱势群体的保护特别重要，从一开始就要明确限制青少年驻留元宇宙的时间，尤其不能以任何名义不负责任地声称青少年是元宇宙的原生代。

（3）产业内卷

可以简单理解为产业在某一发展阶段达到一种水平后，企业之间开始出现恶性竞争和毫无效果的低水平重复现象。随着网易公布元宇宙计划，互联网大厂们纷纷表达了向"元宇宙"进发的决心。即使元宇宙还处于初期阶段，互联网大厂们已经急于"内卷"。首先是被认为最像"元宇宙"的游戏产业，网易 CEO 丁磊亲自宣布在《大话西游》开启元宇宙"首战"。与此同时，腾讯被曝出正在为天美的新项目"ZPLAN"进行招募，后被证实为腾讯的元宇宙项目，主打社交＋游戏。除了老牌的游戏厂商，字节跳动通过投资参股了中国版"Roblox"——代码乾坤，投资金额约为 1 亿元。代码乾坤成立于 2018 年，是一个游戏 UGC（用户生成内容）平台，其代表作是元宇宙游戏《重启世界》。除了游戏，元宇宙的基础设施 VR/AR 也是竞争的重灾区，华为公司发布了基于虚实融合技术 Cyberverse（河图）的 AR 交互体验 App "星光巨塔"。网易先后投资了多家与 VR 技术相关的公司，比如 VR 流媒体直播公司 NextVR、VR 设备厂商 AxonVR。

6.2.3 个体性风险

（1）沉迷风险

元宇宙因其人机交互、沉浸体验及对现实的"补偿效应"而具备天然的"成瘾性"，过度沉浸于虚拟世界可能加剧社交恐惧、社会疏离等心理问题。从脑神经科学的角度来看，行为成瘾和物质成瘾都涉及相同的成瘾机制，导致它们对大脑结构和化学产生类似的改变[12]。这些大脑的变化包括脱敏反应（"麻木的快感反应"），即多巴胺与多巴胺（D2）受体水平下降，导致成瘾者对快感的反应下降，使得他们对能提升多巴胺的事物更加"饥饿"。元宇宙对多巴胺的刺激明显强于其他事物，人们将难以被其他事物吸引，从而产生心流状态。人们会以更加专注亢奋的状态投入到虚拟世界中，甚至达到忘我的状态，这将导致与他人缺乏经常性的沟通交流等社交活动，从而使社交能力逐渐退化。

（2）隐私风险

隐私数据保护一直是现实世界中备受关注的问题之一，受到了社会各界的广泛关注。目前我们在使用互联网时，已经涉及大量的数据和隐私保护问题，元宇宙中的情况只会更加复杂和严峻。相比于互联网，元宇宙涉及的数据和隐私信息更多。元宇宙未来很有可能是多个公司一起打造的虚拟空间。对消费者或者用户来说，各个公司之间如何协调保护数据，如何确保隐私数据的安全性必然是最令人担忧的问题。在元宇宙中，个人数据的数量和丰富程度将是前所未有的，包括个人的生理反应、运动，甚至可能是脑电波数据。这些数据的安全性如何保证，是否会聘请专门的安全公司来负责其数据安全性，都是亟待解决的问题。如果用户的个人数据在元宇宙中被盗或滥用，谁来承担责任，这种情况对现实世界中的用户会产生什么影响，都是需要深入考虑和预防的。

（3）知识产权

每当一个社区或者虚拟世界被创建时，版权问题就会随之而来。谁拥有在该环境中创建的作品的版权？如果你在现实世界中有一个受保护的品牌，而有人在虚拟世界中使用它，你能提出索赔吗？当虚拟世界中的用户基于现实世界的现有财产进行创作或生成内容财产时，事情就变得模糊了。虽然从法律上来说，立场仍然非常明确，虚拟世界的用户必须获得使用他人知识产权的许可，但元宇宙的到来势必会引起诸多关于知识产权的纠纷问题等[13]。这给如今世界中的企业或创作者提出了一个挑战，即他们需要策略或方法来保护他们在现实世界以及虚拟世界中的知识产权。这些内容或产品提供者需要与元宇宙相关公司合作，以定期检查侵犯其品牌或商标的行为。此外，产品与内容的提供者也面临一个问题，即他们可以在多大程度上使用他们创建的内容或者财产。

元宇宙的发展路径还需要谨慎细致地思考。历史反复证明,信息技术已经深度嵌入大众生活,从业者不能盲目信奉技术乐观主义。否则,先天不足、资本催熟的元宇宙可能成为一片"真实的荒漠",令每一个用户的精神世界陷入贫瘠。

6.2.4 技术性风险

技术性风险主要涉及算力压力。算力是元宇宙最重要的基础设施,元宇宙的出现和发展不仅带来了精彩,还带来了挑战,元宇宙构建的各个环节都需要用到不同类型的算力支撑,即元宇宙的算力基础设施。大规模、高复杂度的数字孪生空间,数字人和其他实体角色的建模需要众多设计师协同创作完成,现实世界和数字世界的交互需要实时、高清的 3D 渲染算力和低延迟的网络数据传输,增加了云端协同的处理需求。元宇宙的应用涉及动力、热力、流体等多类物理仿真,需要高精度的数值计算来支撑物理仿真和科学可视化。为了让数字世界无限接近现实世界,还需要高逼真、沉浸感的 3D 场景构建和渲染。

同时,元宇宙还涉及人机交互等 AI 应用场景,由 AI 驱动的数字人往往需要结合语音识别、自然语言处理、深度学习推荐模型等 AI 算法,以实现交互能力,这些模型背后需要强大的 AI 算力来支撑其训练和推理需求[14]。要构建高度拟真的数字世界并实现数亿用户实时交互,元宇宙当前面临着场景规模大、场景复杂度高、多设计师和多部门协作、极高逼真数字元素制作、实时渲染、仿真和交互等诸多挑战。这对支撑元宇宙构建和运转的核心原动力——算力,提出了更高的要求。这种要求不仅包括高性能、低延迟、易扩展的硬件平台,还包括端到端、生态丰富、高易用的软件栈。

6.3 元宇宙数字治理的价值取向

6.3.1 科技向善

元宇宙本质上是数字经济的产物。在数字经济时代,不可避免地存在数字鸿沟、数字不平等、数字弱势群体的问题。社会学通常从两个维度讨论弱势群体:生理性弱势群体和社会性弱势群体,前者从年龄、疾病等生理因素分析,后者从失业、社会排斥等社会因素把握。在数字时代,弱势群体主要是年龄因素造成的生理性弱势群体,但也夹杂着社会因素,例如,在广大农村地区,数字时代的硬件设施普遍不足,加上经济收入等原因,使他们较少地接触和使用数字技术及由数字技术带来福祉[15]。数字弱势群体的人口学特征背后其实是社会不平等问题,即一种新的不平等问题:数字不平等。数字时代的技术利用和扩散明显存在不平等状况[16]。事实上，数字鸿沟已经形成，由此也造成新的歧视与不公平，即数字歧视与不公平。提出"科技向善"的背景主要是数字经济时代下存在数字弱势群体，这类群体需要得到帮助以促进中国社会治理更加精细化，其框架如图 6.9所示。

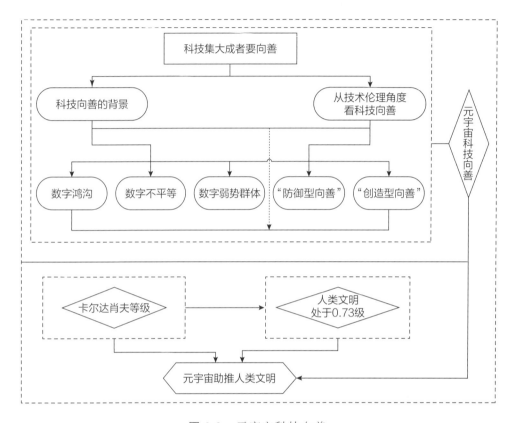

图 6.9   元宇宙科技向善

6.3.2   元宇宙下的科技向善

中共中央办公厅、国务院办公厅印发《关于加强科技伦理治理的意见》，提出了加强科技伦理治理的五项基本要求，即伦理先行、依法依规、敏捷治理、立足国情、开放合作。这些要求旨在通过科技治理推动科技向善。科技向善的意义不在于束缚科技的发展，而在于为科技发展找到一个更加明确的人文目标，为实现这一目标，就需要新的方法和模式，以更好地承载"科技向善"的内容。

结合互联网的历史经验，立足元宇宙中的未来内容形态，科技向善的选择需要微观上关注如何影响用户的使用时长。科技向善的第一公式：$y=f(x)$，x 代表用户的使用时长。在这个公式中，用户的使用时长是自变量，企业如何选择则是因变量。科技发展一方面为人类社会带来了进步与繁荣，另一方面，也衍生出许多严重的问题，这些问题并不是科技本身能够解决的。人类文明的发展历程从远古开始就是一个不断尝试错误的过程，难免会出现方向不明、步履错乱的现象。因此，在追求科技向善时，必须谨慎从事，以免迷失方向，才能避免意外的后果。我们现在处于"防御型向善"阶段，未来应该朝着"创造型向善"的方向发展。对于"科技向善"，未来更需要做的是主动创造，而不是仅仅防范科技可能带来的负面影响。在科技研发阶段，就应该朝着人性之善、社会之善的方向寻找发展"需求"。元宇宙作为崭新且前沿的方向，有条件成为科技向善的最大公约数。这意味着更充分地连接到社会的每一个人，以促进用户的使用时长（x）和产品服务（y）向善发展，并且带有更强的责任感[17]。

6.4 元宇宙数字治理的基本理论

6.4.1 元宇宙数字治理的总体框架

元宇宙本质上是一个基于数字技术而构建的一种人以数字身份参与的虚实融合的三元世界数字社会。这一新型虚拟社会通过"沉浸现实"和"数字孪生"等方式，与现实物理社会发生互动，形成两个交叉的世界，并各自形成了法治、共治和自治的三种治理逻辑[18]。在现实世界中，不仅需要为元宇宙提供技术基础设施，还应通过法治为其发展提供制度保障。在现实与虚拟的交互层面，现实世界的制度规范和虚拟世界的制度规范可以协同治理。在纯粹的虚拟世界中，元宇宙应独立自治。为了更好地建设元宇宙以服务人类社会，需要确立以下治理原则：构建"法律＋技术"双重规则体系；确立"以现实世界为基础"的法律中立原则；通过现实世界的法律保障元宇宙的去中心化治理机制[19]。

在进行元宇宙数字治理系统布局之前，需要对元宇宙及其与现实世界的关系做出进一步解释。首先，现实物理世界和虚拟数字世界是相互交叉但不同的，这呼应了前文对元宇宙性质的判断。在交互层，用户的沉浸式体验使得现实世界和虚拟世界相互联系和互动。这种联系不仅体现为现实世界对虚拟世界的影响，也体现为虚拟世界对现实世界的反作用。元宇宙的虚拟世界能够对现实世界产生实质性影响，这是其区别于其他虚拟世界的核心特点。从这个角度看，现实世界和元宇宙并非平行，而是交叉的。同时，在交互层面，所有人、事、物都表现为"数字孪生"状态，兼具现实和虚拟的属性。其次，除了交互层面，元宇宙还是一个独立的空间和生态系统。在这一独立生态系统中，用户的化身（以"数字人"形式存在）自主创造自己的生活、学习、工作和娱乐环境，并与其他数字人共同建设虚拟数字世界的大生态。第三，除与元宇宙的交互外，现实世界还为元宇宙的发展提供基础设施建设。目前业界的共识是：元宇宙的基础技术可以用"bigant"

概括，即区块链、交互技术、电子游戏、人工智能、网络及运算、物联网技术。除此之外，现实世界还应为元宇宙提供制度基础建设[20]。

元宇宙三个层次的基本构造决定了其治理措施的三层架构，我们认为与元宇宙层次结构相对应的元宇宙基本治理逻辑如下：现实世界为元宇宙发展提供法治、现实世界与元宇宙交互进行共治，以及元宇宙内部生态系统建设和运行的自治，如图6.10所示。

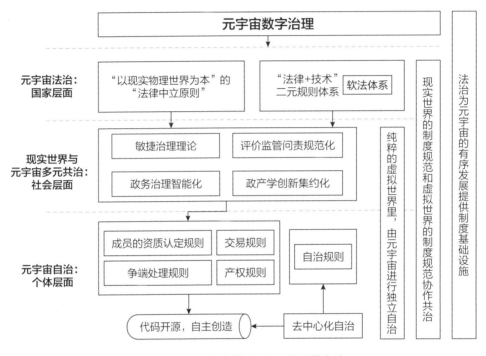

图 6.10　元宇宙数字治理的总体框架

6.4.2　元宇宙数字治理的实施思路

1. 国家层面

在概述了元宇宙的整体构想及基本治理原则后，继续深入探讨元宇宙治理的核心法则和法治立场。我们对于元宇宙的具体结构仍停留在理论探索阶段，难以准确了解其实际运作模式，也无法详细讨论具体的法律规范。因此，在这一节中，我们简要探讨与元宇宙治理密切相关的三个法治原则。

（1）建构治理元宇宙的"法律＋技术"二元规则体系

随着信息时代的发展，人们对现实世界和虚拟世界的法律秩序产生了更多思考。对于元宇宙的经济运行，一些学者提出了采用"法律＋技术"规范的想法，以确保与现实世界法律规则的协调[21, 22]。这一想法的核心在于采取将法律与科技进行协同，通过调整法律法规以适应科技发展，同时依靠科技设计支撑法律的综合治理。在这个双重规则体系中，法律和技术相辅相成。法律提供了行为规范和底线，确保在元宇宙中发生的行为可以得到法律的约束和保护。而技术则提供了具体的实现手段，通过智能合约、区块链等技术手段，确保法律条款的执行和透明。例如，在元宇宙的经济活动中，通过区块链技术记录每一笔交易，可以防止欺诈和篡改，保障交易的公正性和透明度。智能合约则可以自动执行合约条款，减少人为干预，提升效率。此外，大数据分析和人工智能技术可以对元宇宙中的活动进行实时监控和分析，及时发现并预防违法行为的发生。

（2）确立元宇宙治理中"以现实物理世界为基础"的原则

尽管现实世界的法律将是治理元宇宙的主要依据，但制定这些规范的主体应该是现实世界中的自然人或组织。这意味着元宇宙的发展需要受到主权国家法律的约束。尽管目前还没有国家明确规定针对元宇宙的法律，但许多国家已经开始了数字虚拟世界的相关立法。例如，欧洲一些国家已经在探索如何将现有的数字隐私法和数据保护法规适用于元宇宙环境中。这些法律法规的制定，不仅为元宇宙的健康发展提供了法律基础，也为元宇宙中的用户提供了法律保障。由于元宇宙参与者来自全球各地，不同国家和地区的法律和文化差异可能带来治理上的挑战。因此，建立一套普遍接受的国际法律框架显得尤为重要。这需要国际社会通过多边合作和对话，达成共识，制定出一套能够跨越国界、文化和法律体系的治理机制。例如，可以通过国际组织或联盟，制定和推广适用于元宇宙的国际标准和规范，确保不同国家和地区的用户都能在一个统一的法律框架下进行活动。

（3）以现实世界的法律规定保障元宇宙"去中心化治理"机制的实现

这意味着法律应该在保护个人隐私和数据安全的同时，允许去中心化自治组织在虚拟世界中发挥作用。去中心化治理是元宇宙的一个重要特征，通过区块链技术和去中心化自治组织（DAO），用户可以更加自主地管理和参与虚拟世界的治理。这种去中心化的模式不仅能够提升治理的透明度和公正性，还能够激发用户的参与热情和创造力。

2. 社会层面

在互动治理方面，现实世界与元宇宙采用一种多元共治模式，这主要从社会层面来看。这种理念在我国历史上已有体现，如古代大儒顾炎武在《日知录》中指出：独治之而刑繁矣，众治之而刑措矣[23]。如今，在"社会治理共同体"思想的引领下，元宇宙规则的多元架构有助于推动元宇宙生态系统的快速发展与创新，涵盖了政府、市场、国家、社会、私益与公益等各方面的数字社会治理，以适应不断变化的元宇宙实践需求。首先，作为一种新兴事物，元宇宙引发了伦理、道德和交易等社会关系的变化，与现实社会相比存在一定的差异。例如，元宇宙采用智能合约作为底层设计架构，这超越了传统合同法的范围。在元宇宙中，法律边界和效力的界定尚处于未确定状态，政府的干预也面临着真空状态的挑战，因此，需要元宇宙成员自主达成治理规则并自行执行，以适应成员身份和行为的变化。

对于多元共治，本章将根据敏捷治理理论提出三种治理方式。敏捷治理的理念最初起源于软件开发领域，用于快速响应客户需求、理解需求并进行研发流程[24]。与传统的"瀑布法则"相比，瀑布法则强调以计划为中心，按部就班地完成每个项目。而敏捷方法则强调设计最小可行产品（minimum viable products），注重更快、更灵活、更具迭代性的理念。2007 年，敏捷治理概念正式提出，包含"快捷""灵活"和"协调"三个层次的理论构建，体现了治理的潜力[25]。近年来，敏捷治理的理念不断延伸至多个领域，尤其是与企业管理领域的融合，成为一套提升企业绩效与竞争力、稳定长期变革的机制方案。

首先，要评价监管问责规范化，需要考虑开放与纠偏原则。敏捷治理强调关注公众需求，公众参与和公开披露被视为有效治理的关键。信息的开放性影响了管理部门对风险的感知能力。因此，建立"实体政府 + 开放平台 + 虚拟办公"管理通道，成为发挥公众监督作用的一种选择。政府应形成配套的规范机制，实现感知联动，预先形成基于舆情、数据及智能分析的"敏捷评价"系统。通过这一系统，政府可以实时收集和分析来自各方的数据，及时识别和应对潜在风险，提高应急响应的速度和精准度。开放平台不仅仅是一个信息公开的工具，还应当是公众参与和互动的渠道。通过开放平台，公众可以随时了解政府的决策过程和执行情况，并提出意见和建议。虚拟办公则可以打破时间和空间的限制，使政府工作人员能够更加灵活和高效地工作。通过"实体政府 + 开放平台 + 虚拟办公"的管理通道，政府不仅能够提高透明度和公信力，还能更好地利用社会资源和智慧，实现治理能力的提升。

其次，政务治理的智能化是精准与灵敏的体现。敏捷治理嵌入了一整套新的惯例和流程，助推组织行为向更高层次适应组织文化和合作方法的发展。当前运用互联网、大数据、人工智能等技术实现政务智能化、精准化，提高政府响应能力，是政务有效性的重要保障。人工智能技术可以帮助政府进行复杂问题的预测和决策，提升治理的精细化水平。为实现政务治理的智能化，政府需要积极寻求与产业界和学术界更深度的技术合作，改变传统治理中政府技术长期大幅落后于行业技术的局面。通过引入先进的技术和理念，政府可以不断提升自身的治理能力和水平。

最后，合作与协同是政产学创新集约化的关键。敏捷治理强调跨部门的合作与资源共享，政府、产业和学术界可形成"三螺旋创新"的协同机制，整合各方优势资源，推动区域或行业的螺旋式创新发展。政府应积极寻求产业界和学术界的合作，形成全局参与的协同治理，最终汇成动态治理的集约化方案。合作与协同的关键在于建立有效的机制和平台，促进各方的交流与合作。例如，可以设立跨部门的协调机构，负责统筹和协调各方的资源和力量；建立共享平台，实现信息和资源的共享与互通；通过定期的会议和研讨会，促进各方的沟通与交流，形成共识和合作意向。

综上所述，敏捷治理作为元宇宙治理的新方向，将进一步提升对多元共治的要求。在空间维度的生产与权益分配中，应确保政府、企业、社会和市民都能够参与其中，共同构建和谐共生的元宇宙生态系统。在治理的要点上，不仅需要遵循道德和法律的规范，还需要充分利用技术手段进行监管，以确保元宇宙的秩序和安全。同时，教育也扮演着至关重要的角色，必须进行全面设计，培养公民的素质和意识，促进元宇宙社区的健康发展。这样的综合治理模式将为元宇宙的可持续发展提供坚实的基础，并推动其向着更加繁荣和充满活力的方向迈进。

3. 个体层面

元宇宙是一个融合了虚拟现实、增强现实和区块链等前沿技术的数字化空间，旨在创造一个与现实世界平行的数字世界。在这个复杂而多维的环境中，数字治理是确保其可持续性和安全性的重要手段[26]。数字治理不仅关乎平台的整体运营，也在个体层面影响每一个用户的体验和权益保障。个体层面的数字治理主要包括用户身份认证、产权规则、交易规则以及争端处理规则等方面。以下是对此各方面的详细探讨。

（1）用户身份认证规则

元宇宙成员以"虚拟人"身份活动，按与现实人相比的虚拟程度分为：仅存在于元宇宙的数字人、现实人在元宇宙的虚拟分身、现实人在元宇宙的虚拟化身。对数字人和虚拟分身，应基于其是否具备人工智能判断其主体地位。若不具备，应作为客体对待；反之，则具有主体资质。虚拟化身是现实人的智力与思维在元宇宙的映射，因此，其天然是规则适格主体，适用于现实世界的身份规则，如行为能力的判断、法律行为的效力等均可依照现有民事规范解决。

（2）产权规则

元宇宙中存在大量数字资产，这些资产的所有权和使用权需要明确的规则来保障。一方面，通过 NFT 技术，元宇宙中的数字艺术品、虚拟房地产等资产可以实现唯一标识和所有权确认，防止复制和盗用。NFT 技术为数字资产确权提供了技术基础，使得每一个数字资产都能被唯一识别和验证。或者，利用智能合约自动执行资产确权、转让等操作，减少人为干预，提高效率和透明度。智能合约能够在预设条件下自动执行相关操作，确保交易的公正性和透明性。另一方面，利用区块链技术记录数字资产的创作、转让和使用记录，确保原创者的权益得到保护。区块链技术为数字版权保护提供了不可篡改的记录，保障了原创者的合法权益。通过技术手段监控元宇宙中的侵权行为，并制定相应的法律法规进行处理，例如，删除侵权内容、赔偿损失等。有效的侵权监控和处理机制能够及时发现和制止侵权行为，维护元宇宙内的公平和秩序[27]。

（3）交易规则

元宇宙中的交易包括虚拟商品、服务和数字货币等，建立完善的交易规则是确保市场健康发展的关键。一方面，通过去中心化交易平台，用户可以自由、安全地进行虚拟资产交易，减少中介费用和风险。去中心化交易平台避免了中心化平台可能存在的单点故障和高昂的中介费用。此外，元宇宙内的交易通常使用数字货币，建立稳定、安全的支付系统是保障交易顺利进行的重要环节。数字货币和支付系统需要具备高效、便捷和安全的特性，以满足用户的交易需求。另一方面，在交易过程中，需要对交易双方进行身份验证，并建立信誉评估体系，防止欺诈行为。身份验证和信誉评估体系能够有效降低交易风险，提高用户对交易平台的信任度。同时，也需要利用区块链技术记录所有交易过程，确保交易的透明度和可追溯性，增加用户的信任感。透明的交易记录能够减少纠纷，增加交易的可信度。

（4）争端处理规则

在元宇宙中，用户之间、用户与平台之间可能产生各种争端，建立高效的争端处理机制是维护秩序和公平的必要手段。一方面，通过去中心化仲裁机构处理争端，利用智能合约自动执行仲裁结果，减少人为干预和偏见。去中心化仲裁能够提高仲裁的公正性和效率，减少人为干预。此外，引入社区治理机制，用户通过投票等方式参与争端解决，增加决策的民主性和透明度。社区治理能够增加用户的参与感和责任感，提升争端处理的透明度和公正性。另一方面，制定法律法规以明确用户的权利和义务，规范平台运营行为。建立健全的元宇宙法律体系是保障元宇宙健康发展的基础。同时，对元宇宙内的各种行为进行合规审查，并制定相应的惩罚措施。合规审查能够及时发现和纠正违规行为，维护元宇宙的合法性和秩序。

6.4.3　元宇宙数字治理的未来图景

元宇宙数字治理的未来将是一个高度智能化和自动化的治理体系。在这个体系中，人工智能和大数据分析将发挥关键作用，能够实时监控和分析元宇宙中的各种活动，从而实现对数字空间的精细化管理和高效响应。例如，通过智能合约和区块链技术，可以确保元宇宙中的交易安全、透明，同时保护知识产权和个人隐私。这种自动化治理不仅提高了效率，还减少了人为错误和腐败的可能性，为元宇宙的可持续发展奠定了基础。

然而，元宇宙数字治理的未来也面临着诸多挑战。首先，是跨域治理的复杂性。由于元宇宙不受物理边界限制，参与者来自世界各地，这就要求我们必须建立起一套能够跨越国界、文化和法律体系的治理机制。这需要国际社会的共同努力，通过多边合作和对话，达成共识，制定出普遍接受的行为准则和规范。其次，是技术伦理和隐私保护的问题。随着元宇宙中个人数据的收集和分析变得越来越普遍，如何确保这些数据的安全，防止滥用，同时尊重用户的隐私权利，将成为数字治理的重要课题。我们需要建立一套严格的隐私保护法律和伦理标准，确保技术的发展不会损害个人的基本权利。最后，元宇宙数字治理的未来还需要考虑到文化多样性和社会包容性。元宇宙作为一个全球性的平台，应当促进不同文化之间的交流和理解，而不是加剧分裂和隔阂。因此，数字治理应当鼓励多元文化的表达，保护少数群体的权益，确保所有人都能在元宇宙中公平参与和受益。

总之，元宇宙数字治理的未来是一个充满挑战和机遇的领域。它要求我们在技术创新的同时，也要关注伦理、法律和社会影响。通过全球合作，我们可以共同构建一个更加公正、安全、包容的元宇宙，推动人类文明向更高层次的发展。元宇宙作为向善的科技大成所带来的人类科学和艺术的创造力大爆发是推进人类文明迈向更高级文明的核心推动力，这也回应了钱学森的大成智慧达成的思想，体现了中国哲学的博大精深。对人类科技发展，我们要有更高的想象力，要努力跳出认知局限，人类文明才能有更大的突破。

本章小结

元宇宙是一个新兴的、分布式的、开源的虚拟世界，它吸引了全球范围内的关注和热议。然而，随着元宇宙的快速发展，它也面临着许多风险，这些风险的复杂性和相互交织性使得数字治理变得尤为重要。通过建立多元共治的治理框架，采取开放与纠偏的策略、精准与灵敏的策略，以及搭建跨界治理的平台和机制，我们可以实现元宇宙的健康、稳定和可持续发展。同时，我们也需要不断创新和探索新的治理模式和方法，以适应元宇宙的发展变化。在这一治理路径下，元宇宙将与人类社会协同发展，最终实现虚实融合的最终理想。下一章，我们将结合具体领域对这一宏伟蓝图进行阐述。

参考文献

［1］王儒西，向安玲.2020-2021 年元宇宙发展研究报告 [R]. 北京：清华大学新媒体研究中心，2021.

［2］王文喜，周芳，万月亮，等.元宇宙技术综述 [J]. 工程科学学报，2022,44(4):744-756.

［3］张雷，谭慧雯，张璇，等.基于 LDA 模型的高校师德舆情演化及路径传导研究 [J]. 情报科学，2022, 40(3): 144-151.

［4］谢倩."元宇宙"出版热潮中的冷思考 [J]. 中国图书评论，2022(6): 83-93.

［5］YM Cui, W X Che, T Liu, et al. Pre-training with whole word masking for Chinese BERT[J]. IEEE/ACM Transactions on Audio, Speech, and Language Processing, 2021, 29: 3504-3514.

［6］王磊，黄广君.结合概念语义空间的语义扩展技术研究 [J]. 计算机工程与应用，2012, 48(35): 106-109, 193.

［7］吴江，刘涛，刘洋.在线社区用户画像及自我呈现主题挖掘：以网易云音乐社区为例 [J]. 数据分析与知识发现，2022, 6(7): 56-69.

［8］王秀红，高敏.基于 BERT-LDA 的关键技术识别方法及其实证研究：以农业机器人为例 [J]. 图书情报工作，2021, 65(22): 114-125.

［9］M Röder, A Both, A Hinneburg. Exploring the space of topic coherence measures[C]//Proceedings of the 8th ACM International Conference on Web Search and Data Mining. 2015: 399-408.

［10］高圣洁，蔡亚志.论列宁的无产阶级专政思想及其当代价值 [J]. 马克思主义研究，2016(3):25-35, 158.

［11］元宇宙掀起资本热潮，但可能比《黑客帝国》更危险 [EB/OL]. [2023-12-03].https://baijiahao.baidu.com/s?id=1714004115338184933&wfr=spider&for=pc.

［12］扎克伯格：脸书更名为"元宇宙"[EB/OL]. [2023-12-03]. https://baijiahao.baidu.com/s?id=1714941614171624693&wfr=spider&for=pc.

［13］段伟文.探寻元宇宙治理的价值锚点：基于技术与伦理关系视角的考察 [J]. 国家治理，2022(02):33-39.

［14］邓鹏，王欢.网络游戏成瘾：概念、过程、机制与成因 [J]. 远程教育杂志，2010, 28(06):87-92.

［15］杜颖，张呈玥.元宇宙技术背景下商标法律制度的回应 [J]. 知识产权，2023(01):31-49.

［16］武强，季雪庭，吕琳媛.元宇宙中的人工智能技术与应用 [J]. 智能科学与技术学报，2022, 4(3):324-334.

［17］郎友兴.科技当向善：数字时代的弱势群体及其解决之道 [J]. 浙江经济，2020(09):8-11.

［18］陈梦根，周元任.数字不平等研究新进展 [J]. 经济学动态，2022(4):123-139.

［19］底亚星，冀文亚.元宇宙：概念、挑战与治理 [N]. 光明日报，2023-01-06(011).

［20］季卫东.元宇宙的互动关系与法律 [J]. 东方法学，2022(04):20-36.

［21］王奇才.元宇宙治理法治化的理论定位与基本框架 [J]. 中国法学，2022(06):156-174.

［22］程金华.元宇宙治理的法治原则 [J]. 东方法学，2022(2):20-30..

［23］张文显.构建智能社会的法律秩序 [J]. 东方法学，2020(5):4-19.

［24］李晶.元宇宙中通证经济发展的潜在风险与规制对策 [J]. 电子政务，2022(3):54-65.

［25］周可真.论顾炎武的"众治"思想 [J]. 苏州大学学报，1999(04):78-83, 97.

［26］戚聿东，肖旭.数字经济时代的企业管理变革 [J]. 管理世界，2020, 36(6):135-152, 250.

［27］赵星，陆绮雯.元宇宙之治：未来数智世界的敏捷治理前瞻 [J]. 中国图书馆学报，2022, 48(1):52-61.

第7章
元宇宙的数实融合

日月之行，若出其中；
星汉灿烂，若出其里。

——曹操

元宇宙的最终理想是实现数实融合的世界。在当前技术背景下，元宇宙通常被视为与现实世界平行的虚拟世界，以虚拟现实为路径满足了人们对平行宇宙的幻想。然而，增强现实、人工智能、脑机接口等数字技术迎来爆发，将形成完善的数实融合技术体系，元宇宙走向数实融合的发展道路是必然的。与虚拟现实的实现路径相比，数实融合的元宇宙路线能将用户在虚拟世界获取数据的便利性与现实生活相融合，实现以实构虚、以虚赋实的目标，体现数字技术与人类社会的深度融合发展。

7.1　元宇宙数实融合的本质

当前，人类社会正进入数字经济时代，中国也制定了发展数字经济的国家战略，并高度重视数字经济与实体经济的融合发展，即"数实融合"。元宇宙强调虚拟与现实的融合，其中虚拟代表数字世界，现实代表真实世界，正可以契合数字社会和数字经济的发展需要。

元宇宙数实融合的本质是数字技术与现实世界的深度融合，创造出既包含物理现实又包含数字虚拟的新空间。在这个新空间中，数字世界与现实世界相互交织、相互影响，形成一个连续不断的整体。以下将从三个方面对元宇宙数实融合的本质进行细致分析。

1. 虚实交互

在元宇宙中，用户可以通过虚拟现实（VR）、增强现实（AR）等技术与数字世界中的虚拟对象进行交互，同时也能与现实世界中的实体进行交互。这种交互方式打破了现实与虚拟的界限，为用户提供了全新的体验和可能性。例如，用户可以在虚拟世界中参观博物馆、参加音乐会、与朋友聚会等，这些体验既具有现实感，又具有虚拟性。虚实交互的实现依赖于先进的技术，如 3D 建模、实时渲染、空间定位等，这些技术的发展为元宇宙数实融合提供了基础。

2. 数字孪生

在元宇宙中，现实世界的实体和现象可以通过数字孪生技术，在虚拟世界得到映射和仿真，实现现实世界与虚拟世界的同步和互动。数字孪生技术能够将现实世界的数据和模型导入虚拟世界，使得虚拟世界与现实世界保持一致。这种技术的应用可以提高现实世界的效率和安全性，例如，在建筑、制造、医疗等领域，通过数字孪生技术，可以在虚拟世界中进行模拟和优化，从而在现实世界中实现更高效的设计和生产。

3. 跨域融合

元宇宙打破了传统领域和行业的界限，通过数字技术将不同领域和行业融合在一起，形成一个全新的生态系统。这种融合方式促进了不同领域和行业之间的交流与合作，为创新和发展提供了新的机遇。例如，在教育领域，元宇宙可以为学生提供沉浸式的学习体验，帮助学生更好地理解和掌握知识；在医疗领域，元宇宙可以为医生提供丰富的病例和手术经验，提高医生的诊疗能力。跨域融合的实现依赖于数字技术的发展，如云计算、大数据、人工智能等，这些技术的发展为元宇宙数实融合提供了可能。

然而，在目前阶段，技术水平仍制约着元宇宙的发展。虽然数实融合的元宇宙还有很长的路要走，但已经有适用于元宇宙数实融合的初步应用场景，如智慧图书馆以及出版行业。在这些领域，元宇宙将带来行业服务生态以及应用场景的改变，元宇宙相关技术更是赋能多种场景的智慧化发展。

随着数字技术的快速发展，人类社会进入了信息空间、物理空间和社会空间交叉融合的三元空间。在这一空间中，通过"人在回路"不断增强信息物理系统（CPS）的感知与计算，这与波普尔的三个世界理论相对应。波普尔的三个世界理论描述了人类通过主观知识世界认识客观物理世界并形成人工世界的过程。智慧图书馆作为一个典型的 CPSS 系统，融合了信息空间、物理空间和社会空间的信息，实现了对人类知识的高质量感知。智慧图书馆通过物理空间感知物理世界，通过信息空间处理数字化的人工世界，并通过社会空间接入人类认知的心理世界，从而促进人类对世界的认知。

7.2 智慧图书馆的元宇宙数实融合

传统图书馆在与时俱进的发展中，其场馆空间不仅是为读者提供知识服务的重要依托，也是新技术应用的重要场景。亚历山大图书馆作为世界上最古老的图书馆之一，始建于公元前 259 年，虽然其具体样貌已不可考，但其知识汇集空间的作用广受称道。现代许多图书馆如中国国家图书馆、法国国家图书馆、新建成的亚历山大图书馆等，都以其美轮美奂的空间让人们体会到进入知识殿堂的感觉。智慧图书馆作为传统图书馆和数字图书馆之后的新兴产物，实现了物理空间与数字空间的融合。

7.2.1 智慧图书馆的演化

图书馆的演化经历了从传统图书馆到数字图书馆再到智慧图书馆的演化历

程。从传统图书馆到数字图书馆，人们从物理空间转移到数字空间，高速互联网的出现加速了信息传递，增加了存储容量，提供了更好的使用体验，人们可以随时随地进入图书馆实体空间或访问其网络空间，阅读图书，获取知识和交流。阿根廷作家博尔赫斯曾经说过："如果这个世上真的有天堂，天堂应该是图书馆的模样。"与传统图书馆相比，数字图书馆缺少了一种天堂的具象，缺少了一种能够给人全方位体验的沉浸感，这也是传统互联网只能在时间和空间两个维度上展开的不足之处。

智慧图书馆是继传统图书馆和数字图书馆之后图书馆领域的又一项重要实践与应用创新。《中华人民共和国国民经济和社会发展第十四个五年规划和2035年远景目标纲要》提出发展智慧图书馆，为公众提供智慧便捷的公共服务。智慧图书馆是传统图书馆与数字图书馆的数实融合，通过各种数字技术将传统图书馆的物理空间（线下空间）与数字图书馆的数字空间（线上空间）进行融合，构建人与技术交融的智慧化数实融合空间，为全社会提供智慧便捷的数字公共服务，构建全民畅享的数字生活。智慧图书馆的空间功能也从借阅空间进化到传播空间，再到交流空间，并通过数实融合真正进化到共创空间[1, 2]。

7.2.2 元宇宙与智慧图书馆的数实融合空间

元宇宙区别于传统环境最显著的特征就是现实时空和虚拟时空的融合，这也是智慧图书馆未来的发展方向。在现实时空，物理空间、社会空间和信息空间构成了真实的三元世界；而在虚实时空，各种数字技术构建了一个融合现实时空的人工三元世界[3]，使得三元世界从孪生到相生，再到融生。智慧图书馆数实融合空间的构建需要充分考虑如何将连接真实三元世界的物联网、社会网和互联网融合到数字三元世界中。通过联结、互动、结网的互联网系列操作，促进人、书和知识的联结[4]，并进一步进行互动，催生出创新。人、书、知识三者充分交流，从而产生智慧服务的新模式和新业态。

元宇宙是一种虚（数）实融合空间，其发展也依赖于参与其中的用户与信息之间的良好互动。在元宇宙中，有信息与用户两大主体，需要关注信息生产、采纳和交流，并关注用户的身份、价值和体验系统的构建。智慧图书馆需要的数实融合空间正可以在元宇宙中构建。

智慧图书馆是一种面向未来的图书馆新发展理念，其核心在于广泛应用"技术智慧"，大力提升"图书馆智慧"，以全面激活"用户智慧"，最终服务于智慧社会[5]。全国智慧图书馆体系也明确指出了要建设线上线下融合空间，包括实体智慧服务空间和在线智慧服务空间。因此，需要改造传统图书馆的物理（实体）

空间，同时也要构建智慧图书馆的云基础设施（数字空间），实现实体空间和数字空间的融合。元宇宙要打造的数实融合空间和智慧图书馆想要实现的数实融合空间在理念上是一致的，在智慧图书馆的建设中，从技术智慧到图书馆智慧，再到用户智慧，这一过程所提及的智慧也可以在元宇宙中得以体现，如图 7.1 所示。

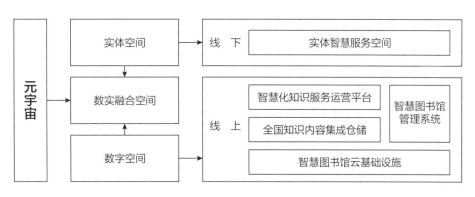

图 7.1　元宇宙与智慧图书馆的数实融合空间

7.2.3　建设智慧图书馆数实融合空间的元宇宙方式

1. 智慧图书馆的数实融合空间通过数字经济"四化"实现

元宇宙与数字经济密切相关。数字经济是以数字化的知识和信息为关键生产要素，以数字技术创新为核心驱动力，以现代信息网络为重要载体，通过数字技术与实体经济深度融合，不断提高传统产业数字化、智能化水平，加速重构经济发展与政府治理模式的新型经济形态[6]。元宇宙将通过数字经济的"四化"助力智慧图书馆的建设。具体而言，在数据价值化的背景下，加强图书馆相关数据要素的共享、流通和交易；再通过产业数字化实现智慧图书馆与实体经济产业的融合，通过数据、信息、知识和智慧连通实体经济与数字经济，进行数实融合。传统图书馆和数字图书馆分别对应实体经济和数字经济，通过数实融合从而实现数字空间和实体空间的交叉融通，打造智慧图书馆的元宇宙数实融合空间。进一步，通过数字产业化不断推动图书馆的数字化和智慧化的生态发展，形成智慧图书馆的数字产业；并通过治理数字化不断推进元宇宙环境下智慧图书馆的数实融合空间的健康发展，如图 7.2 所示。

智慧图书馆是数字图书馆和传统图书馆的融合，是一种典型的数字经济与实体经济融合的业态。在融合过程中，物理空间、社会空间、信息空间三元空间的融合是关键所在，是解析图书馆空间的有效视角，更是构建数实融合空间的重要基础。基于三元空间理论的物理世界、人类社会、信息世界三元世界的联通与融合是智慧图书馆的重要特征，图书馆的业务场所、业务关系、业务主客体在元宇宙环境都将发生延伸。

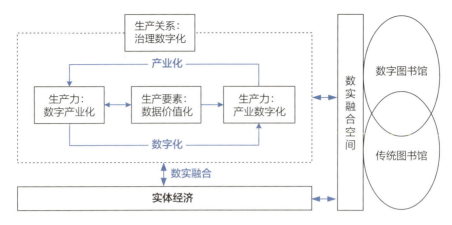

图7.2 数字经济背景下智慧图书馆的数实融合空间

元宇宙在数实融合空间将缔造新的人类文明。元宇宙的数实融合空间也是智慧图书馆要打造的新形式场所，能够让人们从中获取个性化的知识，打开思维，启迪思想，从而更好地认识世界、改造世界。这种数实融合空间不会取代传统图书馆的实体空间，而是要用数字化、虚拟化赋能实体空间，实现传统图书馆的智慧化转型。

传统图书馆是一个真实的实体空间，是连接人类智慧的一个物理存在。进入传统图书馆之后，我们感受到的是一种宁静，可以无限发掘自己的潜力和想象力。人类区别于机器的地方在于人类对知识的感性理解，并形成哲学层面上的诸多思辨。人类通过思辨找到认识世界的方向，从而创造性地改变世界。这种思维层面上的创新，需要进入一种具象化的数实融合空间，从而迸发出人的创造性思维。元宇宙中的数字空间可以实现知识个性化的获取和利用，将图书馆的实体空间进行延伸，建立博物馆、档案馆的空间与图书馆空间的数字链接，打造一个个性化的图博档空间。每个人都可以拥有自己专属的图书馆，从而打破时空限制，实现更高效率的知识获取和对世界的认知。

2. 元宇宙中智慧图书馆数实融合的技术实现

用元宇宙的技术体系打造智慧图书馆可分为五个层面进行，通过技术的综合运用打造智慧图书馆的书、人、法，如图7.3所示。

（1）网络连接

5G /6G网络环境与物联网是基础，未来的6G网络和Web3.0技术将助力实现真实物理世界与虚拟数字世界的深度融合，构建万物智联的可信的数实融合空间，实现智慧图书馆中的数据要素在物理世界和数字世界之间的无界流动。物联网技术是元宇宙提升沉浸感的关键，它通过应用层（操作系统）、网络层（网络

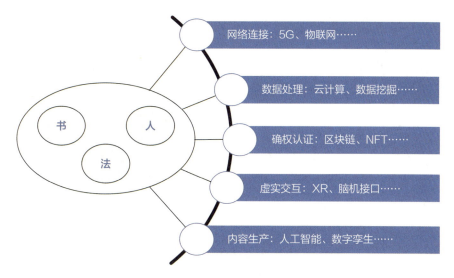

网络连接：5G、物联网……

数据处理：云计算、数据挖掘……

确权认证：区块链、NFT……

虚实交互：XR、脑机接口……

内容生产：人工智能、数字孪生……

书　人　法

图 7.3　元宇宙技术体系打造智慧图书馆数实融合空间

通信）、感知层（传感器）的协作，为元宇宙的万物连接及虚实融合提供可靠的技术保障，将数字空间有效连接到图书馆物理空间中的人、书、法等元素。

（2）数据处理

元宇宙具有庞大的信息生态系统，云计算和边缘计算奠定了坚实的算力基础，数据挖掘为信息价值的转化提供支持。具有动态分配算力的云计算是元宇宙的基本保证，也是智慧图书馆数实融合空间得以实现的基础。边缘计算能够有效解决中心流量拥堵和智能终端快速增长带来的计算资源匮乏的问题，是解决未来数字化难题的重要路径[7]。数据挖掘技术则为信息价值的转化提供支持，元宇宙具有庞大的信息生态，通过对其中信息进行挖掘与分析，人们可以实现基于规则、概念、规律及模式的预测与判断[8]。

（3）确权认证

区块链技术与非同质化代币（NFT）的出现实现了元宇宙虚拟物品的资产化，使得元宇宙能实现虚拟物品的交易，从而促成数据内容的价值流转。在智慧图书馆中，NFT 成为赋能馆藏的"价值机器"，是连接物理世界资产和数字世界资产的桥梁，实现艺术革命和科学革命的协同发展。另外，去中心化自治组织（DAO）基于区块链技术可以实现图书馆服务网点和用户的去中心化以及自组织连接，进行可信的价值共创。

（4）虚实交互

元宇宙的实现依托于强有力的虚实交互界面，扩展现实（XR）集合了增强现实（AR）、虚拟现实（VR）、混合现实（MR）等多种技术，通过真实与虚拟相结合打造人机交互的虚拟环境。脑机接口（BCI）则通过对大脑活动过程中脑信号的编码和解码，在大脑和外部设备之间建立直接的通信和控制通道，促进元宇宙中用户与信息的直接交互。基于 XR 与 BCI 技术的虚拟现实等应用将极大提升用户的沉浸感，为用户带来元宇宙智慧图书馆的新体验。

（5）内容生产

人工智能和数字孪生将促进数字世界生产原生的内容。人工智能生成内容（AIGC）是利用人工智能自主生成内容并延伸人的感知，生成各种交互性内容。考虑到人和技术之间的协同性，元宇宙内容生产还将依靠人工智能辅助或者纯人工智能创作。智慧图书馆的数实融合空间将结合专业生产内容（PGC）、用户生产内容（UGC）、人工智能生成内容（AIGC）来创造图书馆空间中的各种资源。

7.2.4 元宇宙中智慧图书馆数实融合空间的构建伦理与风险

1. 智慧图书馆数实融合空间的构建伦理

元宇宙本质上是人类迈向数字文明的产物，因此，我们必须关注对它的治理[9]，特别是要注意元宇宙技术的科技伦理。科技伦理不是要束缚科技的发展，而是要为科技的发展找到一个更加明确的人文目标。元宇宙构建的数实融合空间，需要将"增进人类福祉"作为科技发展的原动力，坚持"科技向善"。元宇宙以及基于元宇宙的智慧图书馆必须"尊重生命权利"。由于相关数字技术的渗透性，智慧图书馆将无限延伸其边界，提供无限的公共服务，与整个社会息息相关。因此，智慧图书馆数实融合空间的构建过程中，务必切实关注科技伦理，坚持科技向善，推动元宇宙相关技术符合科技伦理，促进智慧图书馆的健康发展。

在元宇宙构建的数实融合空间，首先会受到数据伦理方面的冲击。在元宇宙中，对人的行为和生物特征数据的采集和分析将成为其运行的基础，现有的个人信息和数据保护法律和伦理规范远不能应对这一新趋势。因此，我们必须从技术与人的协同角度规范通过扩展现实（XR）或脑机接口（BCI）获得数据及其安全隐私的行为，使之合乎伦理和法律。其次，会面临数字世界中生命与神经伦理的挑战，这源于感知和体验带来的影响。在数字世界中，人的大脑可塑性、虚拟行为对人的行为的操控、数字化身对人的认知的长期影响等问题都需要规范，以确保数字文明中人类的活动在身体安全和认知安全的边界内进行。

2. 智慧图书馆数实融合空间的构建风险

在元宇宙中构建智慧图书馆的数实融合空间，需要坚持五项科技伦理原则，同时要合理控制风险。以下是三个亟待关注的重要风险。

（1）隐私风险

隐私数据保护一直是真实世界中备受关注的问题之一。元宇宙是集科技大成打造的数实融合空间，对用户来说，如何协调各个参与主体保护数据，以及如何确保隐私数据的安全，都是严峻的挑战。

（2）产权风险

元宇宙的兴起会引起诸多与产权相关的纠纷，这给创作者提出了一个挑战，他们需要保护自己在真实世界和数字世界中的知识产权。此外，产品和内容的提供者也面临一个问题，即他们能够在多大程度上使用他们创建的内容或者财产。在现实世界中，共同版权和共同所有权的规则已经十分复杂，而在数字世界，利益关系会更加错综复杂，因此产权风险会更大。

（3）治理风险

元宇宙中的智慧图书馆运行在"去中心化治理"的机制上，各种与图书馆有关的参与主体通过去中心化的方式进行协同。人们期望在元宇宙的数字世界中，通过区块链和 DAO 等去中心化技术和组织，创建一个真正自下而上、民主的、自由的自治社区。这种去中心化的环境无法套用现实世界中现有的中心化制度体系，因此具有较大的不确定性。

7.3　出版行业的元宇宙数实融合发展

作为大数据、人工智能、云计算、虚拟现实等数字技术的集大成者，元宇宙正式宣告数智时代的到来。各行各业纷纷将元宇宙视为新的发展增长点，以及具有高度战略意义的竞争领域。对于身处这一浪潮中的出版业而言，将不可避免地受到元宇宙的影响。从唐代的雕版印刷、北宋的活字印刷等印刷技术孕育的传统出版开始，到 20 世纪末期的计算机排版技术与互联网技术催生的数字出版，再到 2010 年前后移动互联网以及移动终端的广泛应用，融合出版逐渐萌发，出版业的发展历程与科学技术迭代的关系愈发紧密。出版业将在元宇宙引发的新一轮科技创新下迎来前所未有的发展格局，并有望摆脱以往传统出版、数字出版、融合出版的生存形态，实现向智慧出版的跨越。

7.3.1　系统观下的出版本质

辩证唯物主义认为整个自然界以系统形式存在，其中任一客体都是由要素以一定结构组成的，并具备不同于各个要素功能的系统[10]。系统观对于把握事物的本质及其发展规律具有重要意义。就出版系统而言，其主要包含编辑、印刷、发行三个基本要素。其中，"编辑"围绕策划、组织、审读、选择与加工作品展开，是"印刷"与"发行"的前提；"印刷"根据作品内容制成一份或多份与其内容相同的物件；"发行"是通过商品交换将作品传递给用户[11]。同时，根据社会技术系统理论，复杂系统是由社会系统和技术系统相互作用而形成的社会技术系统，社会系统不能独立于技术系统而存在，技术系统的变化也会引起社会系统发生变化[12]。那么，作为社会系统中的一个子系统，出版系统同样不可避免地受到技术系统的影响，如图 7.4 所示。具体而言，从系统结构上看，在以往的书刊纸媒时代，出版的编辑、印刷与发行是一种线性串联结构。然而，在技术系统的影响下，数字技术得以在出版系统中广泛应用，传统出版的大部分生产流程转移到互联网平台上，"编辑"要素大多依托于平台上的社会化外包；出版内容对载体的依赖性越来越低，"印刷"要素被在线下载与阅读替代，"发行"要素则以平台传播与交易为主，传统出版系统的线性串联结构由此被打破，呈现出网状并联结构[13]。最终，传统出版蜕变为数字出版。在数字出版时代，由于"印刷"要素逐渐被消解，"编辑"要素得以直接连接"发行"要素。显而易见的是，在数字技术的加持下，出版内容的流动速度得到显著提升，出版内容的流动路径与流动时间成倍缩短，流动效力因此成倍提升[14]。从系统功能上看，各个出版要素及其交互共同创造"出版"这一有机整体的功能。其功能主要包括传播信息的文本功能、宣扬主张的理念功能，以及服务社会的社会功能。文本功能与理念功能是出版系统内部固有的效能，后者蕴含于出版文本之中，社会功能是文本功能与理念功能结合产生的外化效应[15]。

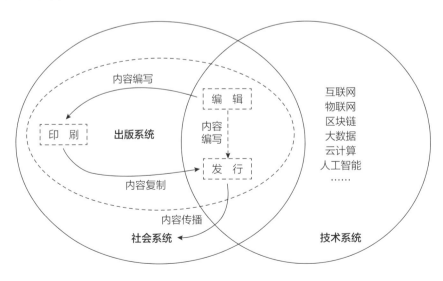

图 7.4　出版内容的生产与流动

从系统整体上看，虽然在技术系统的影响下，出版要素的内涵及组成结构均发生了改变，但无论是传统出版还是数字出版，各要素的工作核心始终紧紧围绕内容生产展开。并且，出版内容的流动路径均由"编辑"指向"发行"，并最终流向外部社会系统。

7.3.2　当前出版行业数实融合所遇困境

数字技术的迅猛发展已经深刻影响了各行各业，出版行业也不例外。融合出版作为传统出版行业在互联网时代发展的主流形式，面临着诸多挑战。内容的生产流程、出版媒介以及流通方式均受到巨大冲击，行业竞争愈加激烈。在新时代技术不断迭代升级的过程中，融合出版面临诸多问题，主要体现在出版内容供需错位、出版内容质量不高、出版内容传播方式僵化以及出版内容版权不明确四个方面。

1. 出版内容供需错位

在融合出版时代背景下，出版编辑人员往往将产品内容作为工作重点，而较少考虑用户需求，这就导致对用户需求把握不足。尽管出版业已逐步走向以用户需求为中心的定制化知识服务阶段[16]，但是出版商往往先完成知识内容的创造生产，再考虑终端用户服务，从而导致产品内容生产与用户服务过程之间呈现"两张皮"现象。加之大多数出版商在完成产品生产后往往忽视用户的反馈信息，未能及时追踪和分析不同用户群体的阅读偏好和需求变化[17]，无法精准、清晰地掌握用户画像，难以将优质的产品内容与用户的阅读兴趣精准匹配，从而出现出版内容供需错位的问题。

2. 出版内容质量不高

内容质量不高一直是出版业高质量发展的瓶颈问题，具体体现在：第一，缺少工匠型出版物，缺乏精品力作，高原式作品不少、高峰式作品鲜见；第二，内容同质化现象仍未得到根本改观，"跟风式"出版现象依然存在；第三，出版物编校质量、设计质量、印制质量、载体质量时常不达标，导致出版物质量问题频发，甚至引发严重的社会舆论。近年来，面对日益激烈的市场竞争，上述问题愈发严重，主要表现为同类型出版产品内容重复度高、数量庞大，策划和营销方式高度相似[18]。以高校教材为例，《大学计算机基础》相关图书达到822个品种，涵盖78家出版社[19]。同时，图书出版市场也存在许多低劣、庸俗的问题产品。例如，2023年5月，人教社因设计质量问题，教材插图事件屡次登上微博热搜，其插图被批评为表情呆滞、五官突兀、服装违和，引发大量网友吐槽。此外，我国原创儿童绘本也深陷题材趋同、文图脱离、价值偏差和竞争无序等困境[20]。

3. 出版内容传播形式僵化

在数字化和网络化的媒介变革时代，电子图书、数字报纸期刊、网络文学、数字音乐、手机出版物等数字出版形式正在改变大众的阅读方式。同时，传统出版的印刷工作逐渐被在线下载与阅读取代。在此背景下，出版内容的阅读载体以文字和音视频为主，并主要借助电脑、手机、专业阅读器等设备进行传播。尽管出版内容的传播方式由此变得更为多样，但其中仍然存在较大的改进空间，主要表现在出版内容的传播形式仍然局限于传统的文字、图片、音频和视频，难以实现与用户的高度交互。

4. 出版内容版权不明确

伴随着数字技术的发展，数字内容在用户之间传播的速度、深度及广度得到显著提升。传统出版物的数字化、出版形式的多样化以及出版载体的多元化趋势，使侵权形式变得更加复杂。《2021 年中国网络文学版权保护与发展报告》指出，2021 年网络文学盗版损失高达 62 亿元，多数网络文学平台每年有 80% 以上的作品被盗版，高达 82.6% 的网络作家深受盗版侵害[21]。随着出版产品新形态和新媒介的出现，版权保护面临诸多挑战，包括版权归属不清晰、产品授权不明确、出版物盗版现象泛滥、技术手段滞后等问题。此外，创作者版权保护意识不强，以及版权维护成本高昂，进一步使出版著作权保护日趋复杂，著作权治理面临更为严峻的挑战。

7.3.3 元宇宙下出版行业的变革路径

元宇宙作为多种数字技术的综合集成应用，将不可避免地推动出版行业智慧化转型。在元宇宙的赋能下，出版行业将在内容生产和内容流动过程中逐步走出内容供需错位、内容质量不高、内容传播形式僵化及内容版权不明确等困境，呈现出个性化、智慧化、人机协同化等特征。立足于出版本质，结合出版行业目前面临的困境和元宇宙中的科技创新，笔者认为，元宇宙下出版行业变革的关键在于内容生产与内容流动的变革，具体变革路径如图 7.5 所示。

1. 内容生产变革路径

元宇宙的信息内容生产有两种方式，一是从现实世界输入，二是由虚拟世界创造生产。借助元宇宙虚实融合的特性，用户在内容生产上的自由度大大拓宽，拥有更多的自主性，从此促进了元宇宙内容生产力的大幅提升。相应地，在元宇宙的赋能下，出版内容和生产流程将摆脱以往供需错位、生产效率低下、精品内容缺乏等问题，呈现出个性化、智慧化、人机协同化等特征。

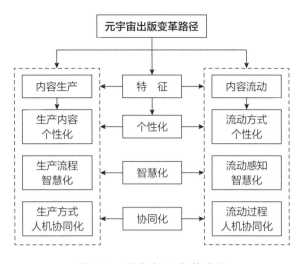

图 7.5　出版行业变革路径

（1）生产内容的个性化

当下，许多出版商总是被动地响应用户的阅读需求，尚未真正建立以用户需求为导向的知识服务模式。随着人们精神文化需求的不断提升，未来出版业应更注重内容服务的个性化和定制化需求，致力于满足用户的高品位学习阅读需要，不断提供高品质的定制化知识服务。在元宇宙时代的智慧出版行业，将产生更多交互数据，出版商可以借助元宇宙技术体系对交互数据进行采集、分析、处理与应用，利用数据挖掘技术和大数据技术精准把握用户阅读需求，生成个性化知识图谱，描绘更清晰的用户画像，实现出版内容与用户之间的紧密连接，为不同类型的用户提供个性化的知识服务。通过内容定制和分发匹配，用户能够快速、精准地获取所需的信息内容，个性化、深度化的知识服务将在元宇宙时代成为现实[22]。

（2）生产流程的智慧化

元宇宙中的内容生产过程实际上是对信息的处理、加工、结构化，并通过内容载体媒介进行传播交流的过程，这与出版行业的内容生产流程具有高度相似性。在元宇宙时代，大数据、人工智能等数字技术的深度嵌入将有助于实现出版内容生产流程高度"智慧化"，大幅提升内容生产全流程效率。首先，在选题策划环节利用深度学习技术从海量数据中挖掘有效信息，深度分析用户需求，提升选题的科学性与精准性。其次，在编辑、校对、排版等生产环节中在利用 AI 技术实现出版物自动纠错，降低人工编校成本，提升纠错效率与出版物质量[23]。最后，大数据技术可以通过描绘用户画像等方式，对产品进行精准定位与分发，以更加精准的方式有效触达用户，从而极大地提高内容生产全流程的效率。

（3）生产方式的人机协同化

当前，出版内容生产的主要环节都需要特定专业人群完成，如策划选题、内容创作、编辑加工、印刷生产等过程，这些都耗费大量人力和物力资源，显著影响工作效率。依托元宇宙先进的技术体系，出版各流程将会彻底变革，许多专业工作将由智能机器完成。这并不意味着技术可以完全代替专业人员，相反，专业出版人员在内容生产和流通的各环节中仍至关重要。在元宇宙背景下，出版商应与机器智能建立良好融洽的合作关系，快速掌握新技术和能力，提高出版企业的效率。未来的智慧出版将以人机共创内容生产模式为主，通过人机协同与交互，实现机器智能与人类智慧的优势互补，从而释放更多创意能量[24]，形成更多出版精品内容。

2. 内容流动变革路径

元宇宙作为多种数字技术的综合集成应用，加快了真实世界与虚拟世界的融合，打通了物理资产与数字资产之间的桥梁，实现了真实世界与虚拟世界之间数据传输的双向自由流动。由此，元宇宙里的经济活动产生的数字产品在创造、交换、消费等整个流转过程中，没有任何中间环节，生产能够直接连接消费。相应地，在元宇宙的赋能下，出版内容的流动将克服以往单一、陈旧、刻板等弊端，同样呈现出个性化、智慧化、人机协同化等特征。

（1）流动方式的个性化

当前，尽管在融合出版形态下，内容能够实现在纸质、视频、音频等介质之间跨媒体呈现，但由于介质之间仍相互独立，内容流动并没有像人们想象的那样畅通无阻。然而，借助于包括 6G 网络、物联网技术、云计算、扩展现实与脑机接口等技术在内的元宇宙技术，出版业将能够搭建内容汇聚平台，实现介质之间的高度融合与统一。在元宇宙这一庞大的技术环境中，出版内容将在不同形态之间实现即时、自由的变换，不再是以往由某一介质传输到另一介质。更为重要的是，元宇宙下出版内容的流动是有序的，呈现出强烈的用户导向。具体而言，元宇宙下出版内容的流动不再依赖内容生产者的意志，用户能够即时对出版内容进行调取与利用，甚至对内容流动的方式进行定制，打造属于自己的内容空间。同时，内容流动的形态将更加立体、生动和鲜活，不再局限于文字、电子与数字的简单形式。出版内容中的知识内核也将变得更具象化，从而更便于用户理解和感悟。

（2）流动感知的智慧化

随着信息社会的发展，人们对出版物的需求持续走低已成为有目共睹的事实。虽然，出版业加快了数字化转型的步伐，并努力试图通过大数据技术精准把握、迎合用户需求，但出版内容的供需错位问题仍较为突出。然而，在借助于元宇宙技术构建的出版内容汇聚平台，除了内容流动方式个性化，还体现出内容流动感知的智慧化，这将有效解决当前出版业存在的供需不匹配问题。

所谓内容流动感知的智慧化主要体现在三个方面。首先是自主识别。用户通过各种穿戴式设备进入元宇宙的数实融合空间将产生大量用户行为数据，这些数据范围已远远超出现实世界中用户在移动终端设备上的访问数据，为构建更为精准的用户需求画像奠定数据基础。同时，用户在元宇宙出版内容世界中产生的数据将被实时识别分析，从而实现对用户需求的动态掌握。其次是自主适配。在实时掌握用户需求的基础上，出版内容将通过知识图谱数据库、情景感知计算、推荐算法等自主追踪目标用户，并传递到目标用户面前，实现出版内容与目标用户的精准匹配。最后是自主控制。用以满足用户学习阅读需要的出版数据、信息、知识，在规模、质量、比例、时长、规格等方面，能够自觉地根据不同用户的知识需求量、需求程度、需求规格进行自适应调整，确保不会出现对音视频、三维模型、虚拟环境的过分沉迷而产生异化现象，以切实推动人的自由而全面的发展。

（3）流动过程的人机协同化

交互技术的不断发展使以往的用户输入、机器输出转变为多元化人机交互。在元宇宙中，借助人工智能、脑机接口、虚拟现实等技术，利用包括摄像头、惯性传感器、智能眼镜、智能头盔等在内的交互设备，人的身体动作、语音，甚至是意念都可直接被捕捉与分析，人与机器之间的关系变得尤为紧密。因此，借助元宇宙数字集成技术，出版内容由生产者流向用户这一过程中，无不体现着人与机器之间的高度协同。首先，用户需要通过各种穿戴设备进入出版业基于元宇宙技术构建的内容汇聚空间。其次，用户在这一空间中对出版内容的调取与利用已不再是传统意义上翻阅书籍、收听音频、观看视频，而是通过语言、动作，甚至是意念。在这一过程中，用户传递的信息均可被设备捕捉。最后，设备在捕捉到用户传递的信息后，即时将用户所需的内容反馈给用户。可见，人机协同化同样是元宇宙下出版内容流动的特征之一。

7.3.4 元宇宙情境下的智慧出版

纵观出版业的发展史，每一次的高新技术变迁都会给出版业带来产品新形态、新功能、新体系、新市场等变革。在元宇宙所带来的新一轮科技革命下，出版业将呈现数字化、智能化、智慧化和人机融合等特征，进而转变为智慧出版。

1. 元宇宙情境下智慧出版的数字化、智能化及智慧化

（1）数字化特征

数字化特征促成数字出版，为元宇宙下智慧出版奠定坚实的物理基础。其主要特征表现为内容生产的数字化、管理过程的数字化、产品形态的数字化、流动渠道的数字化[25]。在内容生产方面，创作者与受众之间的深度、频繁的互动，加之种类繁多、功能俱全的创作工具，使得素材收集、查询、选题、编辑等环节的效率和效果大幅提升。在内容获取方面，各种智能终端确保人们随时随地、便捷地获取碎片化、自由化、互动化、沉浸化的内容。数字出版依托数字化技术而生，数字化技术助力数字出版发展，数字出版倒逼数字化技术不断升级，形成循环上升的双向互动[26]。随着循环的演进，数字出版的融合现象更加突出，"出版 +"的融合发展模式将在文化、传媒等更广泛的领域得到应用，进一步促进新价值体系的构建和产业发展的延伸。

（2）智能化特征

智能化特征推动智能出版，为元宇宙下智慧出版奠定算力和算法基础。其主要特征表现为出版内容生产、流动和产品服务的自主化、自动化、智能化、精准化[27]。智能出版建立在新一代人工智能、大数据等新技术基础上，是更高级的数字出版形态。智能出版从根本上改变的不是出版的产品或服务，而是出版活动本身。其依托人工智能机器学习、深度学习及大数据分析技术对内容生产、流动和营销及产业链上下游积累的数据进行多维度、全方位的分析挖掘，从而精准刻画受众需求和偏好特征，减轻甚至替代编辑及其他附属劳动，助力制定科学前瞻的智能化营销策略，实现内容的精准流动，更为个性化定制打通渠道，提高出版活动的效率、质量和精准度。

（3）智慧化特征

智慧化特征对应智慧出版。不同于智能出版强调的"技术决定论"，即强调出版的技术属性，智慧出版更加注重出版的社会属性、文化属性、人文属性，坚持工具理性与价值理性相统一[28]，社会效益与经济效益相统一。其主要特征表现为多元化、个性化、融合化、智能化，旨在全方位、多层次、宽领域地推动出版业进行智慧化变革，通过智慧化的产品与服务满足人民的精神文明需求，从而实现出版的守正创新和多元发展。

2. 元宇宙情境下智慧出版的人机融合

元宇宙情境下智慧出版的人机融合具体表现为内容生产、流动、接收和反馈的具身性、多样态和极速化。具身性在于出版内容创作者与受众的生物学组织与

器械的融合，生物学思维与算法的融合，使得他们能够超越自然人的范畴，融入由自然人、虚拟数字人和高仿机器人构成的"三人行"格局[29]中。通过自然"真身"、虚拟"化身"、机器"假身"，拓展内容创作者和受众的行为时空，提升其行动效能。多样态在于出版内容模态上超越了视觉听觉的限制，创造了身临其境的体验，使得出版受众能够身处多样的时空场景、拥有各异的观察视角，以第一人称视角体验出版内容营造的独特世界。极速化在于内容生产迅捷处理能力、内容流动的高速传输渠道和筛选推荐的准确快捷模式。

3. 元宇宙情境下智慧出版的数实融合时空

元宇宙最为显著的特点是现实时空与虚拟时空的深度融合。然而，与现实时空相比，虚拟时空中的时间与空间并不与现实时空一一对应，导致现实时空与虚拟时空的融合变得更多模、多维、多样的特征。在这种背景下，智慧出版的时空边界逐渐消失，内容的生产与流动不再局限于现实时空的物理边界，各种社会力量对智慧出版内容生产和流动的资源进行配置，大型图书馆和书店成为元宇宙下智慧出版数实融合空间的具体应用场景。智慧图书馆和书店充分考虑到内容和受众两大主体，关注内容的生产、采纳、流动以及受众的身份、价值和体验，通过知识受众、知识内容、知识载体的联结和互动，全面激活受众自由穿梭于不同的知识与信息时空，从而催生创新，最终服务于智慧社会。智慧图书馆将为智慧出版提供开放多元、和谐渲染、虚实共生、全方位全景式满足新时代新需求的文化空间[30]。

本章小结

随着技术的飞速发展，元宇宙已成为人类社会探索的新边界。在这个数字和现实的交汇点，我们见证了数字世界与现实世界的融合，创造出前所未有的体验和可能。元宇宙的数实融合不仅是科技的进步，更预示着人类社会在数智时代的进化。在这个新的领域，人们可以超越地域限制，跨越文化隔阂，共同建构一个更加包容、多元的世界。在元宇宙时代，智慧图书馆将实现传统图书馆与高新技术场景的数实融合，更好地承载起保存与利用人类文化遗产的使命。而出版行业也将在元宇宙数实融合的赋能下更加智慧，通过"智慧与服务"一体化推动人类通过知识学习和交流，认识并改造世界，迈向更高级的文明。

参考文献

［ 1 ］夏立新 , 白阳 , 张心怡 . 融合与重构 : 智慧图书馆发展新形态 [J]. 中国图书馆学报 , 2018, 44(1) :35-49.

［ 2 ］吴江 , 曹喆 , 陈佩 , 等 . 元宇宙视域下的用户信息行为 : 框架与展望 [J]. 信息资源管理学报 , 2022, 12(1):4-20.

［ 3 ］司马贺 . 人工科学 : 复杂性面面观 [M]. 武夷山 , 译 . 上海科技教育出版社 , 2004:105.

［ 4 ］刘雯 . 刘国钧与杜定友图书馆学思想比较 [J]. 图书馆 , 2011(4):54-56, 60.

［ 5 ］饶权 . 全国智慧图书馆体系 : 开启图书馆智慧化转型新篇章 [J]. 中国图书馆学报 , 2021, 47(1):4-14.

［ 6 ］钱学敏 . 论钱学森的大成智慧学 [J]. 中国工程科学 , 2002(3):6-15.

［ 7 ］赵先明 . 算网融合定义未来 [J]. 通信技术 , 2022, 55(6):720-726.

［ 8 ］吴江 . 元宇宙中的用户与信息 : 今生与未来 [J]. 语言战略研究 , 2022, 7(2): 8-9.

［ 9 ］赵星 , 陆绮雯 . 元宇宙之治 : 未来数智世界的敏捷治理前瞻 [J]. 中国图书馆学报 , 2022, 48(1): 52-61.

［10］魏宏森 . 辩证唯物主义系统观初探 [J]. 中国社会科学 , 1984(1):17-26.

［11］唐晴 . 图书编辑工作 ABC[M]. 北京 : 中国书籍出版社 , 2014:2.

［12］唐方成 . 新技术商业化的风险要素及其作用机理 : 基于社会技术系统理论的实证研究 [J]. 系统工程理论与实践 , 2013, 33(3):622-631.

［13］耿相新 . 论数字时代出版活动的新定位 [J]. 科技与出版 , 2022(11):24-35.

［14］颜显森 . 内容的本质与创新 [J]. 出版科学 , 2022, 30(3):89-96.

［15］方卿 . 关于出版功能的再思考 [J]. 现代出版 , 2020(5):11-16.

［16］贺芳 . 用户场景视域下专业出版知识服务模式探析 [J]. 中国出版 , 2022(9):65-68.

［17］李巨星 , 胡韵波 . 数字出版视域下科普短视频的发展困境与因应策略研究 [J]. 出版科学 , 2022, 30(4):67-77.

［18］马北海 . 论出版同质化竞争 [J]. 出版科学 , 2005(5):45-47.

［19］蔡迎春 . 当前藏书采选机制对藏书质量的影响与思考 [J]. 图书情报工作 , 2019, 63(9):31-37.

［20］陈莉 . 中国原创儿童绘本创作与出版的困境、成因与突围策略探析 [J]. 科技与出版 , 2020(10):78-84.

［21］中国版权协会 . 2021 年网络文学盗版损失达 62 亿元 , 超八成作家受侵害 [EB/OL].[2022-11-15].https://www.chinanews.com.cn/cj/2022/05-26/9764362.shtml.

［22］张立 , 张雪 , 魏子航 . 融合出版背景下科技期刊的智慧出版模式研究 [J]. 中国编辑 , 2021(12):51-55.

［23］邓天奇 , 张海超 . 数字新基建赋能融合出版 : 业态创新、现实困境与未来进路 [J]. 科技与出版 , 2022(11):66-73.

［24］郭嘉 . 虚拟数字人在图书出版领域的多元身份构建研究 [J]. 科技与出版 , 2022(8):56-63.

［25］高良才 , 贾爱霞 . 技术驱动下数字出版及其专业建设 [J]. 中国出版 , 2022(17):16-19.

［26］林泽瑞 . 人工智能时代的数字出版创新探析 : 内容场景应用与服务能力提升 [J]. 出版与印刷 , 2022(5):8-16.

［27］张新新 , 齐江蕾 . 智能出版述评 : 概念、逻辑与形态 [J]. 出版广角 , 2021(13):21-25.

［28］汪全莉 , 陈瑞祥 , 韩育恒 , 等 . 智慧出版 : 内涵阐释、生成背景及应用路径 [J]. 传播与版权 , 2020(12):81-84, 109.

［29］彭影彤 , 高爽 , 尤可可 , 等 . 元宇宙人机融合形态与交互模型分析 [J]. 西安交通大学学报 (社会科学版), 2023, 43(2):176-184.

［30］只莹莹 . 元宇宙图书馆 : 可期的另类文明空间 [J]. 图书馆理论与实践 , 2022(5):71-76, 84.

第8章
元宇宙的人智共生

日照香炉生紫烟，遥看瀑布挂前川。
飞流直下三千尺，疑是银河落九天。

——李 白

在不断发展的科技浪潮中，元宇宙逐渐成为现实与虚拟交织的新世界。在这个新世界中，人类智能与人工智能的共生关系愈发紧密，共同推动社会进步。人工智能不仅作为工具辅助人类工作和生活，还与人类共同创造、共同学习，形成一种全新的共生关系。在元宇宙中，人类和人工智能之间的互动变得更加紧密和复杂。人工智能作为一种智能体，能够理解人类的需求、情感和意图，从而更好地为人类提供个性化的服务和解决方案。同时，人类也可以通过与人工智能的互动，不断学习和成长，提升自身的认知能力和创造力。人类智能与人工智能的共生关系还表现在共同创造和创新方面。人工智能可以分析大量的数据和信息，快速识别和预测趋势和机会，为人类提供创新灵感和决策支持。而人类则可以通过自身的创造力和想象力，将这些创新灵感和决策支持转化为实际的创新成果和价值。这种共同创造和创新的过程，不仅能够推动元宇宙的发展，还能够为社会带来更多的价值和进步。

元宇宙的人智共生关系，不仅是一种新的科技发展趋势，更是一种新的社会和文化现象。它将推动人类社会的变革和创新，也将为人类带来更多的机遇和挑战。因此，我们需要积极探索和研究元宇宙的人智共生关系，以更好地应对未来的发展和变革。

8.1　人工智能在元宇宙中的应用

8.1.1　元宇宙中人工智能的角色和功能

人工智能（AI）技术能够在元宇宙中自主生成环境、角色和故事情节，提供个性化的用户体验。人工智能生成内容（AIGC）则为用户创造、分享内容提供了工具，例如自动生成的艺术作品和虚拟服饰。这些技术不仅增强了元宇宙的互动性，也大大丰富了其内容生态。AI 与 AIGC 技术在元宇宙领域的应用不仅在理论上是可能的，在实践中也已经得到验证和展现。

1. 教育领域

元宇宙提供了一个独特的平台，让学习变得更加互动和沉浸式。在这个过程中，人工智能扮演着至关重要的角色。例如，利用 AI 生成的 3D 模拟环境，学生可以进行虚拟的化学实验，而无须担心安全问题。在历史教学中，AI 可以重现历史事件的虚拟场景，让学生以第一人称的视角体验历史，从而增强学习的吸引力和效果。

2. 社交平台领域

AI 可以辅助元宇宙虚拟社区的设计、建构与管理。一些元宇宙平台使用 AIGC 技术自动生成虚拟城市的布局和建筑设计。例如，NVIDIA 的 Omniverse 平台利用 AI 驱动的工具，允许设计师和创作者快速构建和迭代复杂的 3D 场景和环境。通过深度学习模型，平台能够自动填充细节，如植被、道路、建筑的外观和内部布局，大大加速创作过程，同时确保每个场景的独特性和逼真度。在游戏和社交元宇宙平台，如 Roblox 和 Fortnite，AI 技术被用来创造个性化的虚拟角色。这些角色不仅外观独特，还能根据用户的行为和偏好展现不同的性格特点和互动方式。此外，一些平台运用自然语言处理（NLP）技术，允许这些虚拟角色理解并回应用户的语言输入，提供更加自然和沉浸的交互体验。Decentraland 等元宇宙平台利用 AI 技术分析用户在虚拟世界的行为模式，包括移动轨迹、交互偏好和消费行为。通过这些数据，平台可以优化用户体验，推荐个性化的内容和活动，甚至预测未来的趋势，为广告商和内容创作者提供有价值的见解。在虚拟经济与市场预测方面，AI 技术也被用于分析元宇宙内的虚拟经济系统，预测资产价格和市场趋势。例如，通过分析用户对虚拟土地、装备和其他资产的购买行为，AI 模型可以帮助用户和开发者做出更加明智的投资决策，推动虚拟经济的健康发展。

3. 内容创造领域

文生视频技术开辟了新的可能性，允许用户通过简单的文本输入自动生成视频内容。这项技术的进步，结合了深度学习、自然语言处理（NLP）和计算机视觉，能够根据用户的描述生成复杂的场景、生动的人物动作和丰富的故事情节。以 Sora 为例，利用文生视频技术，用户能够根据文本描述快速创造出符合其想象的视频内容。Sora 通过提供这种创新的内容生成方式，极大地丰富了元宇宙的体验，使得元宇宙内容的个性化和丰富程度达到新的高度。用户不仅仅是内容的消费者，更成为内容的创造者，共同促进元宇宙的发展。

通过这些应用案例，我们可以看到，AI 与 AIGC 技术在元宇宙中的应用极为广泛，从内容生成与个性化，到用户交互与体验增强，都展现出巨大的潜力和价值。随着技术的进一步发展和优化，未来元宇宙的构建和运营将更加依赖于 AI 的力量，为用户带来更加丰富、个性化和沉浸的虚拟体验。

8.1.2 元宇宙中人工智能的机遇与挑战

1. 人工智能的机遇

元宇宙作为一种融合了增强现实（AR）、虚拟现实（VR）、区块链以及社交媒体等技术的沉浸式网络虚拟环境，正迅速成为数字科技领域的前沿。在这一背景下，人工智能（AI）及人工智能生成内容（AIGC）将成为推动元宇宙发展的关键技术。这些技术能够生成高度逼真的三维景观、动态天气系统以及复杂的生态环境，不仅增强了用户的沉浸感，还显著提高了内容创造的效率。

在元宇宙中，AI 驱动的虚拟角色和 AI 代理可以执行更为复杂的任务和交互，它们不仅提供信息和娱乐，还能提供情感支持和社交互动，通过自然语言处理（NLP）和情感智能（EI），这些虚拟实体能够更加自然地理解和响应用户的需求；通过对用户行为的深入学习，AI 能够提供高度个性化的元宇宙体验，从个人化的角色定制到根据用户偏好调整的故事情节。AI 技术使得元宇宙可以实时适应每个用户的独特需求，提供更加丰富和满足的虚拟体验。利用 AI 进行的高级数据分析和用户行为预测，对于维护元宇宙的运行至关重要。AI 不仅可以分析用户行为和预测趋势，还能在大规模多用户的环境中优化资源分配和系统性能。

例如，NVIDIA's GauGAN 是一个基于 GANs 的绘图工具，允许用户通过简单的草图生成逼真的自然景观图片。将此技术应用于元宇宙，可以实现用户驱动的环境设计，使每个用户都能成为创造者。Replika 是一个 AI 驱动的聊天机器人，它通过学习用户的对话和行为来模仿用户的语言风格和情感，提供陪伴和情感支持，在元宇宙中应用类似技术，可以创造出能够提供更加深层次社交和情感交流的虚拟伙伴。腾讯的游戏安全系统利用 AI 分析玩家行为，识别和防止作弊行为。将这种高级数据分析和预测技术应用于元宇宙，可以维护平台的公平性和安全性，提高用户满意度。

AI 技术在推动元宇宙向更加丰富、互动和个性化的方向发展中发挥了核心作用。通过自动生成内容、提供个性化体验、创造互动虚拟角色以及进行数据分析和预测，AI 技术不仅增强了元宇宙的可访问性和吸引力，还为用户提供了无限的可能性。

2. 人工智能的挑战

随着技术的持续进步，AI 和 AIGC 技术在元宇宙中的应用极具潜力，我们可以期待元宇宙提供更加深入和多元化的虚拟体验。然而，随之而来的挑战，如算法偏见、内容版权、隐私保护、数据安全和伦理问题，也需要我们在未来的探索中给予充分关注和解决。算法偏见可能导致生成的内容不公正，而数据隐私问题关系到用户信息的安全。AI 和 AIGC 还涉及伦理问题，例如，创意内容的归属权、AI 生成内容可能带来的虚假信息等。这些问题需要通过法律、政策和技术创新来共同解决。

人工智能技术为元宇宙的发展带来了前所未有的机遇，同时也提出了挑战。通过深度学习、AI 在教育领域的应用，以及区块链技术在版权保护中的运用，我们可以看到技术如何在实践中解决这些挑战，构建一个更加丰富、公平且安全的元宇宙世界。随着技术的不断进步和伦理规范的完善，我们有理由相信，元宇宙将为人类社会带来更加丰富和多元的体验。

8.2　人工智能与人类知识的交互

随着数字技术的不断发展，人工智能与人类知识的交互越发密切，成为元宇宙中不可或缺的一环。这个交互过程类似于一场跨越时空的对话，人类智慧与机器智能相互交融，共同创造出更多智能场景。在这个交互过程中，人类思维不断塑造着人工智能的发展方向。通过机器学习和深度学习算法，人工智能能够持续吸取人类知识，不断提升自身的智能水平。同时，人类也能从人工智能的分析和推断中获得新的启示，拓展自己的思维边界。这种人工智能与人类知识的交互，不仅推动着科技的进步，也为人类社会的知识管理与智能转化带来了新的变革。在这片广阔的领域中，人类与机器的协同将不断书写新的篇章，开启人类文明的全新时代。

8.2.1　人智交互时代的知识变革

1. 知识管理：从人际交互到人智交互

知识管理的理论与实践可以追溯 20 世纪 80 年代[1]。1997 年，美国波士顿大学信息管理学教授达文波特（T.H.Davenport) 的《运营知识》（*Working Knowledge*）一书的出版，标志着知识管理正式登上历史的舞台[2]。然而，尽管对知识管理的讨论由来已久，但至今仍缺少统一的定义，这主要源于对知识本质的认识论观点不同[3]，导致人们对知识管理的理解各异[4]。以往研究中，知识的概念主要分为三类：第一，知识是一种对象，存在于人之外；第二，知识存在于人的心智中，是对信息进行认识转化的结果；第三，知识是社会建构的存在物，是群体在从事共同任务时通过交互构建的[5]。三种定义代表不同视角下对"知识是什么"这一核心问题的讨论，但都认同人的认知与交互过程是知识转化与利用的核心，因此，知识管理的本质内涵是对人的管理[6]。

随着技术的不断发展，一些学者提出大规模人机协同知识管理作为语义 Web 技术环境下新的知识管理理念[7]，也有学者注意到 Web 环境下非生命代理系统对知识转化的影响[8]。然而，由于技术水平的限制，知识的非生命载体智能程度尚不足以产生新的知识联系。随着算力水平的增长和深度学习的发展,人工智能模型借助深度学习和数据训练,在进行决策和提供解释的过程中逐渐产生新的知识发现,并通过人智交互输出产生新的价值。因此,人机知识交互的时代已经拉开序幕,知识管理也将从主要关注人际知识交流与转化,发展为既关注人际知识交互,同时注重人机知识转化的过程。知识管理的内涵也从对人际交互以及人的认知过程的管理,深化为对人与模仿人类认知过程的人工智能之间,知识交互全过程的管理。

2. 知识种类:从 T-E 到 T-E-D

野中裕次郎于 1995 年在其著作 *The Knowledge-Creating Company*[9]中提出知识转化模型(SECI 模型),他将知识按照其表现形式划分为显性知识与隐性知识,并认为在特定场景下二者之间能够相互转化。他认为存在 4 种转换形式:社会化(socialization),是指隐性知识向隐性知识转化的过程,在这一过程中,人们通过人际的交互共享经验;外部化(externalization),是指隐性知识向显性知识转化的过程,受制于可视化手段和知识主体的表达能力,是知识转化中的难点;组合化(combination),是指显性知识向显性知识转化的过程,是构建现有显性知识之间的连接,以系统化处理特定问题的过程;内部化(internalization),是指显性知识向隐性知识转化的过程,标志着人们从外部载体中获取知识的过程。SECI 模型科学系统地阐述了知识的分类与转化过程,强调知识不仅存在于书本与数据库中,人际互动交流中也存在大量隐性知识,其对隐性知识(tacit-knowledge)与显性知识(explicit-knowledge)的划分,使其成为知识管理研究的重要理论依据与模型工具。随着交互式人工智能的发展,超越了传统知识管理情境下显性知识与隐性知识的解释范畴,人工智能中存在的暗知识(dark-knowledge)也成为知识管理的关注范围,如图 8.1 所示。

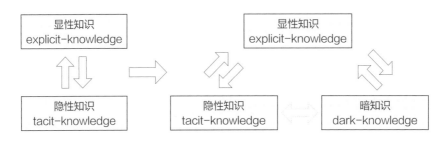

图 8.1　人智交互情境下的知识外延拓展

作为人智交互情境下知识管理的核心范畴,暗知识是否可以被看作一种知识是对其进行管理的根本问题,这似乎可以在西方哲学认识论中,唯理主义流派与经验主义流派对于知识的定义中找到答案,唯理主义认为知识是"经过证实的真实信念"（justified true belief）[9]。显然，人工智能辅助人类在经济、医疗等领域进行决策的相关建议，已部分得到社会的证实，并被人们所信任。例如，安特卫普大学医院与 IBM 人工智能领域的工程师合作开发的 Innocens BV 使用预测性人工智能通过数据分析和机器学习，能够提前识别高风险婴儿，并较早地介入治疗[10]，其识别结果经过了临床验证，但鉴于人工智能尚且存在可信问题，能否作为"真实信念"还有待可信人工智能的进一步发展。而经验主义流派则认为通过感觉的经验可以通过归纳得到知识，理念不能独立于感知过程，各种形式的知识总是由感觉来认识[9]，而人工智能的神经网络正是模拟人类进行高效机器学习的设计，作为人工智能进行深度学习后产生的必然结果，暗知识与认识论中的知识定义与认知过程相契合。综上所述，知识的种类将从对人际的隐性知识与显性知识，扩展为人智交互过程中的隐性、显性以及暗知识。

3. 知识转化：从情境空间到神经网络

在传统的知识管理范式下，显性知识与隐性知识转化的场（Ba）作为组织内部人员交流的场所，既包括物理场所，也包括网络空间，以及概念化的社会文化氛围环境，抑或某种团队互动的实践过程，囊括了显性知识向隐性知识转化的多种情境。而暗知识则是通过人工智能模型对海量数据的深度学习，在深度神经网络中发掘联系而产生，其转化场景发生了实质性的转变。

情境空间适用于人际知识转化过程，侧重于通过交流与实践在人与人之间进行知识传递。由于过去的知识转化场景并未大范围涉及非生命代理系统，知识产生来源较为单一，人智交互较为匮乏，在此背景下的知识管理局限在人际之间的知识传递，其知识转化的空间自然也仅限于现实生活的情境中，包括物理场（Ba）、概念场（Con-Ba）以及行动场（Ex-Ba）。虽然在过去也存在虚拟场（Virt-Ba），但其泛指人与人通过互联网进行知识传递所发生的网络空间。而交互式人工智能的出现扩展了这一知识转化的场景，通过机器学习，人工智能能够学习人类显性知识库中的数据，并通过卷积神经网络（convolutional neural networks，CNN）、递归神经网络（recursive neural networks，RNN）、生成对抗网络（generative adversarial networks，GAN）及转换器模型（transformer）等进行理解、学习，并在进行解释时将知识关联呈现给用户，在这个过程中，显性知识与暗知识相互转化的场景则是算法架构的神经网络与训练模型。

8.2.2　人智交互时代的知识转化模型

人智交互情景对传统知识转化过程提出了新的要求，即暗知识与人类易于理解的显性知识之间相互转化的过程与场景的加入，使得知识转化模型（SECI model）亟待更新，如图 8.2 所示。具体来说，在原有模型的基础上扩展了显性知识向暗知识进行链接化（connection）的训练场、暗知识向暗知识进行迁移化（migration）的迁移场，以及暗知识向显性知识进行解释化（explanation）的可视场，以适应人智交互时代知识转化的新范式。

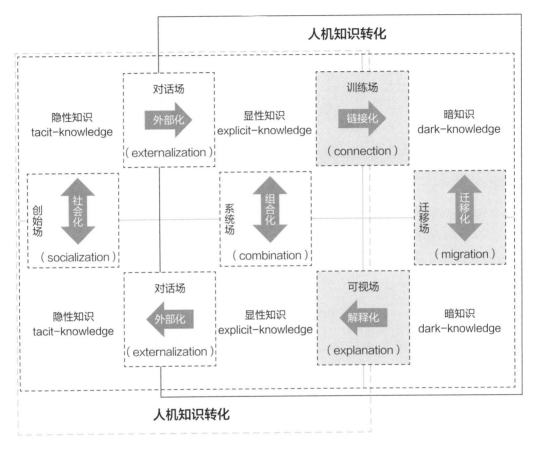

图 8.2　人智交互情境下知识转化模型（T-E-D 模型）

1. 显性知识向暗知识的链接化

链接化是指人工智能通过机器学习从显性知识获得暗知识的过程。在这一过程中，人工智能通过预训练建立起表达原始数据抽象概念的本体论框架，进而根据逻辑规则执行各种表征程序，这些程序在各自的环境中适应性地进行表征与推理[11]。具体来说，人工智能依托机器学习，以一组数据集及其所包含的标签或特征作为输入，这些数据标签与特征通常是人工标注的显性知识成果，通过分层架构中部署的神经元或节点计算输入数据集中的数据联系或特征规律，之后对架构模型进行训练、优化及更新，使模型能够在现有输入的基础上实现性能最优和效率最大化，从而实现较为准确的预测、分类以及推理。

链接化的概念可追溯至人工智能符号主义学派与连接主义学派的分歧，前者侧重模拟人的逻辑推理过程，后者则强调生物神经系统的模拟和学习。随着神经网络与深度学习的发展，连接主义在人工智能领域占据了主流，而链接化则是连接主义下通过大量数据训练进行认知的过程。符号主义下人工智能依赖决策条件的累积叠加，在进行决策时，自上而下将知识库中的显性知识按照条件判断进行组合与输出，而连接主义则是以数据为基础，通过数据标注、用户反馈等，自下而上地发现知识。在这一过程中，人工智能从标注的数据集中获取显性知识，并通过在数据集中的训练，发现输入数据集与其附带标签之间的映射关系，这些映射关系和联系是人类在日常生活中无法理解的暗知识，这种知识产生的根本在于计算机对于事物量化特征的准确捕捉以及短时间内进行大量训练的能力，使得人工智能在大量训练过程中对于事物特征的分析能力远超过人类的处理效率。

以自然语言处理中的文本分类为例，人工智能对带有标注的数据形成分类模型，从而实现对未知文本的分类。值得注意的是，机器学习并不总是从显性知识中获取暗知识，上述对已标识数据集的分析是一种监督学习的机器学习方式，而在无监督学习或强化学习中，人工智能则只需输入足够庞大的原始数据，无须显性知识，即可进行暗知识的训练与发现。而训练场是显性知识向暗知识进行链接化的场所，它并不是一种真实存在的物理场所，也有别于网络知识传递的虚拟场景，训练场更多描述的是机器学习过程中技术人员进行人工智能模型设计所发生的混合场。

2. 暗知识向暗知识的迁移化

迁移化是指针对特定任务需求，通过迁移学习共享神经网络的部分或者全部层次结构，进行知识网络的迁移与适应，从而实现暗知识的流转。在这一过程中，人工智能的暗知识可以被理解为人工智能之间的神经网络与模型在训练中所获得的知识网络，是由任务或问题导向的一套处理流程与解决办法，即在处理人类需求时，连接不同信息或知识模块以形成解决方案的智能。这种智能的依托则是人工智能的神经网络结构以及预训练模型，正是由于这一依托，人工智能之间的暗知识传输才能高效与稳定。

根据源任务与目标任务的相似程度，迁移化在相同任务情境下，可以调用API或直接进行已训练模型以及相关参数的跨设备转移。而在不同任务情境下，跨人工智能系统面向不同任务的暗知识传输过程中有三种主要的迁移学习种类：特征提取、微调以及领域适应。特征提取类型的迁移学习是指一组在源任务中进行预训练的模型，其底层层次结构被视为通用特征提取器，然后在其基础上依据目标任务构建一个新的模型。微调类型的迁移学习则是保持源任务模型的一部分或全部层次结构不变，只微调其中一部分层次结构，以适应新的任务。而领域适应类型的迁移学习则是将源领域内训练的模型，在无须重新训练的情况下应用到目标领域，这种方法旨在解决源领域和目标领域之间的数据分布不匹配问题。三种迁移学习的方式都是在完全不改变或部分改变的基础上，将一种人工智能的神经网络或模型迁移至另一系统，以实现人工智能之间暗知识的共享与传递。

同样以文本分类为例，将在新闻领域中训练成熟的分类模型通过训练调整迁移至社交媒体领域，可以提高社交媒体文本分类的准确性，对新领域适配而产生的新分类模型携带暗知识，完成了迁移化。值得注意的是，在传统知识转化过程中，隐性知识无法直接转化为隐性知识，需要显性知识作为中介[12]，虽然暗知识无须如此，但在某些情境下（如人工特征提取），暗知识的迁移仍需人类显性知识的介入。因此，迁移化发生的迁移场同样是一种人类与机器进行交互的混合场，包括技术人员、实体开发环境以及虚拟场景等。

3. 暗知识向显性知识的解释化

解释化是指人工智能通过对其决策、建议以及行为的原因与推导依据进行说明，从而将潜在的知识网络以及知识组织过程以图表、数值、决策树等形式进行知识表征，实现人工智能所持有的暗知识向显性知识的转化。在这一过程中，人工智能的可解释性设计发挥了核心作用。而可解释性设计的问题根源在于人工智能"连接主义"的发展思路。早期符号主义下的人工智能依据逻辑决策处理问题，虽然运算过程易于解释，但在应对模糊问题与任务时略显乏力。因此，连接主义逐渐占据了人工智能发展的主流地位，随着模型复杂度和训练数量的提升，其可解释性成为新的难题。

解释化是人工智能在输出过程中通过解释其预测和判断的原理以及依据等，使运算过程透明、输出结果可信的过程。目前，人工智能主要在模型设计、模型训练以及辅助工具等方面进行了可解释性的处理。根据解释对象的模型复杂度，可解释性可以分成两大类，事前解释（ante-hoc）和事后解释（post-hoc）[13]。事前解释主要针对复杂度较低的模型，事后解释主要针对复杂度较高的模型[14]。在事前解释中，模型设计阶段就对模型的复杂程度和参数权重的展示进行处理，以确保其可解释性；在人工智能模型训练的过程中，有针对地进行解释性监督学习，旨在让模型学会产生解释性的输出。在事后解释中，可以借助可解释性工具或者进行可解释性交互，对人工智能的输出进行全局性或部分性解释。

依然以文本分类为例，根据输出数据特征的重要性，并将其可视化为条形图进行特征重要性排序，可以帮助我们了解哪些特征对分类结果的影响最大，抑或通过局部可解释算法（local interpretable model-agnostic explanations，LIME）和沙普利加法解释算法（Shapley additive explanations，SHAP）分别对单个分类或整体分类过程进行可解释性输出，这些方法都是对人工智能的暗知识进行解释化转变。可视场是解释化发生的场所，在事前解释的情况下，可视场是人机通过交互持续寻求解答的交互窗口，而在事后解释的情况下，可视场则是用户通过算法工具进行模型解析的虚拟空间。

通过上述方法，人智交互情境下的知识转化涵盖了人工智能从显性知识中发掘暗知识的链接化、人工智能之间进行暗知识传递的迁移化，以及人工智能对其推理决策过程进行显性表征的解释化，通过这些流程，显性知识与暗知识能够在人类与人工智能之间相互流转。值得注意的是，在人智交互情境下，暗知识似乎无法直接转化为隐性知识。未来，脑机接口可能成为暗知识向隐性知识转化的关键路径。

8.3 元宇宙中人工智能改变用户交互

人工智能在元宇宙中的应用正在深刻改变用户的交互方式和体验。本节深入分析人工智能如何引导元宇宙中新的用户交互方式，探讨 AI 在优化元宇宙交互体验中的应用与挑战，并讨论 AIGC 如何为用户提供更加个性化和沉浸式的体验。

8.3.1 人工智能改变的用户行为模式

1. 新用户交互方式的引导

通过 AI 和 AIGC 技术能够为用户提供前所未有的交互方式。这些交互方式不仅涵盖了文本、图像和视频等传统媒体形式，还扩展到虚拟环境、角色扮演和故事情节的生成，大大丰富了用户的交互体验。

例如，在某个元宇宙平台，用户可以参与到一个由 AI 不断生成的故事中，每个用户的选择都会影响故事情节的发展方向，从而使得每个人的体验都是独一无二的。这种互动性不仅增强了用户的参与感，还促进了社区内用户之间的交流和合作。虽然当前元宇宙平台的发展仍然处于早期阶段，但是在一些游戏中已经可以看见这种元宇宙平台的雏形。

聚焦实践 8.1
"Fable"系列游戏

"Fable"系列是由 Lionhead Studios 开发的一系列动作角色扮演游戏，由 Microsoft Games 发行。这些游戏以其创新的游戏机制、深入的叙事以及玩家选择对游戏世界的影响而闻名。在"Fable"系列游戏中，人工智能（AI）在以下方面为玩家带来了独特的游戏体验。

（1）非玩家角色（NPC）的行为

在游戏中，NPC 拥有基本的人工智能（AI），能够根据游戏世界中的事件和玩家的行为作出反应。例如，NPC 可能会对玩家的行为（如善行或恶行）产生好感或厌恶，并据此与玩家互动。

（2）动态世界

在"Fable"系列游戏中，玩家的选择扮演着重要角色，这些选择会直接影响游戏的剧情发展和结局。尽管游戏开发者可能预先设定了剧情的大方向，但 AI 系统可以根据玩家的选择动态调整故事的分支和 NPC 的行为。

（3）角色发展

在"Fable"系列游戏中，角色可以从孩童成长到拥有强大力量的人物，并且可以选择正义或邪恶的道路。这种角色发展系统间接地与 AI 有关，因为 AI 需要处理这些选择并相应地调整游戏世界和 NPC 的反应。

（4）环境互动

在"Fable"系列游戏中，环境也受到 AI 的影响。例如，在一些游戏中，NPC 可能会根据时间或天气变化调整他们的日常活动。

（5）道德选择

"Fable"系列游戏强调道德选择对游戏世界的影响。玩家的选择会影响 NPC 的态度、游戏世界的故事发展以及最终结局。AI 在此过程中扮演着至关重要的角色，因为它需要根据玩家的选择来调整游戏世界和 NPC 的行为。

"Fable"系列游戏利用 AI，为玩家提供了一个动态的、互动的游戏世界，其中玩家的选择对游戏的发展和结局产生重要影响。这种高度的互动性和个性化游戏体验是 AI 在元宇宙平台设计与开发过程中的一个重要应用。

2. AI 在优化元宇宙交互体验中的应用与挑战

随着元宇宙概念的兴起，人工智能（AI）技术在优化元宇宙交互体验方面扮演着日益重要的角色，但同时也面临诸如隐私保护和数据安全等挑战。

（1）AI在元宇宙交互体验优化中的应用

在增强个性化体验方面，AI技术，尤其是机器学习和自然语言处理（NLP），在个性化用户体验方面发挥关键作用。通过分析用户行为、偏好和历史交互数据，AI可以定制化内容和推荐，从而提高用户满意度和参与度。在促进沉浸式交互方面，利用增强现实（AR）和虚拟现实（VR）技术，可以创造出高度沉浸的交互体验，AI算法能够实时响应用户的动作和指令，提供逼真的虚拟环境和自然的用户界面。在优化社交互动方面，AI技术，特别是聊天机器人和虚拟代理，可以优化元宇宙中的社交互动。通过模拟人类的对话方式，AI可以帮助用户更容易地与其他用户或虚拟角色建立联系。

例如，Netflix推荐算法，它通过分析用户的观看历史和偏好来个性化推荐电影和电视剧。类似的算法可以应用于元宇宙，为用户推荐虚拟活动、游戏或社交圈，极大地增强个性化体验。再如Oculus Quest 2的手势识别功能，它利用AI技术识别用户的手部动作，帮助用户在VR环境中以自然的方式与虚拟对象互动。还有Replika聊天机器人，它能够模仿人类的对话和情感反应，与用户进行深入交流。

（2）AI在优化元宇宙交互体验中面临的挑战

在数据隐私和安全方面，在收集和分析用户数据以提供个性化体验的过程中，保护用户数据隐私是主要挑战之一。AI系统需要确保用户数据安全，防止未经授权的访问和数据泄露。在AI偏见和公平性方面，AI系统可能会因为训练数据的偏差而产生偏见，这在元宇宙中可能被放大，影响用户体验的公平性和多样性，确保AI算法的公正性和无偏见性是优化交互体验的关键挑战。在用户接受度和技术适应性方面，虽然AI技术提供了改善元宇宙交互体验的潜力，但用户对新技术的接受度和适应性也是一个挑战。提高用户对AI应用的信任和舒适度是成功实施的关键因素。

AI技术在优化元宇宙交互体验方面具有巨大潜力，具有提供个性化推荐、沉浸式交互和优化社交互动等多方面的优势。但也面临着数据隐私、AI偏见和用户接受度等挑战。通过不断的技术创新、政策调整和用户教育，我们可以期待AI在元宇宙中发挥更大作用，为用户提供更加丰富和满意的交互体验。

8.3.2 构建更加个性化的元宇宙体验

在元宇宙的世界里，个性化体验和沉浸式互动成为用户关注的重要内容。通过人工智能生成内容（AIGC）的应用，元宇宙可以为用户创造出完全个性化的虚拟空间，为用户提供身临其境的沉浸式体验。从个性化的虚拟家园到适应学生学习风格的教育内容，元宇宙将为用户打造一个无限可能的新世界。

AIGC 技术为用户提供了更加个性化和沉浸式的体验，主要体现在以下几点：

1. 提供个性化体验

（1）个性化虚拟空间

用户可以利用 AIGC 技术创建完全符合个人喜好的虚拟家园或工作空间。例如，一个音乐爱好者可以创建一个包含虚拟音乐会场和个人录音室的空间，这些空间不仅反映了用户的个性，还增强了他们在元宇宙中的归属感。

（2）沉浸式教育体验

在教育应用中，AIGC 可以生成适应学生学习风格和进度的个性化课程和材料，使学习体验更加高效和有趣。例如，对于视觉学习者，AI 可以生成丰富的图形和视频内容，帮助他们更好地理解复杂的概念。

2. 创造沉浸式体验

（1）虚拟现实旅游

通过 AIGC 生成的虚拟旅游体验，用户可以在家中访问世界各地的名胜古迹，甚至探索外太空或历史场景。这种沉浸式体验不仅拓宽了用户的视野，还为旅游和教育行业带来了新的可能性。

（2）深度社交互动

在元宇宙中，AIGC 技术可以生成高度逼真的虚拟人物，用户可以与这些虚拟人物进行深度互动，甚至建立情感联系。这种新型社交体验为用户提供了探索人际关系和自我认知的全新途径。

AIGC 和 AI 技术正推动着元宇宙交互方式和用户体验的革命。通过引导新的用户交互方式，优化交互体验，提供个性化和沉浸式的体验，元宇宙为用户打开了一个充满无限可能的新世界。未来，随着技术的进一步发展，用户在元宇宙中的体验将变得更加丰富多彩，更加个性化，互动性更强。同时，面对技术发展带来的挑战，如隐私保护和数据安全，需要全社会共同努力，确保元宇宙的健康发展，为所有用户创造一个安全、包容和创新的虚拟空间。

聚焦实践 8.2
智能学习助手"小木"

清华大学与学堂在线联合研发的智能学习助手"小木"，是一个利用人工智能技术优化在线教育体验的应用，定位于个性化的"学习伴侣"，旨在帮助学习

者提高学习效率和积极性，同时减轻教师和
助教的负担。不同于常见的聊天机器人，"小
木"基于先进的人工智能和自然语言处理技
术，利用学堂在线海量的优质内容资源，结
合互联网上的专业知识库，构建庞大的知识
图谱体系，并以此为基础，提供答疑、导航、
推荐、提问、社交等服务。

　　"小木"主要在以下几个方面发挥作用。
首先，"小木"能够根据学习者的需求提供
定制化的学习计划和建议，例如，当学习者
选择一门课程时，"小木"会提示是否需要制定学习计划，并在学习过程中提供
阶段性的提示和鼓励。其次，它能理解用户关于课程的疑难问题，并以文字、图
片、视频等形式进行解答，不仅提供答案，还能从课程体系结构中抽取知识概念
及其相互关系，为用户可视化地展示知识点的先修/后继关系。此外，"小木"
还能在用户观看课程视频时主动提问相关知识点，及时巩固易错、易混淆的知识
点，提高学习效率和理解度。"小木"还能进行用户行为的建模和标签分析，自
动识别并挖掘课堂的重要知识点，并尝试引入积极心理学以提高学习者的学习效
率和积极性。在用户完成一门课程后，"小木"会根据用户的喜好为其推荐一些
定制化的课程和论文，帮助学习者拓展学习领域。除了以上功能，"小木"还能
与用户进行聊天、作诗等娱乐性交互，成为学习者亦师亦友的学习伙伴。这些功
能展示了"小木"如何利用人工智能技术改善慕课教学中师生沟通不足的问题，
同时提升学习效率和个性化学习体验。随着技术的进一步发展，未来"小木"等
智能学习助手将在教育领域发挥更大的作用。

8.4　元宇宙中人工智能与人类社会的共生

　　随着元宇宙的发展，人工智能技术进一步与人类社会交互并推动社会文化的
深刻变革。本节将探讨人工智能及其生成内容如何影响元宇宙的社会结构和文化
价值，人工智能生成内容技术在促进全球文化交流与融合中的作用，以及对数字
经济的影响。

8.4.1　人工智能推动社会文化演进

　　在元宇宙中，AI 与 AIGC 技术正推动着社会文化的快速演进，这一变革体现
在多个层面。

1. 对元宇宙社会结构和文化价值的影响

元宇宙作为一个由数字技术驱动的虚拟世界，为人类社会与文化的延伸提供了一个全新的平台。AI 和 AIGC 作为元宇宙发展的核心动力，不仅推动了技术边界的扩展，也深刻影响了元宇宙中的社会结构和文化价值观的形成。在社会互动的模拟方面，AI 技术能够在元宇宙中模拟复杂的社会互动，包括语言交流、情感表达等，从而创建出比现实世界更加丰富和多样化的社交环境；在个性化体验的创建方面，通过 AIGC，元宇宙能够为用户生成高度个性化的内容和体验，从而满足其独特的偏好和需求。

AI 和 AIGC 的应用促使元宇宙形成了一种新的社会结构，在这个结构中，个体的社会地位和影响力可能与现实世界中的情况截然不同，挑战了传统的社会层级和权力分布。AI 不仅能创造音乐、艺术作品等文化产品，还能通过分析大量的文化数据，生成符合特定文化价值观和审美标准的内容。元宇宙中由 AI 生成的文化内容影响了人们的价值观和审美标准，促进了跨文化交流，同时也引发了关于文化多样性和原创性的讨论，影响了文化价值的重塑。

AI 和 AIGC 对元宇宙中的社会结构和文化价值产生了深远的影响。它们不仅推动了社会互动和文化创作的新方式，也带来了伦理和社会挑战。为了确保元宇宙健康发展，需要对这些技术进行审慎的管理和规范，以平衡创新和责任。

2. 人工智能在文化行业的创新应用

人工智能技术在许多文化行业展现出巨大的创新潜力。在时尚行业，设计师利用 AI 技术创造出前所未有的服装设计，这些设计不仅体现了个性化元素，还融合了多元文化的特色；在虚拟文化博览会方面，通过在元宇宙平台举办虚拟文化博览会，展示了全球各地的传统艺术、手工艺品和文化遗产，参与者可以通过 VR 头盔或其他设备，沉浸体验这些文化展示，实现了跨国界的文化学习和交流；在多文化虚拟社区领域，例如，一个以促进中日文化交流为目标的元宇宙项目，通过创建一个虚拟城市，其中包括历史地标、传统节庆活动和语言学习中心，使用户能够在互动中学习和体验对方的文化。这些案例表明，元宇宙为全球文化的交流与融合提供了一个无界限的平台，人工智能生成内容技术这些创新应用不仅推动了行业的技术进步，也为用户提供了更加丰富和个性化的服务。

8.4.2　人工智能促进数字经济建设

随着科技的飞速发展，人工智能已经逐渐成为推动数字经济进步的重要力量，并以前所未有的速度和规模渗透到各个领域，为社会发展和人民生活带来深刻变革。在提高数字经济效率、创新商业模式、拓展市场边界等方面，人工智能展现出巨大潜力，为很多行业带来了新的商业模式。

（1）教育领域

利用 AI 技术生成自适应学习材料，能够根据学生的学习进度和理解能力自动调整教学内容，为学生提供个性化的学习体验。

（2）娱乐产业

在电影和游戏行业，AI 技术能够生成复杂的场景和角色，降低制作成本，同时提高作品的创新性和吸引力。

（3）虚拟商品交易平台

例如 Decentraland 中的虚拟地产，用户通过区块链技术购买土地，利用 AIGC 技术打造独特的虚拟空间，这些土地和建筑成为投资和交易的对象，创造了真实的经济价值。

（4）NFT 市场

艺术家利用 AIGC 技术创作数字艺术品，并通过 NFT 形式销售，确保了艺术品的唯一性和所有权，开辟了艺术市场的新渠道。

随着数字技术的进一步发展，元宇宙经济模型正处于快速发展之中，人工智能生成内容技术为其提供了重要动力。在元宇宙中，虚拟商品和资产的创造、交易成为经济活动的重要组成部分。区块链技术在此过程中确保了交易的安全性和透明性，而 AI 与 AIGC 技术则在创造独特的虚拟商品和体验方面发挥关键作用。例如，虚拟地产的开发和销售，用户可以通过 AI 技术自主生成个性化的虚拟空间和建筑，这些虚拟资产可以在元宇宙交易市场上进行买卖，创造实际的经济价值。此外，基于元宇宙的虚拟经济活动还涉及广告、娱乐、教育等多个领域，为企业和创作者提供全新的商业模式和收入来源。元宇宙经济模型将继续演化，可以预见，更多基于元宇宙的新兴行业将出现，如虚拟旅游、远程办公空间以及基于元宇宙的教育和培训服务。同时，随着元宇宙平台的用户基础扩大，与之相关的经济活动也将变得更加多样化和复杂，为全球经济增长贡献新的动力。

随着 AI 和 AIGC 技术的不断进步，元宇宙正在引领一场社会文化和经济模式的深刻变革。人工智能生成内容技术不仅促进了全球文化的交流与融合，也为特定行业的创新应用开辟了新的道路。元宇宙经济模型的发展表现出虚拟世界经济活动的无限可能，为全球经济带来新的增长点。未来，元宇宙将继续在技术创新和社会融合的道路上不断探索，塑造一个更加丰富多彩、经济繁荣的新世界。

8.4.3 元宇宙中人智共生的数字文明

在未来的数字文明中，元宇宙将成为一个关键的技术平台，不仅改变人们的生活方式，也重新定义了人类社会的结构和运作方式。谈到人类文明的发展，我们可能会有疑问："人类文明发展到了什么程度？"根据苏联天体物理学家尼古拉·卡尔达肖夫提出的卡尔达肖夫指数（Kardashev scale）[15]，文明可以根据其汲取和利用能量的能力分为不同的层级，总共 7 个层级。一级文明：能使用和控制其行星上的所有能源，可以在本恒星系内迁徙定居；二级文明：能使用和控制其恒星系统的所有能源；三级文明：能利用其所在星系的所有能源；四级文明：能控制并利用整个宇宙的能源；五级文明：能从多元宇宙中获取能源，超越时间；六级文明：能控制时间、空间；七级文明：能控制并创造宇宙。目前，人类文明大约处于 0.73 级[16]，这一数值反映了我们对能源的利用效率相对较低。人类正在经历技术发展的青春期，这是典型的将要进入一级文明的过程，科学家认为地球可能在未来 200 年进入一级文明；达到二级文明则需要 3200 年，而三级文明需要等到数十万甚至百万年之后。目前，人类正处于技术发展的关键时期，元宇宙概念和相关技术的兴起，被视为人类文明向前跃进的关键驱动力。元宇宙作为一个融合了虚拟现实、增强现实、区块链、人工智能等多种前沿技术的集大成平台，不仅能够推动科技发展，还能够激发人类在艺术和文化领域的创造力。它提供了一个全新的空间，让人类能够在其中创造、探索和互动，从而加速我们对能量和资源的理解与利用。

元宇宙发展潜力的根本在于借助于人工智能，我们或将模拟和预测复杂系统，这对于解决物质和能量的利用问题至关重要。在元宇宙中，科学家和工程师可以测试和实验各种能源技术，而不必担心现实世界中的风险和成本。这种能力可能带来能源生产、分配和消费的革命，从而推动人类文明向更高的能量利用效率迈进。通过元宇宙，人们可以在虚拟空间中共同工作，无论他们身处世界的哪个角落。这种全球性的合作网络有助于整合全球智慧，加速科技的创新，为人类文明的进步提供动力。最终，元宇宙可能会成为人类文明超越一级文明的催化剂。随着我们在虚拟世界中不断探索和创造，我们可能会发现新的方式来理解和利用宇宙中的能量。这将是我们迈向更高文明层级的关键一步，最终可能会实现卡尔达肖夫指数中描述的更高级文明状态。元宇宙作为一个集科技之大成的平台，将不仅是一个科技奇迹，更是通过不断赋能与治理，成为人类文明演化的下一个重要篇章。

本章小结

　　展望未来，AI 与元宇宙的协同进化预示着数字世界与现实世界将更加紧密地结合。这不仅将进一步丰富元宇宙的内容和体验，推动教育、娱乐、医疗等领域的革新，也将引领新的社会文化、经济模式和技术发展趋势。AI 在内容创造、用户互动和安全监管中的应用，为元宇宙的可持续发展提供技术保障。随着技术不断进步和融合，元宇宙将塑造一个更加丰富多彩、经济繁荣的新世界，为人类社会带来更加多元和深刻的影响，一个人智共生的元宇宙时代即将到来。

参考文献

［ 1 ］盛小平 , 曾翠 . 知识管理的理论基础 [J]. 中国图书馆学报 , 2010, 36(5):14-22.

［ 2 ］刘智锋 , 吴亚平 , 王继民 . 人工智能生成内容技术对知识生产与传播的影响 [J]. 情报杂志 , 2023, 42(7):123-130.

［ 3 ］曹茹烨 , 曹树金 .ChatGPT 完成知识组织任务的效果及启示 [J]. 情报资料工作 , 2023, 44(5):18-27.

［ 4 ］李荣 , 吴晨生 , 董洁 , 等 .ChatGPT 对开源情报工作的影响及对策 [J]. 情报理论与实践 , 2023, 46(5):1-5.

［ 5 ］王鹏涛 , 徐润婕 .AIGC 介入知识生产下学术出版信任机制的重构研究 [J/OL]. 图书情报知识 :1-10[2023-09-24]. http://kns.cnki.net/kcms/detail/42.1085.G2.20230630.1112.002.html.

［ 6 ］郭吉安 , 李学静 . 情报研究与创新 [M]. 北京 : 科学出版社 , 2006.

［ 7 ］M Martensson. A critical review of knowledge management as a management tool[J].Journal of Knowledge Management, 2000, 4(3):204-216.

［ 8 ］姚宏霞 , 傅荣 , 吴莎 . 互联网群体协作的知识网络演化 : 基于 SECI 模型的扩展 [J]. 情报杂志 , 2009, 28(1):59-62.

［ 9 ］I Nonaka. The knowledge-creating company[M]//The economic impact of knowledge. London: Routledge, 2009: 175-187.

［10］L Fahey, L Prusak.The eleven deadliest sins of knowledge management[J].California Manage-ment Review, 1998, 40(3):265-276.

［11］魏屹东 . 人工智能的适应性知识表征与推理 [J]. 上海师范大学学报 (哲学社会科学版), 2019, 48(1):65-75.

［12］赵蓉英 , 刘卓著 , 王君领 . 知识转化模型 SECI 的再思考及改进 [J]. 情报杂志 , 2020, 39(11):173-180.

［13］吴丹 , 孙国烨 . 迈向可解释的交互式人工智能 : 动因、途径及研究趋势 [J]. 武汉大学学报 (哲学社会科学版), 2021, 74(5):16-28.

［14］Z C Lipton. The mythos of model interpretability: In machine learning, the concept of interpretability is both important and slippery[J]. Queue, 2018, 16(3): 31-57.

［15］N S Kardashev. Transmission of information by extraterrestrial civilizations[J]. Soviet Astronomy, 1964, 8:217.

［16］J H Jiang, F Feng, P E Rosen, et al. Avoiding the great filter:predicting the timeline for humanity to reach Kardashev type I civilization[J]. Galaxies, 2022, 10(3):68.

后　记

　　元宇宙的理想和现实之间存在不断的冲突，有人坚信元宇宙会实现，有人质疑元宇宙，认为它只不过是泡沫，是资本的游戏。然而，人总是要有理想的，理想是我们在茫茫大海中找到方向的航标，是我们在求索路上披荆斩棘前行的信仰。作为元宇宙的坚决拥护者，我相信十年左右，元宇宙就能够实现，本书所描绘的很多未来场景会走进现实。但是，我也相信元宇宙的发展之路不是一帆风顺的，技术集成的和谐、人机交互的融合、数据利用的便捷等，都是需要面对的现实问题。但是理想还是要有的，没有理想就会丧失解决问题的勇气。当Web3.0、脑机接口、数据信托等新概念慢慢融入人们生活和工作的各种场景后，元宇宙也就会慢慢走来。我们将会生活在一个数字世界和真实世界融合的环境中，我们自身也将成为碳基和硅基融合的生命体。在元宇宙中，我们将实现某种形式的"永生"，思想可以随人的意愿而长久地流传下去。虽然人体的各个部分都有望换成硅基，可以被芯片和人工智能算法取代，包括大脑的存储和联想等部分，但我们的大脑所迸发出的创新精神和人文思想却无法在数实融合的世界中被硅基体所取代。正如"忒修斯之船"的哲学之问，人从出生伊始所拥有的碳基生命体的自然人会老化、逝去，但是当硅基融入碳基后，人体从真实世界融入数字世界，人作为社会人在硅基体中将可以永生，除非人为选择抹去属于自己的一切，因为一味地追求永生对人类来说可能并不是一件好事。

　　在当下看来，元宇宙确实充满了科幻色彩。然而，正是因为人类拥有科幻般的想象力，并且一代代为了理想不断攻克各种难关，才有了人类文明的今天。46亿年前地球诞生，300万年前人类出现，6000年前有了文明，300年前迎来第一次工业革命，200年前经历了第二次工业革命，100年前有了第三次工业革命，现在正在经历第四次工业革命。相比地球而言，人类还很年轻，相比人类而言，文明还很年轻，然而文明的发展在不断加速。我始终坚信，所有科幻中想到的都能够实现，还有很多科幻中没有想到的，未来也一定能够实现。人类的想象力是无穷的，但是又在逐渐变得苍白。人类一旦失去想象力，世界将会变成什么样？恰恰是要维持这种想象力，元宇宙可以帮助人类。人类是在不断认识世界的过程中，不断改造世界，从而创造文明的。但是，传统的认识世界的能力是有限的，我们无法跨越时空去探索更多，仅仅依靠书本的认知是苍白的。想了解历史，我们回不去；想了解宇宙，我们又去不了。人一生中花费大量时间在学习，在学校从小学读到博士，就已经接近30岁了，如果能够活100岁，几乎三分之一的时间都在读书。当然，读书不等同于学习，从博士开始就应该摆脱读书的思维定式，应该在认识世界的基础上去改造世界。元宇宙可以帮助我们跨越时空，利用人工智能等数字技术，在很短的时间内充分认识世界，并能够在数字化的虚拟世界中开展各种仿真实验，找到改造世界的最佳途径。

在元宇宙中，只要你敢想，就可以做。并且，许多你想不到的，在你认识更多以后，会有更多的可以被想到。在这个空间中，理想和现实之间的界限会逐渐模糊，想和做、认识世界和改造世界、知和行可以合而为一。合一的程度，取决于人类对元宇宙的理解和应用。我对元宇宙的兴趣并非一时心血来潮或追求热点，而是源自博士期间的思考和想象。我的博士研究是关于社会仿真模拟的，仿真模拟所构建的世界恰恰是元宇宙中的数实融合世界，仿真模拟做的事情恰恰是元宇宙中需要想象力的事情。博士期间，在圣达菲的学习经历让我对复杂系统研究痴迷向往，仿真模拟成为我探索复杂性研究的重量工具。博士后期间，在瑞士的爱因斯坦母校，我又认识到仿真模拟可以与物理学完美结合，这又一次拓展了我的想象力。仿真模拟能够探索我们所处的物理世界中存在的普适规律。对社会仿真模拟的追求，有过质疑，有过晋升的压力，有过不被理解的苦恼，但我一直没有放弃过，始终在路上。

2021年元宇宙备受瞩目，让我重新发现了仿真模拟的奥妙，我重新研读了钱学森先生的大成智慧学，惊喜地发现，其实仿真模拟思想与元宇宙思想之间并不遥远。2021年底，我撰写了一篇题为《元宇宙视域下的用户信息行为：框架与展望》的文章，发表在《信息资源管理学报》上，有幸加入国内最早一批研究元宇宙的学者队伍。出乎意料的是，这篇论文产生了不错的影响力，很多人开始向我咨询元宇宙的问题，我趁势又写了几篇元宇宙的文章，得到了很好的反响。

2022年4月，我受邀为湖北省各民主党派省委班子成员作以"元宇宙——人类数字文明的科技大成"为主题的辅导报告。为了这次授课，我进行了精心的准备，花了三周时间梳理了元宇宙的逻辑框架，具体分析了元宇宙的技术特点与发展方向，阐述了当前元宇宙与社会经济发展的联系，并从政府的视角出发，提出了元宇宙的数字治理措施。当时授课所准备的资料有四五万字，授课结束，大家的反应也相当不错，因此，我当时就有了将这些资料扩充成书的想法。

2022 年 5 月，在"天堂的具象：图书馆元宇宙的理想"的论坛上，我从技术与人融合的视角出发，将智慧图书馆视作为一个典型的信息物理社会融合系统，集成和融合信息空间（如各种数据与信息资源）、物理空间（如图书、读者、管理员等）和社会空间（如用户的群智感知和社交感知等），通过三元空间融合实现信息的综合利用，从而实现人类对知识的高质量的感知，帮助人类认知世界、改造世界。基于此次报告，我撰写了题为《元宇宙：智慧图书馆的数实融合空间》的论文，发表在《中国图书馆学报》上。从此，我坚信元宇宙可以改变图书馆，智慧图书馆的空间打造与元宇宙中的数实融合空间是完全相通的。

追溯一百年前，中国图书馆学研究和实践的先驱韦棣华女士和沈祖荣先生提出了"智慧与服务"的文华大学图书科的校训，这一校训后来逐渐成为一种精神，传承和发扬下来，图书馆的精神就是通过公共服务不断启迪公众的智慧。图书作为真实世界的实体存在，在数智化的影响下，能起到的服务作用会慢慢削弱。图书馆将打造数实融合的智慧化世界，将给公众提供更高质量的服务，启迪大家更快、更强、更好地认识世界。我们在武汉大学信息管理学院图书馆中，朝着元宇宙的理想不断实践和探索，已经取得了初步成效。然而，元宇宙的作用远不止于此，它在文旅、教育、农业、工业等诸多场景中都能发挥重要作用。为此，我们研发了"红通通——红色文化元宇宙互联平台""喜乡逢——乡村文旅云服务平台"，通过三维重建、虚实展示、数据智能等技术，构建红色和乡村文化展示与服务的平台，并开展了示范应用。

在元宇宙理论与实践结合的探索路上，我遇到了很多志同道合的伙伴。我要感谢武汉大学的张祖勋院士、清华大学的沈阳教授、复旦大学的赵星教授，他们对元宇宙的追求不断感染我。我还要感谢国家重点研发计划"乡村文化旅游云服务技术集成与应用示范"的全体项目组成员，他们包括电子科技大学的蒋国银、中国测绘科学院研究院的张力和王庆栋、武汉大学的胡忠义、北京大有中城的郑斌和陈剑濠、北京新华国旅的杨雪、武汉理工大学的危小超、北京第二外国语学院的刘霄泉、成都经开科技产业孵化有限公司的杜长珏、华侨城的任珏、南京大学的董克、武汉大学的樊红、申信联华的刘丰武和高崟、来三斤的陈鹭明、村游集团的戴军涛和刘卫华等，没有他们并肩作战，国家重点研发计划项目就不可能完成，元宇宙的探索之路也不可能继续。

我还要感谢本书的三位合作者贺超城、袁一鸣和陈坤祥，我们一起经历了众多跨越时空的沟通与合作，终于拨云见日，完成了本书的写作。

我还要感谢妻子、儿子、父母和家人的支持与鼓励。

回想起来，这本书写了近两年，跨越元宇宙的热潮与低谷，写写停停，停停写写，最终成书。要感谢的人还有很多，让我们在元宇宙中相见，感谢所有为了理想不断努力的现实中的人们。

吴 江

2024 年 5 月 5 日于喻家湖畔